#영재_특목고대비
#최강심화문제_완벽대비

최강 TOT

Chunjae
Makes
Chunjae

▼

[최강 TOT] 초등 수학 5단계

기획총괄   김안나
편집개발   김정희, 김혜민, 최수정, 최경환
디자인총괄   김희정
표지디자인   윤순미, 여화경
내지디자인   박희춘
제작   황성진, 조규영

발행일   2023년 10월 15일 2판 2024년 11월 1일 2쇄
발행인   (주)천재교육
주소   서울시 금천구 가산로9길 54
신고번호   제2001-000018호
고객센터   1577-0902

최강

_ㅜ

5단계

초등수학 5학년

구성과 특징

STEP 1 경시 **기출 유형** 문제

경시대회 및 영재교육원에서 자주 출제되는 문제의 유형을 뽑아 주제별로 출제 경향을 한눈에 알아볼 수 있도록 구성하였습니다.

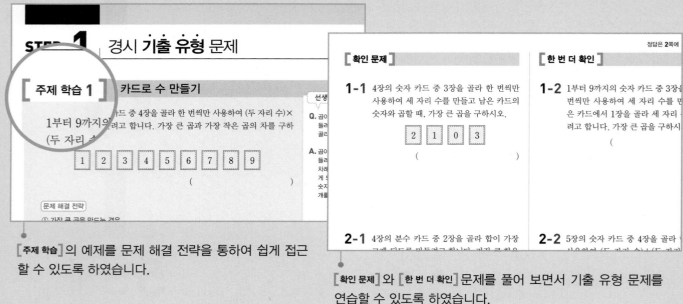

[주제 학습]의 예제를 문제 해결 전략을 통하여 쉽게 접근할 수 있도록 하였습니다.

[확인 문제]와 [한 번 더 확인] 문제를 풀어 보면서 기출 유형 문제를 연습할 수 있도록 하였습니다.

STEP 2 **실전 경시** 문제

경시대회 및 영재교육원에서 출제되었던 다양한 유형의 문제를 수록하였고, 전략을 이용해 스스로 생각하여 문제를 해결할 수 있도록 구성하였습니다.

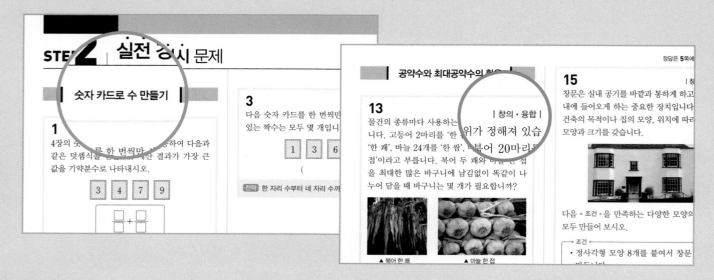

STEP 3 코딩 유형 문제

컴퓨터적 사고 기반을 접목하여 문제 해결을 위한 절차와 과정을 중심으로 코딩 유형 문제를 수록하였습니다.

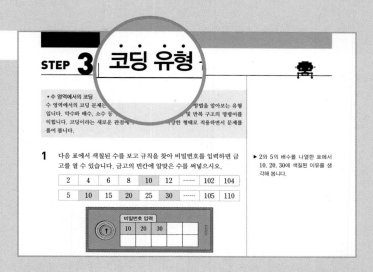

STEP 4 도전! 최상위 문제

종합적 사고를 필요로 하는 문제들과 창의·융합 문제들을 수록하여 최상위 문제에 도전할 수 있도록 하였습니다.

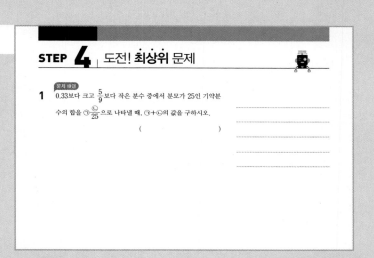

특강 영재원·창의융합 문제

영재교육원, 올림피아드, 창의·융합형 문제를 학습하도록 하였습니다.

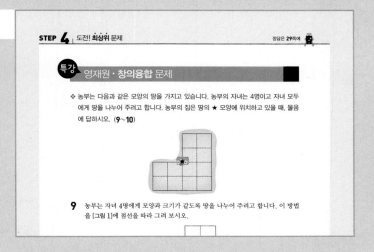

Contents | 차례 |

총 30개의 주제로
구성하였습니다.

영역별 관련 단원

Unit

Top of the Top

I

수 영역

STEP 1 경시 기출 유형 문제

[주제 학습 1] 숫자 카드로 수 만들기

1부터 9까지의 숫자 카드 중 4장을 골라 한 번씩만 사용하여 (두 자리 수)×(두 자리 수)를 만들려고 합니다. 가장 큰 곱과 가장 작은 곱의 차를 구하시오.

| 1 | 2 | 3 | 4 | 5 | 6 | 7 | 8 | 9 |

( )

선생님, 질문 있어요!

Q. 곱이 가장 크게 되도록 만들려면 어떤 숫자 카드를 골라야 하나요?

A. 곱이 가장 크게 되도록 만들려면 큰 숫자 카드부터 차례로 4개, 곱이 가장 작게 되도록 만들려면 작은 숫자 카드부터 차례로 4개를 고르면 됩니다.

문제 해결 전략

① 가장 큰 곱을 만드는 경우
   곱을 가장 크게 만들 수 있는 수는 9, 8, 7, 6이고 높은 자리 숫자가 커야 하므로
   두 자리 수의 십의 자리 숫자가 9와 8이면 곱을 크게 만들 수 있습니다.
   $97×86=8342$, $96×87=8352$이므로 가장 큰 곱은 $96×87=8352$입니다.

② 가장 작은 곱을 만드는 경우
   곱을 가장 작게 만들 수 있는 수는 1, 2, 3, 4이고 높은 자리 숫자가 작아야 하므로
   두 자리 수의 십의 자리 숫자가 1과 2이면 곱을 작게 만들 수 있습니다.
   $14×23=322$, $13×24=312$이므로 가장 작은 곱은 $13×24=312$입니다.

③ 가장 큰 곱과 가장 작은 곱의 차 구하기
   가장 큰 곱과 가장 작은 곱의 차는 $8352-312=8040$입니다.

참고

①>②>③>④>0인 자연수 ①, ②, ③, ④를 한 번씩만 사용하여 (두 자리 수)×(두 자리 수)를 만들 때 가장 큰 곱이 나올 수 있는 곱셈식은 ①④×②③ 또는 ①③×②④입니다.

따라 풀기 1

4장의 숫자 카드를 한 번씩만 사용하여 (두 자리 수)×(두 자리 수)를 만들려고 합니다. 가장 큰 곱과 가장 작은 곱의 합을 구하시오.

| 5 | 2 | 3 | 4 |

( )

[**확인 문제**]

[**한 번 더 확인**]

1-1 4장의 숫자 카드 중 3장을 골라 한 번씩만 사용하여 세 자리 수를 만들고 남은 카드의 숫자와 곱할 때, 가장 큰 곱을 구하시오.

| 2 | 1 | 0 | 3 |

( )

1-2 1부터 9까지의 숫자 카드 중 3장을 골라 한 번씩만 사용하여 세 자리 수를 만들고, 남은 카드에서 1장을 골라 세 자리 수와 곱하려고 합니다. 가장 큰 곱을 구하시오.

( )

2-1 4장의 분수 카드 중 2장을 골라 합이 가장 크게 되도록 만들려고 합니다. 가장 큰 합을 구하시오.

| $1\frac{1}{2}$ | $1\frac{3}{4}$ | $1\frac{5}{6}$ | $1\frac{3}{8}$ |

( )

2-2 5장의 숫자 카드 중 4장을 골라 한 번씩만 사용하여 (두 자리 수)+(두 자리 수)를 만들려고 합니다. 가장 큰 합과 가장 작은 합의 차를 구하시오.

| 2 | 4 | 5 | 7 | 9 |

( )

3-1 4장의 숫자 카드를 한 번씩만 사용하여 네 자리 수를 만들려고 합니다. 만들 수 있는 홀수는 모두 몇 개입니까?

| 2 | 3 | 4 | 5 |

( )

3-2 4장의 숫자 카드 중 3장을 골라 한 번씩만 사용하여 만들 수 있는 세 자리 수 중에서 짝수는 모두 몇 개입니까?

| 5 | 8 | 6 | 3 |

( )

[주제 학습 2] 범위에 해당하는 수 구하기

백의 자리에서 반올림하면 7000이고, 백의 자리에서 버림하면 6000인 네 자리 수는 모두 몇 개입니까?

(   )

문제 해결 전략

① 백의 자리에서 반올림하여 7000이 되는 네 자리 수
6500, 6501, 6502, ……, 7498, 7499
② 백의 자리에서 버림하여 6000이 되는 네 자리 수
6000, 6001, 6002, ……, 6998, 6999
③ 두 조건을 모두 만족하는 수의 개수 구하기
6500, 6501, 6502, ……, 6998, 6999이므로 네 자리 수는 모두
6999−6500+1=500(개)입니다.

선생님, 질문 있어요!

Q. 수의 범위에 따라 자연수의 개수는 어떻게 구하나요?

A. 예를 들어 a 이상 b 미만인 자연수의 개수는 (b−a)개입니다.
a 이상 b 이하인 자연수의 개수는 양쪽 모두를 포함해야 하므로 (b−a+1)개입니다.

따라 풀기 1

백의 자리에서 올림하면 5000이고, 백의 자리에서 반올림하면 4000인 네 자리 수는 모두 몇 개입니까?

(   )

따라 풀기 2

분모가 두 자리 수인 분수 중에서 $\frac{7}{8}$과 크기가 같은 분수는 모두 몇 개입니까?

(   )

[**확인 문제**]

1-1 어떤 자연수를 십의 자리에서 반올림하면 2200입니다. 어떤 자연수는 모두 몇 개입니까?

(   )

2-1 두 자리 수 ㉮와 ㉯가 있습니다. ㉮ 이상 ㉯ 이하인 자연수가 모두 39개일 때, ㉮가 될 수 있는 가장 큰 수는 얼마입니까?

(   )

3-1 분모가 세 자리 수인 분수 중에서 $\frac{4}{9}$와 크기가 같은 분수는 모두 몇 개입니까?

(   )

[**한 번 더 확인**]

1-2 어떤 자연수를 십의 자리에서 반올림한 것과 일의 자리에서 올림한 것이 6500으로 같습니다. 어떤 자연수는 모두 몇 개입니까?

(   )

2-2 두 자리 수 ㉮와 ㉯가 있습니다. ㉮ 초과 ㉯ 미만인 자연수가 모두 40개일 때, ㉮가 될 수 있는 수 중에서 가장 큰 수는 얼마입니까?

(   )

3-2 분모가 세 자리 수인 분수 중에서 $\frac{2}{7}$와 크기가 같은 분수는 모두 몇 개입니까?

(   )

I 수 영역

[주제 학습 **3**] 공약수와 최대공약수의 활용

어떤 두 수의 최대공약수가 32일 때, 두 수의 공약수는 모두 몇 개입니까?

(   )

선생님, 질문 있어요!

Q. 최대공약수가 있다면 최소공약수도 있나요?

A. 1은 모든 수의 약수이므로 두 수의 가장 작은 공약수는 항상 1이 되므로 따로 최소공약수라고 부르지 않습니다.

[문제 해결 전략]

① 최대공약수의 성질 알기

최대공약수는 두 수의 공약수 중에서 가장 큰 수이므로 두 수의 공약수는 두 수의 최대공약수의 약수와 같습니다.

② 두 수의 공약수의 개수 구하기

32의 약수는 1, 2, 4, 8, 16, 32이므로 어떤 두 수의 공약수는 모두 6개입니다.

따라 풀기 1

어떤 두 수의 최대공약수는 96입니다. 두 수의 공약수를 모두 쓰시오.

(   )

따라 풀기 2

어떤 두 수의 최대공약수가 27일 때, 두 수의 공약수들의 합을 구하시오.

(   )

[**확인 문제**]

[**한 번 더 확인**]

1-1 길이가 1 m인 끈을 남김없이 똑같은 길이로 자르려고 합니다. 자른 끈 한 개의 길이가 10 cm 미만일 때, 끈 한 개의 길이가 될 수 있는 경우는 모두 몇 가지입니까? (단, 끈은 1 cm 단위로만 자를 수 있습니다.)

( )

1-2 할머니께서 밤 48개를 15명 이상의 학생들에게 남김없이 똑같이 나누어 주려고 합니다. 학생들에게 밤을 나누어 줄 수 있는 방법은 모두 몇 가지입니까?

( )

2-1 36과 48의 공약수 중 짝수의 합은 얼마입니까?

( )

2-2 어떤 두 수의 최대공약수는 56입니다. 두 수의 공약수 중 약수가 4개인 수는 모두 몇 개입니까?

( )

3-1 어떤 수와 35의 공약수의 개수는 4개입니다. 두 수의 최대공약수는 얼마입니까?

( )

3-2 64와 어떤 수의 공약수의 개수는 5개입니다. 어떤 수가 두 자리 수일 때, 어떤 수가 될 수 있는 수는 모두 몇 개입니까?

( )

[주제 학습 4] 공배수와 최소공배수의 활용

5로 나누면 4가 남고, 7로 나누면 6이 남는 어떤 수가 있습니다. 어떤 수가 될 수 있는 수 중에서 가장 큰 두 자리 수는 얼마입니까?

(   )

선생님, 질문 있어요!

Q. 나머지가 있는 나눗셈에서 어떤 수는 어떻게 구하나요?

A. 조건을 만족하는 나눗셈식을 세우고 어떤 수에 임의로 수를 더하거나 빼어 나누어떨어지도록 만듭니다. 그리고 최소공배수와 공배수를 이용하여 어떤 수를 구합니다.

[문제 해결 전략]

① 나눗셈식 세우기

조건을 만족하는 어떤 수를 □라 하면 □÷5=▲…4, □÷7=★…6입니다.

② 공배수 구하기

어떤 수에 1을 더하면 5와 7로 나누어떨어지므로 □+1은 5와 7의 공배수가 됩니다.

5와 7의 최소공배수는 35이므로 5와 7의 공배수는 35, 70, 105……입니다.

③ 어떤 수 구하기

이 중 가장 큰 두 자리 수는 70이므로 □+1=70, □=69입니다.

따라 풀기 1

8로 나누면 3이 남고, 11로 나누면 6이 남는 어떤 수가 있습니다. 어떤 수가 될 수 있는 수 중에서 250에 가장 가까운 수는 얼마입니까?

(   )

따라 풀기 2

어떤 수를 3으로 나누면 나머지가 1이고, 5로 나누면 나머지가 3이고, 8로 나누면 나머지가 6입니다. 어떤 수가 될 수 있는 수 중에서 가장 작은 세 자리 수는 얼마입니까?

(   )

[**확인 문제**]

1-1 ㉮ 톱니 수는 16개, ㉯ 톱니 수는 24개인 두 톱니바퀴가 맞물려 돌고 있습니다. 두 톱니바퀴의 톱니가 처음 맞물렸던 위치에서 다시 만나려면 두 톱니바퀴는 최소한 몇 바퀴를 각각 돌아야 합니까?

㉮ (   )
㉯ (   )

2-1 8과 18의 공배수 중에서 세 자리 수의 개수는 모두 몇 개입니까?

(   )

3-1 어떤 수에 12를 곱하면 16과 18의 배수가 됩니다. 어떤 수 중에서 가장 큰 두 자리 수는 얼마입니까?

(   )

[**한 번 더 확인**]

1-2 ㉰, ㉱ 두 톱니바퀴가 맞물려 돌고 있습니다. 두 톱니바퀴의 톱니가 처음 맞물렸던 위치에서 다시 만나게 된 것은 ㉰ 톱니바퀴가 4바퀴를, ㉱ 톱니바퀴가 3바퀴를 돌았을 때입니다. ㉰ 톱니바퀴의 톱니 수가 36개일 때, ㉱ 톱니바퀴의 톱니 수는 몇 개입니까?

(   )

2-2 100보다 크고 300보다 작은 수 중에서 10과 25의 공배수의 개수는 모두 몇 개입니까?

(   )

3-2 5의 배수이면서 17의 배수인 어떤 수가 있습니다. 어떤 수가 세 자리 수일 때, 가장 큰 수와 가장 작은 수의 합을 구하시오.

(   )

[주제 학습 5] 배수 판별하기

다음 다섯 자리 수는 3의 배수입니다. □ 안에 들어갈 수 있는 숫자 중 가장 큰 숫자를 구하시오.

$$32\ \square\ 54$$

(   )

[문제 해결 전략]

① 3의 배수 판별하기
 3의 배수는 각 자리 숫자의 합이 3의 배수입니다.
② □ 안에 들어갈 수 있는 가장 큰 숫자 구하기
 3+2+□+5+4=14+□는 3의 배수이므로 □=1, 4, 7입니다.
 따라서 □ 안에 들어갈 수 있는 숫자 중 가장 큰 숫자는 7입니다.

[배수 판별 전략]

① 오른쪽 끝의 수를 이용하기
 • 2의 배수: 일의 자리 숫자가 0, 2, 4, 6, 8입니다.
 • 4의 배수: 끝의 두 자리 수가 00이거나 4의 배수입니다.
 • 5의 배수: 일의 자리 숫자가 0, 5입니다.
 • 8의 배수: 끝의 세 자리 수가 000이거나 8의 배수입니다.
② 각 자리 숫자의 합을 이용하기
 • 3의 배수: 각 자리 숫자의 합이 3의 배수입니다.
 • 9의 배수: 각 자리 숫자의 합이 9의 배수입니다.
③ 공배수를 이용하기
 • 6의 배수: 2의 배수이면서 3의 배수입니다.

선생님, 질문 있어요!

Q. 3의 배수인지 아닌지를 어떻게 확인할 수 있나요?

A. 가장 기본적인 방법은 3으로 나누어 보는 것입니다. 이 방법은 수가 커지면 나눗셈이 복잡해지므로 배수를 판별하는 방법을 알고 있으면 쉽게 확인할 수 있습니다. 판별 방법을 잊어버리더라도 나눗셈의 원리를 알고 있다면 문제를 해결할 수 있답니다.

배수 판별 방법을 알고 있으면 어떤 수의 배수인지 쉽게 알 수 있어요.

참고

11의 배수: 홀수 번째 자리의 수의 합과 짝수 번째 자리의 수의 합의 차가 0이거나 11의 배수입니다.

따라 풀기 1 다음 네 자리 수가 9의 배수일 때, ▲에 알맞은 숫자를 구하시오.

$$7\blacktriangle 84$$

(   )

I 수 영역

[**확인 문제**]

1-1 다음 수가 2의 배수인지 판별하시오.

$$3456789$$

⇩

2의 배수(가) (입니다, 아닙니다).

[이유] _____

_____

_____

[**한 번 더 확인**]

1-2 다음 수가 8의 배수인지 판별하시오.

$$867472$$

⇩

8의 배수(가) (입니다, 아닙니다).

[이유] _____

_____

_____

2-1 네 자리 수 479A는 6으로 나누어떨어집니다. A에 알맞은 숫자를 구하시오.

(   )

2-2 다섯 자리 수 506A2는 4로 나누어떨어집니다. A에 알맞은 숫자를 넣어 만든 다섯 자리 수 중에서 가장 큰 수와 가장 작은 수의 차를 구하시오.

(   )

3-1 다섯 자리 수 ㉠325㉡이 3과 8로 나누어떨어질 때, ㉠에 알맞은 숫자를 모두 구하시오.

(   )

3-2 네 자리 수 ㉠78㉡이 4와 9로 나누어떨어질 때, ㉠에 알맞은 숫자를 모두 구하시오.

(   )

숫자 카드로 수 만들기

1

4장의 숫자 카드를 한 번씩만 사용하여 다음과 같은 덧셈식을 만들 때, 계산 결과가 가장 큰 값을 기약분수로 나타내시오.

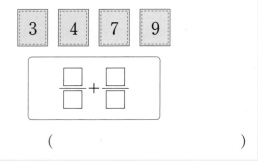

(   )

전략 분수의 크기를 비교하여 계산 결과가 가장 크게 나올 수 있도록 분수의 덧셈식을 만들어 봅니다.

2

| 고대 경시 기출 유형 |

5장의 분수 카드 중 3장을 골라 한 번씩만 사용하여 다음과 같은 식을 만들려고 합니다. 계산 결과가 가장 큰 값을 구하시오.

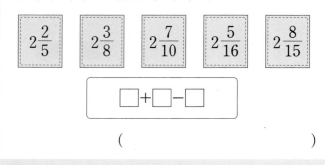

(   )

전략 더하는 두 수가 클수록, 빼는 수가 작을수록 계산 결과는 커지게 됩니다.

3

다음 숫자 카드를 한 번씩만 사용하여 만들 수 있는 짝수는 모두 몇 개입니까?

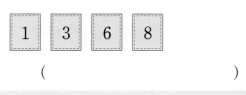

(   )

전략 한 자리 수부터 네 자리 수까지 만들어 봅니다.

4

5장의 숫자 카드 중 4장을 골라 한 번씩만 사용하여 다음과 같은 곱셈식을 만들 때, 가장 큰 곱과 가장 작은 곱의 차를 구하시오.

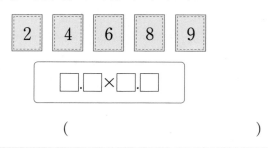

(   )

전략 계산 결과가 가장 크려면 일의 자리에 가장 큰 두 수를 넣고, 계산 결과가 가장 작으려면 일의 자리에 가장 작은 두 수를 넣습니다.

5

| 성대 경시 기출 유형 |

다음 숫자 카드를 한 번씩만 사용하여 만들 수 있는 다섯 자리 수 중에서 4의 배수는 모두 몇 개입니까?

| 2 | 5 | 6 | 8 | 0 |

( )

전략 4의 배수는 끝의 두 자리 수가 00이거나 4의 배수이어야 합니다.

6

0부터 9까지의 숫자를 이용하여 255, 363, 777과 같이 같은 숫자가 2개 이상 있는 세 자리 수를 만들었습니다. 이 중에서 9의 배수는 모두 몇 개입니까?

( )

전략 같은 숫자가 3개인 경우와 같은 숫자가 2개인 경우로 나누어 찾아봅니다.

범위에 해당하는 수 구하기

7

$\frac{1}{5}$ 보다 크고 $\frac{2}{3}$ 보다 작은 분수 중에서 분모가 60인 기약분수를 모두 쓰시오.

( )

전략 $\frac{1}{5}$ 과 $\frac{2}{3}$ 를 분모가 60인 분수로 통분하여 범위에 알맞은 수를 구합니다.

8

| 성대 경시 기출 유형 |

십의 자리에서 반올림하면 2500이고 일의 자리에서 올림하면 2500인 네 자리 수는 모두 몇 개입니까?

( )

전략 조건에 맞게 반올림, 올림하여 2500이 되는 수의 범위를 알아봅니다.

9

| 성대 경시 기출 유형 |

$\frac{1}{5}$보다 크고 $\frac{7}{12}$보다 작은 분수 중에서 분모가 20인 기약분수는 모두 몇 개입니까?

( )

전략 $\frac{1}{5}$과 $\frac{7}{12}$을 통분하여 범위 안에 들어갈 수 있는 수를 모두 찾아봅니다.

11

| 성대 경시 기출 유형 |

㉠과 ㉡은 두 자리 수이고, ㉠ 초과 ㉡ 미만인 자연수의 개수와 200 이상 275 이하인 자연수의 개수가 같습니다. ㉠과 ㉡이 될 수 있는 수를 (㉠, ㉡)으로 나타낼 때 (㉠, ㉡)은 모두 몇 개입니까?

( )

전략 먼저 200 이상 275 이하인 자연수의 개수를 구하고, 두 자리 수의 범위에서 가능한 (㉠, ㉡)을 찾아봅니다.

10

세 자리 수 A와 B가 있습니다. A 이상 B 미만인 자연수가 모두 379개일 때, A가 될 수 있는 수 중에서 가장 큰 수는 얼마입니까?

( )

전략 A 이상 B 미만인 자연수의 개수는 (B−A)개입니다.

12

다음 숫자 카드 중 4장을 골라 네 자리 수를 만들 때, 십의 자리에서 반올림하여 3600 이상인 수가 나올 수 있는 경우는 모두 몇 가지입니까?

| 3 | 6 | 3 | 6 | 3 | 6 |

( )

전략 먼저 십의 자리에서 반올림하여 3600 이상인 수가 되는 범위를 알아봅니다.

공약수와 최대공약수의 활용

13
| 창의·융합 |

물건의 종류마다 사용하는 단위가 정해져 있습니다. 고등어 2마리를 '한 손', 북어 20마리를 '한 쾌', 바늘 24개를 '한 쌈', 마늘 100개를 '한 접'이라고 부릅니다. 북어 두 쾌와 마늘 한 접을 최대한 많은 바구니에 남김없이 똑같이 나누어 담을 때 바구니는 몇 개가 필요합니까?

▲ 북어 한 쾌 　　　▲ 마늘 한 접

(　　　　　　　)

전략 단위를 이해하고 최대공약수를 이용하여 북어와 마늘을 나누어 담을 수 있는 바구니의 수를 구합니다.

14

사과 110개, 배 118개를 최대한 많은 학생들에게 똑같이 나누어 주었더니 사과는 2개가 남고, 배는 2개가 부족했습니다. 몇 명의 학생에게 나누어 주었습니까?

(　　　　　　　)

전략 사과의 개수에서 2를 뺀 수와 배의 개수에 2를 더한 수의 최대공약수를 알아봅니다.

15
| 창의·융합 |

창문은 실내 공기를 바깥과 통하게 하고 빛을 실내에 들어오게 하는 중요한 장치입니다. 창문은 건축의 목적이나 집의 모양, 위치에 따라 다양한 모양과 크기를 갖습니다.

다음 • 조건 •을 만족하는 다양한 모양의 창문을 모두 만들어 보시오.

조건
• 정사각형 모양 8개를 붙여서 창문 1개를 만듭니다.
• 창문은 직사각형 모양입니다.

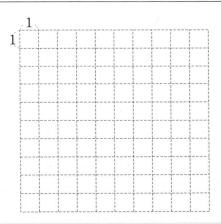

전략 8의 약수를 이용하여 다양한 모양과 크기의 창문을 만들어 봅니다.

16

다음 세 수를 어떤 수로 나누면 나머지가 모두 5라고 합니다. 어떤 수가 될 수 있는 수의 합을 구하시오.

| 65 | 41 | 53 |

(   )

전략 어떤 수로 나누어떨어지는 세 수를 구하고 최대공약수를 이용하여 어떤 수가 될 수 있는 수를 구합니다.

17

서로 다른 두 수의 곱이 735이고 두 수의 최대 공약수가 7일 때, 두 수의 합이 가장 클 때의 값은 얼마입니까?

(   )

전략 735의 약수를 이용하여 두 수의 곱의 짝을 지어 봅니다.

18

| 성대 경시 기출 유형 |

150에 가장 가까운 수 중에서 약수의 개수가 3개인 수를 구하시오.

(   )

전략 약수의 개수가 3개인 수는 1과 자기 자신을 제외한 약수가 1개 있습니다.

19

다음 • 조건 •을 만족하는 자연수는 모두 몇 개입니까?

─ 조건 ─
• 140의 약수입니다.
• 2의 배수이지만 5의 배수는 아닙니다.

(   )

전략 140의 약수 중에서 2의 배수이지만 5의 배수가 아닌 수를 찾습니다.

공배수와 최소공배수의 활용

20

네덜란드 암스테르담에서 5년에 한 번씩 '암스테르담 범선' 축제가 열리고, 스위스 취리히에서 3년에 한 번씩 '취리 패쉬트' 축제가 열립니다. 2010년에 두 축제가 동시에 열렸다면 2010년부터 2100년까지 두 축제가 동시에 열리는 해는 모두 몇 번입니까?

(   )

전략 5와 3의 최소공배수를 이용하여 두 축제가 동시에 열리는 해를 알아봅니다.

21

40의 배수이면서 56의 배수인 수 중에서 세 자리 수들의 합을 구하시오.

(   )

전략 40의 배수이면서 56의 배수인 수는 40과 56의 공배수입니다.

22

어떤 수와 12의 최대공약수는 4이고 최소공배수는 24입니다. 어떤 수는 얼마입니까?

(   )

전략 $4\,)\,\dfrac{\text{(어떤 수)} \quad 12}{\blacktriangle \qquad 3}$ 을 이용하여 ▲의 값을 먼저 구한 후 어떤 수를 구합니다.

23

예선이와 현진이는 함께 계획을 세워서 공부하려고 합니다. 예선이는 6일간 공부하고 하루를 쉬고, 현진이는 4일간 공부하고 이틀을 쉬기로 하였습니다. 예선이와 현진이가 1년 동안 함께 쉬는 날은 며칠입니까? (단, 1년은 365일이고 두 사람이 공부를 처음 시작하는 날은 같습니다.)

(   )

전략 예선이와 현진이의 공부하는 주기를 찾아 함께 쉬는 날이 얼마만큼 반복되는지 생각해 봅니다.

24 | 성대 경시 기출 유형 |

5의 배수이지만 8의 배수가 아닌 세 자리 자연수는 모두 몇 개입니까?

( )

전략 세 자리 수 중 5의 배수의 개수에서 5와 8의 공배수의 개수를 뺍니다.

26 | 성대 경시 기출 유형 |

14와 어떤 수의 최소공배수는 70입니다. 어떤 수가 될 수 있는 수는 모두 몇 개입니까?

( )

전략 70과 14를 각각 작은 수의 곱셈식으로 나타낸 후 최소공배수 70이 나오도록 어떤 수가 될 수 있는 수를 구합니다.

25

A★B는 A와 B의 최대공약수를, A△B는 A와 B의 최소공배수를 나타냅니다. 다음 식의 값을 구하시오.

$$\{(56 ★ 72) △ 6\} △ 68$$

( )

전략 먼저 ( ) 안의 값을 구한 다음 { } 안의 값을 구합니다.

27 | 성대 경시 기출 유형 |

□ 안에 들어갈 수 있는 수 중에서 500보다 작은 수는 모두 몇 개입니까?

12와 □의 최소공배수는 □와 16의 최소공배수와 같습니다.

( )

전략 12와 □의 최소공배수는 12의 배수이고, 16과 □의 최소공배수는 16의 배수입니다.

배수 판별하기

28

다음 일곱 자리 수는 12의 배수입니다. ♠에 알맞은 숫자를 모두 구하시오. (단, ♠는 같은 숫자입니다.)

$$8♠371♠4$$

( )

전략 12의 배수는 3의 배수이면서 4의 배수입니다.

29

다음 수가 6의 배수인지 판별하는 풀이 과정을 쓰시오.

$$543219876$$

[풀이] _____

_____

_____

_____

전략 6의 배수는 2의 배수이면서 3의 배수이므로 2의 배수와 3의 배수를 모두 만족해야 6의 배수가 됩니다.

30

여섯 자리 수 ㉠8971㉡은 55로 나누어떨어집니다. ㉠+㉡의 값을 구하시오.

( )

전략 홀수 번째 자리의 수의 합과 짝수 번째 자리의 수의 합의 차가 0이거나 11의 배수이면 11의 배수입니다.

31

슬기네 학교 친구들은 나눔장터에 참여하여 어릴 때 사용한 장난감을 판매하고 ■392▲4원을 벌었습니다. 이 돈을 모두 사용하여 마을 회관에 기증할 물건 72개를 구입하였습니다. 구입한 물건 1개의 가격은 얼마입니까? (단, 장난감을 판매한 총 금액은 50만 원 미만입니다.)

( )

전략 물건 72개의 값이 ■392▲4원이므로 ■392▲4는 72의 배수입니다.

* 수 영역에서의 코딩

수 영역에서의 코딩 문제는 다양한 수의 형태를 판별하는 기준과 방법을 알아보는 유형 입니다. 약수와 배수, 소수 등 규칙이 있는 수를 찾거나 순차 및 반복 구조의 명령어를 익힙니다. 코딩이라는 새로운 관점에서 확인해 보고 다양한 형태로 적용하면서 문제를 풀어 봅니다.

1 다음 표에서 색칠된 수를 보고 규칙을 찾아 비밀번호를 입력하면 금 고를 열 수 있습니다. 금고의 빈칸에 알맞은 수를 써넣으시오.

▶ 2와 5의 배수를 나열한 표에서 10, 20, 30에 색칠된 이유를 생 각해 봅니다.

2	4	6	8	10	12	……	102	104

5	10	15	20	25	30	……	105	110

2 다음은 2의 배수를 판별하기 위한 순서도입니다. 빈 곳에 들어갈 질 문은 무엇인지 쓰시오.

▶ 어떤 수가 2의 배수인지 나머지의 관점으로 판별하는 방법입니다.

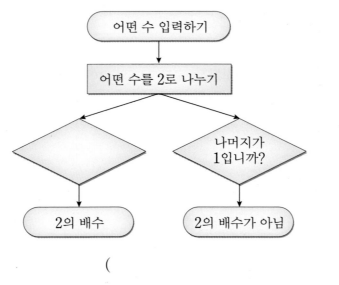

(   )

순서도는 수의 계산이나 어떤 일의 처리 과정을 그림으로 나타낸 것이에요.

3 다음은 소수를 찾기 위한 코드입니다. □ 안에 알맞은 수를 구하시오.

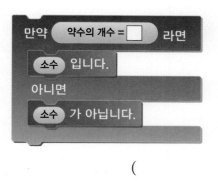

( )

▶ 소수와 약수 사이의 관계를 생각해 봅니다.

소수는 1과 자기 자신으로만 나누어떨어지는 수예요.

4 다음은 어떤 수의 배수만큼 이동하기 위한 코드입니다. 이 코드를 실행하면 이동 방향으로 얼마만큼 움직이게 됩니까?

( )

▶ 이동 방향으로 7만큼 5번 반복하여 움직이는 코드입니다.

5 다음 코드를 실행하였을 때, "오늘은 좋은 날"을 35초 동안 말했습니다. 빈 곳에 알맞은 수를 구하시오.

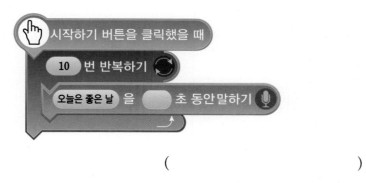

( )

▶ "오늘은 좋은 날"을 35초 동안 10번 반복하여 말하였습니다.

문제 해결

1 0.33보다 크고 $\dfrac{5}{9}$보다 작은 분수 중에서 분모가 25인 기약분

수의 합을 $\bigcirc\dfrac{\bigcirc}{25}$으로 나타낼 때, $\bigcirc+\bigcirc$의 값을 구하시오.

(   )

문제 해결

2 28과 어떤 수의 최소공배수는 140입니다. 어떤 수가 될 수 있는 수 중에서 가장 큰 수와 가장 작은 수의 차를 구하시오.

(   )

3 분자가 1인 분수를 단위분수라고 합니다. $\dfrac{27}{96}$을 분모가 서로

다른 세 단위분수의 합으로 나타낼 때, ㉢이 될 수 있는 모든

수의 합을 구하시오. (단, ㉠, ㉡, ㉢은 서로 다른 자연수이고,

㉠<㉡<㉢입니다.)

$$\dfrac{27}{96} = \dfrac{1}{㉠} + \dfrac{1}{㉡} + \dfrac{1}{㉢}$$

(   )

4 다섯 자리 수 6㉠㉡㉠㉡은 45의 배수입니다. 6㉠㉡㉠㉡이 될

수 있는 수는 모두 몇 개입니까? (단, ㉠과 ㉡은 서로 다른 숫

자입니다.)

(   )

문제 해결

5 A는 두 자리 수이고, B는 한 자리 수입니다. 두 수 A−B와 A+B의 최대공약수가 18일 때, A+B의 최댓값은 얼마입니까?

(   )

문제 해결

6 1부터 9까지의 숫자 카드 중 3장을 골라 한 번씩만 사용하여 각 자리 숫자의 합이 10인 세 자연수 ABC를 만들고, 이를 다시 두 자리 수 AB와 한 자리 수 C로 나누었습니다. AB×C 의 값이 가장 큰 것과 가장 작은 것의 차는 얼마입니까?

| 1 | 2 | 3 | 4 | 5 | 6 | 7 | 8 | 9 |

(   )

I
수
영
역

창의 · 사고

7 분모가 세 자리 수 ABC로 이루어진 분수를 약분했더니 단위분수가 되었습니다. 만들 수 있는 가장 큰 단위분수와 가장 작은 단위분수를 구하시오. (단, A, B, C는 자연수이고 서로 다른 숫자입니다.)

$$\frac{32}{ABC}$$

가장 큰 단위분수 (   )

가장 작은 단위분수 (   )

창의 · 융합

8 오른쪽과 같은 모양의 숫자 퍼즐이 있습니다. 숫자 퍼즐의 각 줄에는 다음 •조건•을 만족하는 수가 적혀 있고, 각각의 줄은 오른쪽으로 돌릴 수 있습니다. 각 줄에 공통으로 적혀 있는 수를 구하시오. (단, 1보다 큰 자연수가 각각 적혀 있습니다.)

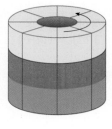

── • 조건 • ──

• 첫째 줄에는 4로 나누어도 1이 남고, 6으로 나누어도 1이 남는 수가 가장 작은 수부터 차례로 8개 적혀 있습니다.

• 둘째 줄에는 3으로 나누어도 1이 남고, 5로 나누어도 1이 남는 수가 가장 작은 수부터 차례로 8개 적혀 있습니다.

• 셋째 줄에는 2로 나누어도 1이 남고, 10으로 나누어도 1이 남는 수가 가장 작은 수부터 차례로 8개 적혀 있습니다.

(   )

영재원·**창의융합** 문제

❖ 옛날부터 우리나라는 십간과 십이지를 이용하여 한 해를 나타냈습니다. 갑, 을, 병, 정, 무, 기, 경, 신, 임, 계의 10간과 자, 축, 인, 묘, 진, 사, 오, 미, 신, 유, 술, 해의 12지를 합하여 10간 12지라고 하고 차례로 짝 지어 갑자, 을축, 병인과 같은 60개의 간지를 만들었습니다. 똑같은 간지는 60년에 한 번씩 돌아오게 되고 사건이 일어난 해의 간지를 사건 이름 앞에 붙였습니다. 다음을 보고 물음에 답하시오. (**9**~**10**)

갑자 (甲子)	을축 (乙丑)	병인 (丙寅)	정묘 (丁卯)	무진 (戊辰)	기사 (己巳)	경오 (庚午)	신미 (辛未)	임신 (壬申)	계유 (癸酉)
갑술 (甲戌)	을해 (乙亥)	병자 (丙子)	정축 (丁丑)	무인 (戊寅)	기묘 (己卯)	경진 (庚辰)	신사 (辛巳)	임오 (壬午)	계미 (癸未)
갑신 (甲申)	을유 (乙酉)	병술 (丙戌)	정해 (丁亥)	무자 (戊子)	기축 (己丑)	경인 (庚寅)	신묘 (辛卯)	임진 (壬辰)	계사 (癸巳)
갑오 (甲午)	을미 (乙未)	병신 (丙申)	정유 (丁酉)	무술 (戊戌)	기해 (己亥)	경자 (庚子)	신축 (辛丑)	임인 (壬寅)	계묘 (癸卯)
갑진 (甲辰)	을사 (乙巳)	병오 (丙午)	정미 (丁未)	무신 (戊申)	기유 (己酉)	경술 (庚戌)	신해 (辛亥)	임자 (壬子)	계축 (癸丑)
갑인 (甲寅)	을묘 (乙卯)	병진 (丙辰)	정사 (丁巳)	무오 (戊午)	기미 (己未)	경신 (庚申)	신유 (辛酉)	임술 (壬戌)	계해 (癸亥)

9 다음은 역사적 사건이 일어난 순서대로 나열한 표입니다. 60간지를 이용하여 연도를 찾아보시오.

역사적 사건	사건 내용	연도
임술농민봉기	조선후기, 가혹한 세도 정치와 수탈에 농민들이 일으킨 항쟁	1862
병인양요	흥선대원군의 천주교 탄압에 대항하여 프랑스 함대가 강화도에 침범한 사건	
신미양요	조선을 개항시키기 위하여 미국 군함이 강화도에 쳐들어온 사건	
갑신정변	개화파가 조선의 자주독립과 근대화를 추구하며 일으킨 정변	
을미사변	일본 자객들이 경복궁을 습격하여 명성황후를 시해한 사건	1895

10 **9**의 연도를 이용하여 역사적 사건의 연대표를 작성해 보시오.

II
연산 영역

| 주제 구성 |

[**주제 학습 6**] 연산 기호에 관한 문제

다음 식이 성립하도록 □ 안에 알맞은 연산 기호(+, −, ×, ÷)를 써넣으시오.

$$1+2+3+4+5+6+7\boxed{}8\boxed{}9=100$$

문제 해결 전략

① 식을 간단하게 정리하기

$1+2+3+4+5+6+7\square8\square9=100$, $21+7\square8\square9=100$, $7\square8\square9=79$

② □ 안에 알맞은 연산 기호 넣기

· $7\times8+9=56+9=65$ (×)

· $7+8\times9=7+72=79$ (○)

따라서 □ 안에 알맞은 연산 기호는 +, ×입니다.

> **선생님, 질문 있어요!**
>
> **Q.** $1+2\times3$과 $1\times2+3$의 계산 결과는 다른가요?
>
> **A.** 덧셈과 곱셈이 함께 들어 있는 식에서는 곱셈을 먼저 계산해야 합니다.
> 따라서 이 원칙에 따르면 $1+2\times3=7$이고, $1\times2+3=5$이므로 다른 결과가 나오게 됩니다.

따라 풀기 1

다음 식이 성립하도록 □ 안에 알맞은 연산 기호(+, −, ×, ÷)를 써넣으시오.

$$1\times2\boxed{}3+4+5\boxed{}6+7+8\boxed{}9=100$$

따라 풀기 2

다음 식이 성립하도록 □ 안에 알맞은 연산 기호(+, −, ×, ÷)를 써넣으시오.

$$5\boxed{}5\boxed{}5\boxed{}5=0$$

[확인 문제]

1-1 다음 저울이 수평을 이루도록 ○ 안에 알맞은 연산 기호(+, −, ×, ÷)를 써넣으시오.

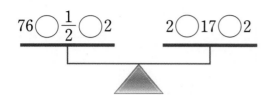

2-1 기호 #이 다음과 같은 규칙을 가질 때, 4#8의 값을 구하시오.

$$1\#3=(1+3)\times3=12$$
$$3\#7=(3+7)\times7=70$$

(   )

3-1 연산 기호(+, −, ×, ÷)와 괄호, 숫자 3을 4번 사용하여 계산 결과가 1이 되는 식을 한 가지 쓰시오.

(   )

[한 번 더 확인]

1-2 다음 저울이 수평을 이루도록 ○ 안에 알맞은 연산 기호(+, −, ×, ÷)를 써넣으시오.

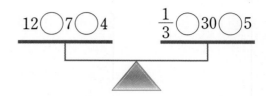

2-2 기호 &가 다음과 같은 규칙을 가질 때, 7&4의 값을 기약분수로 나타내시오.

$$9\,\&\,2=9\times2\div(1+2)=6$$
$$12\,\&\,3=12\times3\div(1+2+3)=6$$

(   )

3-2 연산 기호(+, −, ×, ÷)와 괄호, 숫자 4를 5번 사용하여 계산 결과가 0이 되는 식을 한 가지 쓰시오.

(   )

Ⅱ 연산 영역

[주제 학습 7] □가 있는 분수의 계산

□ 안에 들어갈 수 있는 자연수는 모두 몇 개입니까?

$$\frac{\square}{16} \times 4 < 2\frac{3}{4} \times \frac{2}{7}$$

(   )

문제 해결 전략

① 약분하여 계산하기

$$\frac{\square}{16} \times \overset{1}{\cancel{4}} = \frac{\square}{4}, \quad 2\frac{3}{4} \times \frac{2}{7} = \frac{11}{\cancel{4}} \times \frac{\overset{1}{\cancel{2}}}{7} = \frac{11}{14}$$

② 두 분수를 통분하여 식을 간단하게 정리하기

$\frac{\square}{4} < \frac{11}{14}$ 을 통분하면 $\frac{7 \times \square}{28} < \frac{22}{28}$ 이므로 $7 \times \square < 22$ 입니다.

③ □ 안에 들어갈 수 있는 자연수의 개수 구하기

$7 \times \square < 22$ 에서 □ 안에 들어갈 수 있는 자연수는 1, 2, 3이므로 모두 3개입니다.

 **1** □ 안에 들어갈 수 있는 자연수 중 가장 큰 수는 얼마입니까?

$$1\frac{5}{7} + \frac{3}{4} > \frac{\square}{12} \times 3$$

(   )

따라 풀기 2 □ 안에 들어갈 수 있는 자연수는 모두 몇 개입니까?

$$\frac{\square}{6} \times 2 < 3\frac{3}{5} + 1$$

(   )

[확인 문제]

1-1 $\dfrac{\square}{6}$는 $\dfrac{1}{4}$보다 크고 $1\dfrac{3}{4}\times\dfrac{1}{2}$보다 작습니다. $\square$ 안에 들어갈 수 있는 자연수의 합은 얼마입니까?

( )

2-1 $\square$ 안에 들어갈 수 있는 자연수는 모두 몇 개입니까?

$$\dfrac{2}{5}<\dfrac{8}{\square}<\dfrac{7}{9}$$

( )

3-1 어떤 분수의 분모에서 8을 빼고 분자에 3을 더한 후 4로 약분하였더니 $\dfrac{13}{25}$이 되었습니다. 어떤 분수를 구하시오.

( )

[한 번 더 확인]

1-2 $\dfrac{2}{7}$보다 크고 $\dfrac{13}{21}$보다 작은 분수 중에서 분모가 12인 기약분수의 합은 얼마입니까?

( )

2-2 $\square$ 안에 들어갈 수 있는 자연수 중에서 가장 큰 수를 구하시오.

$$\dfrac{3}{7}<\dfrac{12}{\square}<\dfrac{10}{13}$$

( )

3-2 어떤 분수의 분모에 2를 곱하고 분자에 10을 더한 후 5로 약분하였더니 $\dfrac{9}{20}$가 되었습니다. 이 분수의 분모와 분자의 합은 얼마입니까?

( )

[주제 학습 8] 나눗셈에 관한 문제

다음 식을 31로 나누었을 때의 나머지를 구하시오.

$$1+2+3+4+5+\cdots\cdots+29+30$$

(   )

선생님, 질문 있어요!

Q. 나머지를 어떻게 구해야 하나요?

A. 계산을 하여 직접 나누어 볼 수도 있지만 식을 간단하게 정리하거나 + 연산을 기준으로 식을 나누어 나머지를 구합니다.
예를 들어 $1 \times 2 \times 3 + 15$ 를 5로 나누었을 때의 나머지를 구하기 위해 $1 \times 2 \times 3$과 15의 두 부분으로 나누어 각각 나머지를 구한 후 더합니다.

문제 해결 전략

① 식을 간단하게 정리하기

$$1+2+3+4+5+\cdots\cdots+29+30=31\times15$$
$$\underbrace{\qquad\underbrace{\qquad}_{31}\qquad}_{31}$$

② 나머지 구하기

31×15는 31의 배수이므로 31로 나누었을 때의 나머지는 0이 됩니다.

 다음 식을 45로 나누었을 때의 나머지를 구하시오.

$$35\times36\times37+79875+635$$

(   )

따라 풀기 2 어떤 수 □에 대해서 □×□를 2로 나눈 나머지를 [□]로 나타내기로 약속했습니다. 예를 들어 [4]=0입니다. 다음 식의 값을 구하시오.

$$[55]+[56]+[57]+\cdots\cdots+[64]+[65]$$

(   )

[**확인 문제**]

1-1 다음 식을 계산했을 때 몫과 나머지가 같습니다. 자연수 ㉠을 구하시오.

$$(㉠×26+38)÷13$$

(   )

2-1 12명이 하면 25일 동안 끝낼 수 있는 일이 있습니다. 이 일을 20명이 하면 며칠 만에 끝낼 수 있습니까? (단, 한 사람이 하루에 하는 일의 양은 모두 같습니다.)

(   )

3-1 $5÷6$의 몫을 소수로 나타낼 때, 몫의 소수 100째 자리 숫자는 무엇입니까?

(   )

[**확인 문제**]

[**한 번 더 확인**]

1-2 어떤 자연수를 36으로 나누었을 때 몫과 나머지가 같은 수는 모두 몇 개입니까?

(   )

2-2 30명이 하면 16일 동안 끝낼 수 있는 일이 있습니다. 한 사람이 하루에 하는 일의 양이 모두 같을 때, 이 일을 20명이 하면 며칠 만에 끝낼 수 있습니까?

(   )

3-2 $\dfrac{4}{11}$를 반올림하여 소수 499째 자리까지 나타냈을 때 소수 499째 자리 숫자는 무엇입니까?

(   )

[주제 학습 9] 문자가 나타내는 숫자 알아보기

오른쪽 덧셈식에서 서로 다른 알파벳은 서로 다른 숫자이고 같은 알파벳은 같은 숫자를 나타냅니다. M에 알맞은 숫자를 구하시오.

( )

$$
\begin{array}{r}
M\ A\ T\ H \\
+\ M\ A\ T\ H \\
\hline
H\ A\ B\ I\ T
\end{array}
$$

선생님, 질문 있어요!

Q. 복면산이란 무엇인가요?

A. 복면을 쓰고 있는 연산이라는 뜻으로 문자로 표현된 수식에서 각 문자가 나타내는 숫자를 알아맞히는 수학 퍼즐의 한 종류입니다.

문제 해결 전략

① H, T, I 구하기

천의 자리 계산에서 받아올림한 만의 자리 숫자는 1이어야 하므로 H=1입니다.
따라서 일의 자리 계산에서 T=H+H=1+1=2이고 십의 자리 계산에서
I=T+T=2+2=4입니다.

② M, A, B 구하기

앞서 사용한 1, 2, 4를 제외한 남은 수는 0, 3, 5, 6, 7, 8, 9입니다.
천의 자리 계산에서 M+M은 10 이상의 수이므로 M=5, 6, 7, 8, 9가 가능하고,
백의 자리 계산에서 A+A의 일의 자리 숫자는 짝수이어야 하므로 B=0, 6, 8이 가능합니다.

· B=0일 때, A=5이고 M=7입니다.
· B=6일 때, A=3이면 M+M=13을 만족하는 자연수 M은 없습니다.
           A=8이면 1+M+M=18을 만족하는 자연수 M은 없습니다.
· B=8일 때, A=4이면 I와 중복됩니다.
           A=9이면 1+M+M=19에서 M=9이므로 A와 중복됩니다.

따라서 A=5, B=0, H=1, I=4, M=7, T=2입니다.

알파벳에 숨어 있는 숫자를 찾아보세요.

참고

복면산 문제의 기본 조건은 다음과 같습니다.
① 같은 문자는 같은 숫자를 나타냅니다.
② 서로 다른 문자는 서로 다른 숫자를 나타냅니다.
③ 첫 번째 자리 숫자는 0이 아닙니다.

따라 풀기 1

오른쪽 덧셈식에서 ㉠, ㉡, ㉢, ㉣, ㉤, ㉥은 서로 다른 숫자이고 같은 문자는 같은 숫자를 나타냅니다. 다섯 자리 수 ㉠㉡㉢㉣㉤을 구하시오.

$$
\begin{array}{r}
㉠\ ㉡\ ㉢\ ㉣\ ㉤ \\
+\ ㉠\ ㉡\ ㉢\ ㉣\ ㉤ \\
\hline
㉤\ ㉣\ ㉥\ ㉡\ ㉡\ ㉣
\end{array}
$$

( )

[확인 문제]

1-1 다음 식을 만족하는 A, B, C, D는 서로 다른 숫자입니다. A+B의 값을 구하시오.

```
      5 B 2 D
  +     4 C 1
    A 2 9 1
```

(   )

2-1 다음 식에서 가, 나, 다는 서로 다른 숫자입니다. 가, 나, 다의 합을 구하시오.

```
      가 1 . 나
  ×         8
    다 다 다 . 6
```

(   )

3-1 □ 안에 알맞은 수를 써넣으시오.

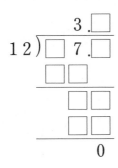

[한 번 더 확인]

1-2 다음 식을 만족하는 A, B, C, D는 서로 다른 숫자입니다. C+D의 값을 구하시오.

```
      9 A B 7
  + C D 8 A
    C D B A 2
```

(   )

2-2 다음 식에서 가, 나, 다, 라는 0이 아닌 서로 다른 숫자입니다. 가, 나, 다, 라의 합을 구하시오.

```
      가 나 . 다 라
  ×             7
    라 6 라 . 6 4
```

(   )

3-2 가, 나, 다, 라, 마, 바, 사는 서로 다른 숫자입니다. 나눗셈의 몫을 구하시오.

```
              가 나 . 다
    2 라 ) 마 바 사 . 나
              2 6
            2 가 사
            2 0 나
              바 나
              바 나
                0
```

(   )

연산 기호에 관한 문제

1

두 자연수에 대하여 기호 ■가 • 보기 •와 같은 규칙을 가질 때, 40■20의 값을 구하시오.

보기
$$6 ■ 2 = (6+2) \times 4 = 32$$
$$8 ■ 5 = (8+5) \times 3 = 39$$

( )

전략 A■B의 계산 규칙을 알아보고 40■20의 값을 구하는 식을 세워 봅니다.

2

$[A] = \dfrac{A}{4 \times (A+1)}$ 와 같이 약속할 때, 다음을 계산하시오.

$$[1] + [3] + [5] + [7]$$

( )

전략 $[A] = \dfrac{A}{4 \times (A+1)}$ 에서 A 대신에 각각의 수를 넣어 계산합니다.

3

| 성대 경시 기출 유형 |

다음 식의 □ 안에 연산 기호(+, −, ×, ÷)를 한 번씩만 넣어 계산할 때, 계산한 값 중에서 가장 큰 것과 가장 작은 것의 합을 구하시오. (단, 계산한 값이 자연수가 되는 경우만 생각합니다.)

$$32 \boxed{} 16 \boxed{} 8 \boxed{} 4 \boxed{} 2$$

( )

전략 가장 큰 값을 구하려면 가장 큰 수 사이에 ×를 넣고 가장 작은 값을 구하려면 큰 수들을 나누거나 빼야 합니다.

4

$A ♣ B = \dfrac{A+B}{2}$ 와 같이 약속할 때, 다음을 계산하시오.

$$[\{(12 ♣ 14) ♣ 15\} ♣ 16] ♣ 19$$

( )

전략 A와 B 대신에 각각의 수를 넣고 소괄호 ( ) → 중괄호 { } → 대괄호 [ ]의 순서로 계산합니다.

5

▶는 어떤 수를 곱하는 기호이고, ▷는 어떤 수를 더하는 기호입니다. ㉮＋㉯＋㉰의 값을 구하시오. (단, 기호의 방향이 달라도 모양이 같으면 같은 연산으로 생각합니다.)

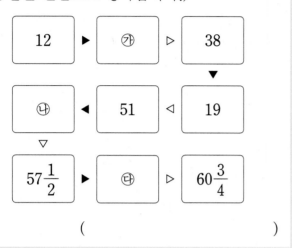

(   )

전략 38 ▶ 19에서 ▶의 곱하는 수를 찾고, 19 ▷ 51에서 ▷의 더하는 수를 찾습니다.

6

다음 식이 성립하도록 □ 안에 알맞은 연산 기호(＋, －, ×, ÷)와 괄호를 써넣으시오.

$$7 \ \Box \ 7 \ \Box \ 7 \ \Box \ 7 \ \Box \ 7 \ \Box \ 7 = 0$$

전략 계산한 값이 0이 되기 위한 하나의 방법은 어떤 수에 0을 곱해 만드는 것입니다.

□가 있는 분수의 계산

7
| 성대 경시 기출 유형 |

□ 안에 들어갈 수 있는 자연수 중에서 가장 큰 수와 가장 작은 수의 합을 구하시오.

$$1\frac{1}{4} \times \frac{1}{2} < \frac{11}{\Box} < 1$$

(   )

전략 분자를 같게 한 후 분모끼리 비교하여 □ 안에 들어갈 수 있는 자연수를 구합니다.

8

다음 식의 계산 결과가 가장 큰 자연수가 될 때, □ 안에 알맞은 자연수를 구하시오.

$$5\frac{\Box}{9} \div 4 \times 27$$

(   )

전략 분수가 섞여 있는 식의 계산 결과가 자연수가 되도록 만들려면 분수의 분모가 1로 약분되어야 합니다.

9

분모와 분자의 차가 30인 분수가 있습니다. 이 분수의 분모에서 15를 빼고 분자에 5를 더한 후 분수를 약분하였더니 $\dfrac{9}{10}$가 되었습니다. 처음 분수를 구하시오.

( )

전략 약분하기 전 분모와 분자의 최대공약수를 이용하여 처음 분수를 나타냅니다.

11

$\dfrac{\square}{8}$, $\dfrac{3}{\square}$에 각각 40을 곱했더니 모두 자연수가 되었습니다. □ 안에 공통으로 들어갈 수 있는 수의 합을 구하시오.

(단, $\dfrac{\square}{8}$, $\dfrac{3}{\square}$은 모두 진분수입니다.)

( )

전략 $\dfrac{\square}{8}$와 $\dfrac{3}{\square}$에 각각 40을 곱한 수를 약분하여 간단히 정리해 봅니다.

10 | 고대 경시 기출 유형 |

어떤 분수의 분자에 2를 더하고 약분하면 $\dfrac{1}{2}$이 되고, 분자에서 3을 빼고 약분하면 $\dfrac{1}{7}$이 됩니다. 어떤 분수를 구하시오.

( )

전략 분수를 $\dfrac{\blacktriangle}{\blacksquare}$로 놓고 2개의 식을 세워 ■와 ▲를 각각 구합니다.

12 | 성대 경시 기출 유형 |

어떤 수 A와 B는 3부터 9까지의 자연수이고, A>B입니다. 다음을 만족하는 $\dfrac{A}{B}$를 모두 더하면 얼마입니까?

$$3 < \dfrac{B}{A} + \dfrac{A}{B}$$

( )

전략 A>B이므로 $\dfrac{B}{A}$는 1보다 작습니다.

나눗셈에 관한 문제

13

다음 나눗셈식 중에서 몫이 0.1보다 큰 것은 모두 몇 개입니까?

$$\frac{9}{9} \div 1, \ \frac{8}{9} \div 2, \ \frac{7}{9} \div 3, \ \frac{6}{9} \div 4, \ \frac{5}{9} \div 5,$$

$$\frac{4}{9} \div 6, \ \frac{3}{9} \div 7, \ \frac{2}{9} \div 8, \ \frac{1}{9} \div 9$$

( )

전략 나눗셈식을 각각 계산하여 몫이 0.1보다 큰 것을 찾습니다.

14

어느 학용품 공장에서 기계 5대로 10일 동안 학용품을 400상자 만든다고 합니다. 기계 11대로 학용품을 2992상자 만들려면 며칠이 걸립니까?

( )

전략 기계 한 대로 하루에 만들 수 있는 학용품의 양을 구해 봅니다.

15

두 분수 중 소수 다섯째 자리 숫자가 큰 것을 반올림하여 소수 둘째 자리까지 나타내시오.

$$\frac{5}{18} \qquad \frac{11}{24}$$

( )

전략 두 분수를 소수로 각각 나타내어 소수 다섯째 자리 숫자를 비교합니다.

16

| 창의·융합 |

세계에서 가장 빠른 사나이인 자메이카 출신의 우사인 볼트(Usain Bolt)는 100 m를 9.58초에 달린 세계 신기록을 가지고 있습니다. 볼트가 달리기 연습을 하는데, 한 지점에서 출발한 지 10분 후에 코치가 자전거로 1분에 1 km의 일정한 빠르기로 뒤따라갔습니다. 코치가 출발한 지 몇 분 후에 두 사람이 만나게 됩니까? (단, 달리기 연습을 하는 볼트의 빠르기는 초당 10 m로 일정합니다.)

( )

전략 문제에서 필요한 정보와 불필요한 정보를 가려내고 두 사람이 1분당 움직이는 거리를 구해 차이를 비교합니다.

17

분자가 1이 아닌 두 기약분수 $\dfrac{\textcircled{⑪}}{4}$와 $\dfrac{\textcircled{⑭}}{6}$가 있습니다. $\dfrac{\textcircled{⑭}}{6}-\dfrac{\textcircled{⑪}}{4}$를 소수로 나타낼 때, 소수 10째 자리 숫자는 무엇입니까?

(   )

전략 기약분수라는 조건을 이용하여 ⑪와 ⑭를 구하고 주어진 식을 계산하여 소수로 나타냅니다.

18
| 성대 경시 기출 유형 |

다음 식을 13으로 나누었을 때의 나머지는 얼마입니까?

$$10+(10\times11)+(10\times11\times12)$$
$$+\cdots\cdots+(10\times11\times12\times\cdots\times30)$$

(   )

전략 더하기(+) 연산으로 연결된 각각의 식이 13의 배수인지, 나머지가 얼마인지 알아봅니다.

19
| 성대 경시 기출 유형 |

50부터 150까지의 자연수를 각각 7로 나누었을 때의 나머지를 모두 더하면 얼마입니까?

(   )

전략 7로 나누었을 때 나머지가 될 수 있는 수를 알아보고 나머지를 차례로 써 봅니다.

20
| 창의·융합 |

쾌속선 한 척이 바다를 항해하고 있습니다. 항해사가 커다란 암벽을 향해 뱃고동을 울렸더니 7초 후에 메아리쳐서 배로 되돌아왔습니다. 이 배는 한 시간에 72 km의 빠르기로 움직일 때, 뱃고동을 울렸을 때의 배와 암벽 사이의 거리는 몇 m입니까? (단, 소리는 1초에 340 m의 빠르기로 움직입니다.)

(   )

전략 뱃고동 소리와 쾌속선이 7초 동안 움직인 거리를 이용하여 뱃고동을 울렸을 때의 배와 암벽 사이의 거리를 알아봅니다.

문자가 나타내는 숫자 알아보기

21

| 성대 경시 기출 유형 |

다음 식에서 ㉮, ㉯, ㉰는 서로 다른 숫자일 때, ㉮×㉯×㉰의 값을 구하시오.

$$
\begin{array}{r}
2\ ㉮.㉯\ ㉰ \\
\times\qquad 4 \\
\hline
㉰\ ㉯.㉮\ 2
\end{array}
$$

(   )

전략 먼저 ㉰에 4를 곱하여 일의 자리 숫자가 2가 되는 경우를 알아봅니다.

22

다음 식에서 □와 △는 서로 다른 숫자일 때, □÷△의 몫을 반올림하여 소수 둘째 자리까지 나타내시오.

$$
\begin{array}{r}
4\ \square \\
\times\ \square\ 4 \\
\hline
\triangle\ 4\ \square\ 8
\end{array}
$$

(   )

전략 먼저 □×4의 일의 자리 숫자가 8이 되는 경우를 알아봅니다.

23

□ 안에 알맞은 수를 써넣으시오.

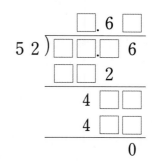

전략 나뉠 수의 자연수 부분과 나누는 수를 비교하여 몫의 자연수 부분을 알아봅니다.

24

다음 식을 만족하는 A, B, C는 0이 아닌 서로 다른 숫자이고 같은 기호는 같은 숫자를 나타냅니다. A.BC를 구하시오.

$$
0.A \times 0.A = 0.BC
$$
$$
BC \div A = 9
$$

(   )

전략 BC는 A의 9배임을 이용하여 조건에 맞는 A, B, C를 찾아봅니다.

1 $A \blacklozenge B = (A+B) - A \times B$와 같이 약속합니다. 다음 연산 규칙 상자에 A와 B를 넣어 출력한 값을 다시 A로 입력하여 상자에 넣을 때 2회 출력값은 얼마입니까?

$$A = \frac{3}{4}, \ B = \frac{1}{3}$$

입력

$A \blacklozenge B$

출력

(   )

▶ 1회에서 출력한 값을 다시 2회의 A로 입력합니다.
$A = \frac{3}{4}$, $B = \frac{1}{3}$을 넣어 출력한 값이 1회 출력값입니다.

2 $A \star B = A \times B \div 2$와 같이 약속합니다. 다음 연산 규칙 상자에 A와 B를 넣어 출력한 값을 다시 A로 입력하여 상자에 넣을 때 5회 출력값은 얼마입니까?

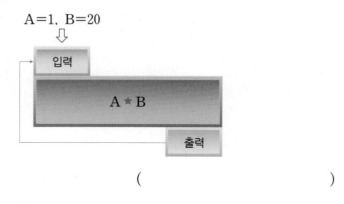

$$A = 1, \ B = 20$$

입력

$A \star B$

출력

(   )

▶ $A = 1$, $B = 20$을 넣어 출력한 값이 1회 출력값입니다.

3 A/B＝A÷B와 같이 약속합니다. 다음 코드를 실행하면 이동 방향으로 얼마만큼 움직이게 됩니까?

▶ 이동 방향으로 얼마만큼 움직이는지 알아본 후 10번 반복합니다.

(   )

4 다음은 나눗셈 과정을 순서도로 나타낸 것입니다. □ 안에 10 이하인 2의 배수를 차례로 넣을 때, 출력되는 값의 합은 얼마입니까?

▶ □ 안에 2, 4, 6, 8, 10을 넣어 각각의 출력되는 값을 알아봅니다.

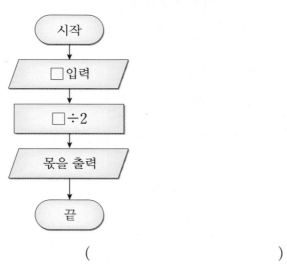

(   )

창의·사고

1 분수를 작은 수부터 차례로 늘어놓은 것입니다. ㉮와 ㉯의 차가 가장 클 때의 차를 구하시오. (단, ㉮, ㉯는 자연수입니다.)

$$\frac{3}{8},\ \frac{7}{㉮},\ \frac{9}{10},\ \frac{6}{㉯},\ \frac{7}{3}$$

(   )

창의·사고

2 ㉠, ㉡, ㉢의 식을 각각 21로 나누었을 때의 나머지의 합을 구하시오.

㉠ $1 \times 2 \times 3 \times 4 \times \cdots\cdots \times 20 + 56328$

㉡ $1 + (1 \times 2) + (1 \times 2 \times 3) + \cdots\cdots + (1 \times 2 \times 3 \times \cdots\cdots \times 100)$

㉢ $1 + 2 + 3 + \cdots\cdots + 62$

(   )

3

창의·사고

㉮, ㉯, ㉰, ㉱는 서로 다른 숫자이고 다음 ·조건·을 모두 만족합니다. (㉱−㉮)×(㉰−㉯)의 값을 구하시오.

조건
- ㉮, ㉯, ㉰, ㉱는 15, 16, 23, 27 중 하나입니다.
- ㉮×3+㉯+㉰=100
- ㉮+㉯×2+㉱=80

(   )

4

창의·사고

기호 @가 다음과 같은 규칙을 가질 때 각 자리 숫자가 2 또는 3으로 이루어진 두 자리 수로만 연산 @를 하려고 합니다. 기호 왼쪽의 수가 오른쪽의 수보다 항상 작다면 나올 수 있는 값은 모두 몇 가지입니까?

$$23@45=2\times3\times20+4\times5=140$$
$$31@42=3\times1\times20+4\times2=68$$

(   )

생활 속 문제

5 일정한 빠르기로 1시간에 306 km를 달리고 있는 고속 열차
가 터널을 통과하고 있습니다. 길이가 1400 m인 터널을 완전
히 통과하는 데 20초가 걸렸을 때 이 고속 열차의 길이는 몇 m
입니까?

(   )

창의 · 사고

6 다음 식을 만족하는 알파벳 A, B, C, D, E는 0이 아닌 서로
다른 숫자입니다. ABC×DE의 값을 구하시오.

$$ABCD.E \div 4 = ECEA.D$$

(   )

7 창의·사고

다음 식에서 B는 1보다 크고 15보다 작은 자연수이고 A는 두 자리 수일 때, A가 될 수 있는 수는 모두 몇 개입니까?

$$143 \times \frac{C}{B} = A$$

( )

8 창의·융합

중국 하나라의 우왕 시대에 신비한 무늬가 새겨진 거북을 발견하였는데, 거북의 등에 새겨진 점의 배치도가 마방진의 시작이라고 할 수 있습니다. 9개의 칸에 1부터 9까지의 수를 한 번씩만 써넣어 가로, 세로, 대각선에 있는 세 수의 합이 모두 같도록 마방진을 만들 때, ㉠에 들어갈 수 있는 수의 합을 구하시오.

	9	
㉠		

( )

특강 영재원·**창의융합** 문제

❖ +, −, ×, ÷ 등의 연산 기호들은 처음부터 이런 모양이 아니었습니다. 복잡하고 불편한 표현을 대신해서 누군가 제안하였고 아주 오랜 시간 동안 변화하고 발전해오면서 사용된 것입니다. 연산 기호를 통해 복잡한 수식을 간단하게 표현할 수 있게 되었습니다. 다음을 보고 물음에 답하시오. (**9**~**11**)

1	$\dfrac{1}{2}$	$\dfrac{1}{3}$	$\dfrac{1}{4}$
$\dfrac{1}{2}$	$\dfrac{1}{3}$	$\dfrac{1}{4}$	$\dfrac{1}{3}$
$\dfrac{1}{3}$	$\dfrac{1}{4}$	$\dfrac{1}{3}$	$\dfrac{1}{2}$
$\dfrac{1}{4}$	$\dfrac{1}{3}$	$\dfrac{1}{2}$	1

[그림 1]

1	$\dfrac{1}{2}$	$\dfrac{1}{3}$	$\dfrac{1}{4}$	$\dfrac{1}{5}$
$\dfrac{1}{2}$	$\dfrac{1}{3}$	$\dfrac{1}{4}$	$\dfrac{1}{5}$	$\dfrac{1}{4}$
$\dfrac{1}{3}$	$\dfrac{1}{4}$	$\dfrac{1}{5}$	$\dfrac{1}{4}$	$\dfrac{1}{3}$
$\dfrac{1}{4}$	$\dfrac{1}{5}$	$\dfrac{1}{4}$	$\dfrac{1}{3}$	$\dfrac{1}{2}$
$\dfrac{1}{5}$	$\dfrac{1}{4}$	$\dfrac{1}{3}$	$\dfrac{1}{2}$	1

[그림 2]

9 [그림 1]의 모든 수의 합을 덧셈 기호 +와 곱셈 기호 ×를 사용하여 나타내시오.

_____

10 [그림 2]의 모든 수의 합을 덧셈 기호 +와 곱셈 기호 ×를 사용하여 나타내시오.

_____

11 [그림 2]의 모든 수의 합과 [그림 1]의 모든 수의 합의 차는 얼마입니까?

( )

III
도형 영역

| 주제 구성 |

[주제 학습 10] 평면도형 나누기

다음은 직사각형에 선분을 평행하게 그은 것입니다. 그림에서 찾을 수 있는 크고 작은 평행사변형은 모두 몇 개입니까?

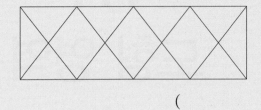

(   )

선생님, 질문 있어요!

Q. 평행사변형은 사다리꼴 인가요?

A. 사다리꼴은 마주 보는 한 쌍의 변이 서로 평행한 사각형입니다. 평행사변형은 마주 보는 두 쌍의 변이 서로 평행한 사각형이므로 사다리꼴에 포함됩니다.

평행사변형은 마주 보는 두 변의 길이가 같고, 마주 보는 두 각의 크기가 같아요.

문제 해결 전략

먼저 평행한 두 쌍의 변의 위치를 찾아봅니다.
① 직사각형의 마주 보는 한 쌍의 변과 한 쌍의 선분이 평행한 경우

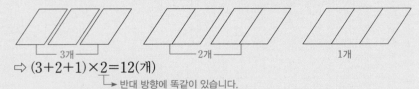

⇨ (3+2+1)×2=12(개)
└→ 반대 방향에 똑같이 있습니다.

② 두 쌍의 선분이 평행한 경우

⇨ 1+1+1=3(개)

③ 평행사변형의 개수 구하기
  직사각형도 평행사변형이므로 크고 작은 평행사변형은 모두 12+3+1=16(개)입니다.

참고

마름모, 직사각형, 정사각형은 평행사변형이지만 평행사변형은 마름모, 직사각형, 정사각형이 아닙니다.

따라 풀기 1 다음과 같이 직사각형에 6개의 선분을 마주 보는 두 변에 수직이 되게 그었을 때, 선을 따라 그릴 수 있는 크고 작은 직사각형은 모두 몇 개입니까?

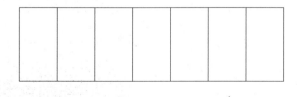

(   )

[확인 문제]

1-1 다음 그림을 선을 따라 합동인 도형 2개로 나눌 수 있는 방법은 모두 몇 가지입니까?

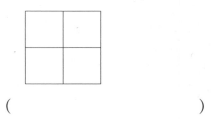

(   )

2-1 다음 정사각형을 합동인 도형 2개로 나누려고 합니다. 서로 다른 두 가지 방법으로 나누어 보시오.

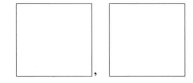

3-1 다음 도형은 크기가 같은 정삼각형 3개를 이어 붙여 만든 것입니다. 이 도형을 합동인 도형 4개로 나누어 보시오.

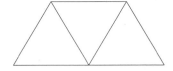

[한 번 더 확인]

1-2 다음 그림을 선을 따라 합동인 도형 2개로 나눌 수 있는 방법은 모두 몇 가지입니까?

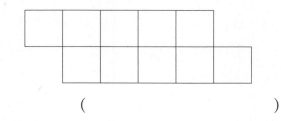

(   )

2-2 다음 삼각형을 합동인 도형 4개로 나누어 보시오.

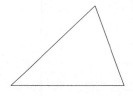

3-2 다음 도형은 크기가 같은 직사각형 3개를 이어 붙여 만든 것입니다. 이 도형을 합동인 도형 4개로 나누어 보시오.

Ⅲ

도형 영역

[주제 학습 11] 평면도형 만들기

선생님, 질문 있어요!

Q. 점판에서 도형의 개수를 어떻게 구해야 하나요?

A. 먼저 구하려는 도형이 어떤 모양인지, 어떤 성질이 있는지 알아야 합니다. 정사각형이라면 크기 또는 한 변의 길이에 따라 나누어 개수를 구합니다.

다음 점판의 점을 연결하여 그릴 수 있는 크고 작은 정사각형은 모두 몇 개입니까?

(   )

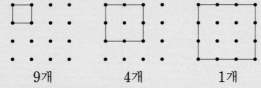

문제 해결 전략

① 1×1짜리, 2×2짜리, 3×3짜리 정사각형의 개수

9개   4개   1개

② 대각선을 한 변으로 하는 정사각형의 개수

4개   2개

③ 정사각형의 개수 구하기

그릴 수 있는 크고 작은 정사각형은 모두 9+4+1+4+2=20(개)입니다.

정사각형은 네 변의 길이가 모두 같고 네 각의 크기가 모두 같아요.

따라 풀기 1 다음 점판의 점을 연결하여 그릴 수 있는 크고 작은 직사각형은 모두 몇 개입니까?

(   )

[확인 문제]

1-1 다음 그림에서 두 직선이 평행할 때, 4개의 점을 꼭짓점으로 하는 평행사변형은 모두 몇 개입니까?

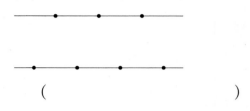

(   )

2-1 선분 AB를 대칭축으로 하는 선대칭도형을 완성하시오.

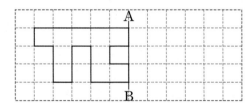

3-1 다음 자음 중 선대칭도형인 것을 모두 찾아 쓰시오.

(   )

[한 번 더 확인]

1-2 다음 그림에서 두 직선이 평행할 때, 4개의 점을 꼭짓점으로 하는 사다리꼴은 모두 몇 개입니까?

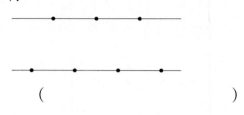

(   )

2-2 점 ㅇ을 대칭의 중심으로 하는 점대칭도형을 완성하시오.

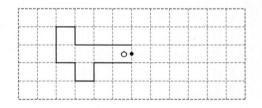

3-2 다음과 같이 '수학 천재'라는 글자가 찍히도록 도장을 만들려고 합니다. 빈 곳에 도장에 새길 글자의 모양을 그려 보시오.

수학 천재

[주제 학습 12] 정육면체의 개수 세기

크기가 같은 정육면체 9개를 그림과 같이 이어 붙인 후 바닥을 포함한 바깥쪽 면을 모두 색칠하였습니다. 색칠된 면은 모두 몇 개입니까?

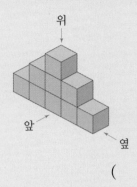

위
앞
옆

( )

선생님, 질문 있어요!

Q. 직육면체와 정육면체는 어떤 관계가 있나요?

A. 직육면체의 면은 모두 직사각형, 정육면체의 면은 모두 정사각형으로 이루어져 있습니다. 정사각형은 직사각형이라 할 수 있으므로 정육면체도 직육면체라 할 수 있습니다.

문제 해결 전략

① 앞과 뒤에서 보이는 면의 수 구하기
각각 9개씩 보이므로 색칠된 면의 수는 9×2=18(개)입니다.

② 양옆에서 보이는 면의 수 구하기
각각 3개씩 보이므로 색칠된 면의 수는 3×2=6(개)입니다.

③ 위와 바닥에서 보이는 면의 수 구하기
각각 5개씩 보이므로 색칠된 면의 수는 5×2=10(개)입니다.

④ 색칠된 면의 수 구하기
보이는 면을 모두 색칠했으므로 색칠된 면은 모두 18+6+10=34(개)입니다.

보이는 면을 모두 색칠했으므로 앞과 뒤, 양옆, 위와 바닥에서 각각 보이는 면의 수를 알아봐요.

따라 풀기 1

크기가 같은 정육면체 8개를 그림과 같이 이어 붙인 후 바닥을 포함한 바깥쪽 면을 모두 색칠하였습니다. 색칠된 면은 모두 몇 개입니까?

( )

［ 확인 문제 ］　　　　　　　　**［ 한 번 더 확인 ］**

1-1 다음과 같이 정육면체 6개를 쌓았습니다. 바깥쪽 면을 모두 색칠하였을 때, 색칠된 면은 모두 몇 개입니까? (단, 바닥면은 색칠하지 않습니다.)

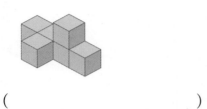

(　　　　　　)

1-2 정육면체 5개를 이어 붙여 만든 모양입니다. 각 모양의 바깥쪽 면을 모두 색칠하였을 때, A와 B에 색칠된 면은 모두 몇 개입니까?

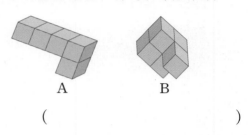

A　　　　　B

(　　　　　　)

2-1 다음 도형은 쌓기나무를 쌓아 만든 정육면체 모양입니다. 이 도형에서 색칠된 쌓기나무를 마주 보는 면까지 구멍을 뚫었을 때, 남은 쌓기나무는 모두 몇 개입니까?

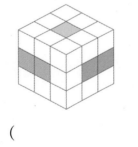

(　　　　　　)

2-2 다음 도형은 쌓기나무를 쌓아 만든 직육면체 모양입니다. 이 도형에서 색칠된 쌓기나무를 마주 보는 면까지 구멍을 뚫었을 때, 남은 쌓기나무는 모두 몇 개입니까?

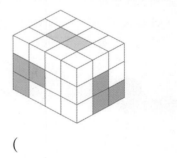

(　　　　　　)

3-1 다음과 같이 정육면체 10개를 쌓은 후 바닥을 포함한 바깥쪽 면을 모두 파란색으로 칠하였습니다. 세 면이 색칠된 정육면체는 모두 몇 개입니까?

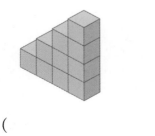

(　　　　　　)

3-2 다음과 같이 정육면체 14개를 쌓은 후 바닥을 포함한 바깥쪽 면을 모두 빨간색으로 칠하였습니다. 세 면이 색칠된 정육면체는 모두 몇 개입니까?

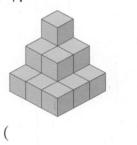

(　　　　　　)

[주제 학습 13] 전개도와 주사위

다음 정육면체의 전개도를 접었을 때 색칠한 면과 만나지 않는 면을 찾아 쓰시오.

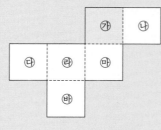

(   )

선생님, 질문 있어요!

Q. 직육면체에서 서로 만나는 면 사이의 관계는 어떠한가요?

A. 직육면체에서 서로 만나는 면은 수직입니다. 한 면에 수직인 면은 4개입니다.

직육면체에서 서로 마주 보고 있는 면은 3쌍이고 서로 평행해요.

문제 해결 전략

① 색칠한 면과 만나는 면 찾기

   정육면체의 전개도를 접었을 때 색칠한 면 ㉮와 만나는 면은 면 ㉯, 면 ㉰, 면 ㉱, 면 ㉲입니다.

② 색칠한 면과 만나지 않는 면 찾기

   면 ㉳는 면 ㉮와 서로 평행한 면이므로 만나지 않는 면입니다.

따라 풀기 1 다음 정육면체의 전개도를 접었을 때 면 ㉳와 수직인 면을 모두 찾아 쓰시오.

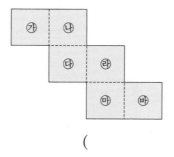

(   )

따라 풀기 2 다음 주사위의 전개도에서 서로 평행한 두 면의 눈의 수의 합이 7일 때, ㉠, ㉡, ㉢에 알맞은 눈의 수를 구하시오.

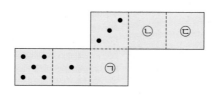

㉠ (   ), ㉡ (   ), ㉢ (   )

[확인 문제]

1-1 정육면체 2개를 이어 붙여 다음과 같은 직육면체를 만들었습니다. 정육면체 한 개의 전개도를 그리시오.

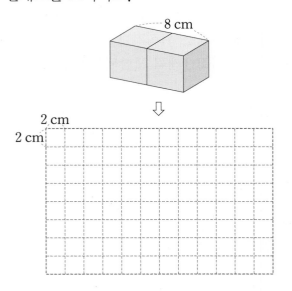

[한 번 더 확인]

1-2 정육면체의 세 면에 그려진 선을 보고 전개도에 선을 알맞게 그려 넣으시오.

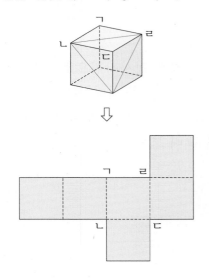

2-1 다음 주사위의 전개도에서 서로 평행한 두 면의 눈의 수의 합이 7일 때, ㉠+㉢−㉡의 값을 구하시오.

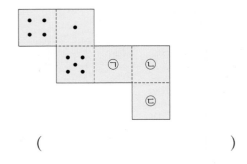

( )

2-2 다음은 각각의 면에 12부터 17까지의 수가 하나씩 적혀 있는 정육면체의 전개도입니다. 마주 보는 두 면에 적힌 수의 합이 같을 때, ㉠×㉡+㉢의 값을 구하시오.

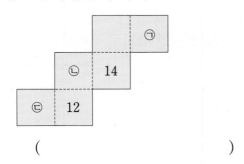

( )

Ⅲ
도형 영역

평면도형 나누기

1

크기가 같은 정사각형으로 다음과 같은 모양의 도형을 만들었습니다. 이 도형을 합동인 도형 4개로 나누고, 빈 곳에 나누어진 도형 1개의 모양을 그려 보시오.

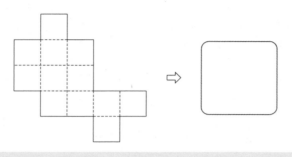

전략 작은 정사각형의 개수를 4로 나누어 한 도형에 들어갈 정사각형의 개수를 알아봅니다.

2 | 성대 경시 기출 유형 |

다음 그림에서 두 점을 연결하는 선분을 1개 그어 2조각으로 나누는 서로 다른 방법은 모두 몇 가지입니까? (단, 뒤집거나 돌렸을 때 같은 모양은 한 가지로 생각합니다.)

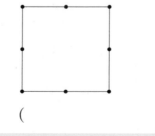

(   )

전략 사각형만 나오는 경우와 삼각형이 나오는 경우로 나누어 찾아봅니다.

3

다음과 같이 크기가 같은 정사각형으로 이루어진 도형을 합동인 도형 6개로 나누어 보시오. (단, ★ 모양은 뒤집거나 돌렸을 때 같은 위치에 있어야 하고 1개씩 포함되어야 합니다.)

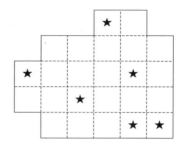

전략 뒤집거나 돌렸을 때 같은 모양은 합동입니다.

4 | 성대 경시 기출 유형 |

직사각형 3개와 정사각형 3개를 이어 붙여 다음과 같이 큰 정사각형을 만들었습니다. 선을 따라 그릴 수 있는 크고 작은 직사각형은 모두 몇 개입니까?

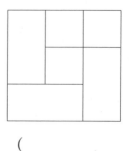

(   )

전략 사각형의 개수에 따라 나누어 찾아봅니다.

5

| 창의·융합 |

승희네 가족은 다음과 같은 땅에 집을 새로 지으려고 합니다. 집이 지어질 공간의 모양과 크기가 모두 같도록 나누려고 할 때, • 조건 •을 보고 땅을 나누어 보시오.

> **조건**
> • 집은 1층으로 짓습니다.
> • 필요한 공간은 텃밭, 거실, 부엌, 안방, 승희 방입니다.
> • ❉이 심어진 텃밭에는 집을 짓지 않습니다.

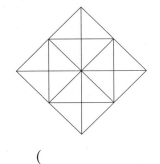

전략 텃밭을 제외한 땅의 작은 정사각형의 개수를 4로 나누어 한 공간에 들어갈 정사각형의 개수를 알아봅니다.

6

| 성대 경시 기출 유형 |

다음 그림에서 선을 따라 그릴 수 있는 크고 작은 삼각형은 모두 몇 개입니까?

(   )

전략 삼각형의 크기에 따라 나누어 찾아봅니다.

평면도형 만들기

7

다음 점판의 점을 연결하여 만들 수 있는 삼각형 중에서 선대칭도형인 것은 모두 몇 가지입니까? (단, 뒤집거나 돌렸을 때 같은 모양은 한 가지로 생각합니다.)

```
•  •  •

•  •  •

•  •  •
```

(   )

전략 9개의 점으로 만들 수 있는 삼각형의 경우를 모두 그려 봅니다.

8

정사각형 모양의 색종이를 그림과 같이 두 번 접은 다음, 접은 종이의 색칠한 부분을 잘라냈습니다. 빈 곳에 이 종이를 펼친 모양을 그려 보시오.

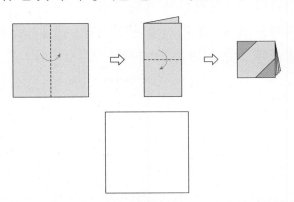

전략 정사각형 모양의 색종이를 점선을 따라 접으면 완전히 겹쳐지므로 접는 선이 대칭축인 선대칭도형입니다.

Ⅲ 도형 영역

9

다음 도형이 점대칭도형이 되도록 2개의 점을 찍으려고 합니다. 점을 찍을 수 있는 가능한 경우는 모두 몇 가지입니까? (단, 정사각형의 중심에만 점을 찍을 수 있습니다.)

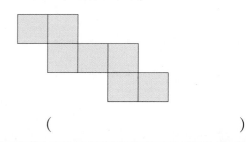

(   )

전략 점대칭도형의 대칭의 중심을 먼저 찾고 가능한 경우를 모두 그려 봅니다.

10 | 성대 경시 기출 유형 |

다음 점판의 점을 연결하여 사각형을 그리려고 합니다. 두 대각선이 서로 수직으로 만나는 사각형은 모두 몇 가지입니까? (단, 뒤집거나 돌렸을 때 같은 모양은 한 가지로 생각합니다.)

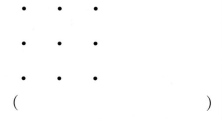

(   )

전략 점판에 두 대각선이 서로 수직인 경우를 먼저 그려 사각형을 완성합니다.

11 | 성대 경시 기출 유형 |

정사각형 3개를 변끼리 이어 붙이면 ● 보기 ●와 같이 서로 다른 2가지 모양을 만들 수 있습니다. 같은 방법으로 정사각형 5개를 변끼리 이어 붙여 만들 수 있는 도형 중에서 점대칭도형인 것은 모두 몇 가지입니까? (단, 뒤집거나 돌렸을 때 같은 모양은 한 가지로 생각합니다.)

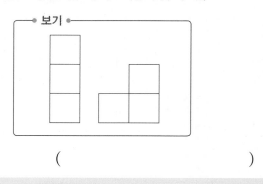

(   )

전략 정사각형 5개를 변끼리 이어 붙여 만들 수 있는 모양을 모두 찾아봅니다.

12

다음과 같은 정사각형 1개와 정사각형을 반으로 나눈 직각삼각형 2개를 변끼리 이어 붙여 만들 수 있는 도형 중에서 선대칭도형인 것은 모두 몇 가지입니까? (단, 뒤집거나 돌렸을 때 같은 모양은 한 가지로 생각합니다.)

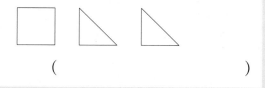

(   )

전략 직각삼각형 2개를 정사각형 1개 또는 2개의 변에 각각 이어 붙여 만들 수 있는 경우로 나누어 찾아봅니다.

정육면체의 개수 세기

13

정육면체 7개를 그림과 같이 이어 붙인 후 바닥을 포함한 바깥쪽 면을 모두 색칠하였을 때, 색칠된 면은 모두 몇 개입니까?

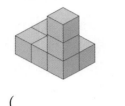

( )

전략 정육면체의 전체 면의 수와 마주 닿은 면의 수를 이용합니다.

15

다음 그림은 정육면체를 1층에 12개, 2층에 8개, 3층에 4개를 쌓아 만든 것입니다. 이 도형에서 바닥에 닿는 면을 제외한 모든 바깥쪽 면을 색칠할 때, 색칠된 면의 수가 홀수인 정육면체는 모두 몇 개입니까?

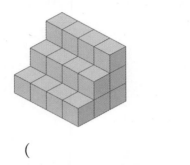

( )

전략 정육면체를 층별로 나누어 색칠된 면의 수가 1개, 3개, 5개인 것을 찾아봅니다.

14

쌓기나무 16개를 쌓아 만든 직육면체에서 색칠된 쌓기나무를 **뺀**다고 할 때, 바닥에 닿는 면을 제외한 바깥쪽 면은 모두 몇 개입니까?

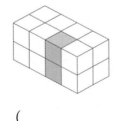

( )

전략 앞과 뒤, 양옆, 위에서 보이는 면의 수를 각각 알아봅니다.

16 | 성대 경시 기출 유형 |

정육면체로 만든 두 도형을 면끼리 이어 붙여서 입체도형을 만들 때, 서로 다른 모양은 모두 몇 가지입니까? (단, 뒤집거나 돌렸을 때 같은 모양은 한 가지로 생각합니다.)

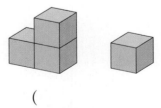

( )

전략 왼쪽 도형을 1층 모양으로 눕혀 놓고 오른쪽 도형을 한 면씩 이어 붙여 봅니다.

17

다음은 쌓기나무를 쌓아 만든 직육면체입니다. 이 도형에서 색칠된 쌓기나무를 반대쪽까지 구멍을 뚫었을 때, 남은 쌓기나무는 모두 몇 개입니까?

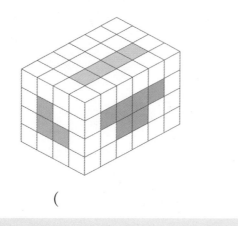

(   )

> **전략** 도형을 세로로 잘라 4조각으로 나누어 남은 쌓기나무를 알아봅니다.

18

| 성대 경시 기출 유형 |

다음과 같이 쌓기나무 64개를 쌓아 정육면체를 만들었습니다. 이 정육면체에는 크고 작은 정육면체가 모두 몇 개입니까?

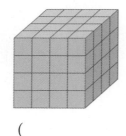

(   )

> **전략** 정육면체를 크기에 따라 나누어 개수를 세어 봅니다.

전개도와 주사위

19

다음 정육면체의 각 면에 ■, □, ●, ○, ▲, △ 그림이 하나씩 그려져 있습니다. 한 개의 주사위를 서로 다른 방향에서 본 모양일 때, ○ 그림이 그려진 면과 마주 보는 면에 그려진 그림은 무엇입니까?

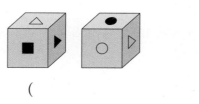

(   )

> **전략** 서로 다른 방향에서 본 모양을 보고 전개도를 그려 마주 보는 면에 그려진 그림을 알아봅니다.

20

| 창의 · 융합 |

▲ 드론

왼쪽과 같은 전개도를 가진 주사위 3개를 이어 붙여 만든 모양을 드론으로 위에서 촬영했더니 오른쪽과 같았습니다. 바닥에 닿는 면의 수의 곱을 구하시오.

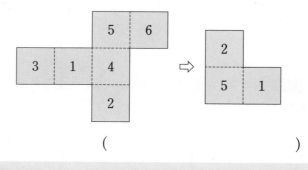

(   )

> **전략** 마주 보는 두 면의 수를 보고 규칙을 찾아 바닥에 닿는 면의 수를 알아봅니다.

21

마주 보는 두 면의 수의 합이 9인 정육면체 10 개를 그림과 같이 3층으로 쌓았을 때, 바닥을 제외한 바깥쪽 면에 적힌 모든 수의 합을 구하시오. (단, 보이지 않는 정육면체도 같은 방향에 같은 숫자가 적혀 있습니다.)

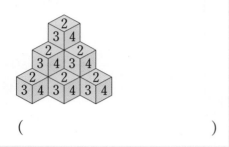

( )

전략 위, 앞, 뒤, 옆에서 보이는 면에 적힌 수가 각각 몇 개씩 있는지 찾아봅니다.

22
| 성대 경시 기출 유형 |

평행한 두 면의 눈의 수의 합이 7인 똑같은 주사위 2개를 다음과 같이 면끼리 이어 붙였습니다. 마주 닿은 두 면의 눈의 수가 같을 때, 가와 나의 눈의 수의 합은 얼마입니까?

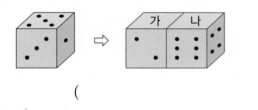

( )

전략 평행한 두 면의 눈의 수의 합을 이용하여 주사위 나의 눈의 수를 먼저 구합니다.

23

마주 보는 두 면의 수의 합이 7인 똑같은 주사위 3개를 다음과 같이 면끼리 이어 붙였습니다. 서로 마주 닿은 모든 면에 적힌 수의 곱은 얼마입니까?

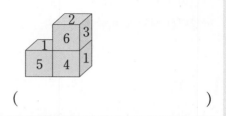

( )

전략 마주 보는 두 면의 수의 합이 7임을 이용하여 서로 마주 닿은 면에 적힌 수를 알아봅니다.

24

다음과 같은 전개도를 접어 마주 보는 두 면의 수의 합이 같도록 10부터 15까지의 수를 하나씩 썼습니다. 전개도를 접어 정육면체를 만들 때, 한 꼭짓점에서 만나는 세 면에 쓰인 수의 곱이 가장 큰 값을 구하시오.

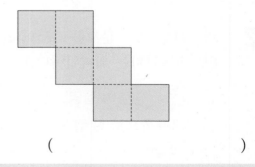

( )

전략 마주 보는 두 면의 수의 합이 같도록 전개도를 완성하여 곱이 가장 큰 값을 구합니다.

STEP 3 | 코딩 유형 문제

* 도형 영역에서의 코딩
도형 영역에서의 코딩 문제는 그림의 모양을 만들기 위한 명령어의 순서를 알아보는 유형입니다. 명령어의 내용을 이해하고 순서에 맞게 그림을 그리거나 주어진 그림을 그리기 위한 순차 구조와 반복 구조의 명령어를 만듭니다. 컴퓨터가 되었다고 생각하고 명령어를 바르게 표현해 봅니다.

1 명령어를 보고 문제를 그림에 표현해 보시오.

▶ ⇨ ★은 오른쪽으로 한 칸 이동한 다음 색칠하는 것을 의미합니다.

명령어 설명	문제
⇨: 오른쪽으로 한 칸 이동 ⇦: 왼쪽으로 한 칸 이동 ⇩: 아래쪽으로 한 칸 이동 ⇧: 위쪽으로 한 칸 이동 ★: 색칠하기	⇨ ★ ⇩ ★ ⇨ ★ ⇩ ★ ⇨ ★

출발			

2 명령어를 보고 문제를 그림에 표현해 보시오. (단, (A)×6은 A를 6번 반복한다는 의미입니다.)

▶ (⇨ ★)×6은 ⇨ ★을 6번 반복합니다.

명령어 설명	문제
⇨: 오른쪽으로 한 칸 이동 ★: 색칠하기	(⇨ ★)×6

출발					

3 명령어를 보고 문제를 그림에 표현해 보시오. (단, (A)×6은 A를 6번 반복한다는 의미입니다.)

명령어 설명	문제
⇨: 오른쪽으로 한 칸 이동 ⇩: 아래쪽으로 한 칸 이동 ★: 색칠하기	(⇩ ★ ⇨ ★)×3

출발			

▶ (⇩ ★ ⇨ ★)×3은 ⇩ ★ ⇨ ★을 3번 반복합니다.

4 다음과 같은 그림이 그려지도록 명령어를 사용하여 문제를 만들었습니다. A와 B를 알맞은 명령어로 나타내시오. (단, (A)×6은 A를 6번 반복한다는 의미입니다.)

출발		

명령어 설명	문제
⇨: 오른쪽으로 한 칸 이동 ⇦: 왼쪽으로 한 칸 이동 ⇩: 아래쪽으로 한 칸 이동 ⇧: 위쪽으로 한 칸 이동 ★: 색칠하기	(A)×2 ⇦ (B)×3

A (   )

B (   )

▶ 주어진 그림을 보고 명령어를 순서대로 표현해 봅니다.

III
도형
영역

창의·사고

1 선을 따라 그릴 수 있는 크고 작은 사각형 중에서 직사각형이
아닌 평행사변형은 모두 몇 개입니까? (단, 위치가 서로 다른
것은 다른 모양으로 봅니다.)

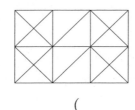

(   )

생활 속 문제

2 정육면체 모양의 통에 물을 넣은 후 쏟아지기 직전까지 통을
기울였습니다. 기울어진 통에서 물이 닿은 부분을 전개도에
알맞게 색칠해 보시오.

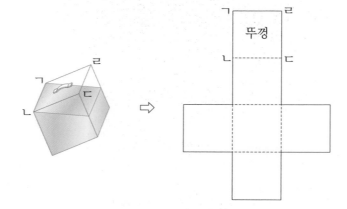

창의·사고

3 다음 점판에 그려진 선분 7개 중에서 평행한 두 선분의 쌍은 ㉠개이고, 수직인 두 선분의 쌍은 ㉡개입니다. ㉠+㉡의 값은 얼마입니까? (단, 두 선분이 만나지 않아도 선분을 연장하여 수직으로 만나면 수직인 선분의 쌍으로 봅니다.)

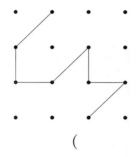

(   )

창의·융합

4 다음 도형이 선대칭도형이 되도록 4개의 칸에 각각 한 개의 점을 찍으려고 합니다. 점을 찍을 수 있는 경우는 모두 몇 가지입니까? (단, 가장 작은 정사각형의 중심에 한 개의 점을 찍어야 하고 점의 크기는 모두 동일합니다.)

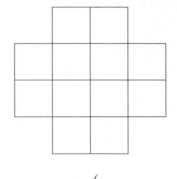

(   )

5 각 면에 다음과 같이 6개의 수가 각각 적힌 정육면체가 6개 있습니다. 이 중에서 22, 27, 35가 적힌 정육면체를 제외한 나머지 3개를 던져 윗면에 적힌 수의 합을 구할 때, 합의 최댓값과 최솟값의 차는 얼마입니까?

7	8	9	10	11	12
13	14	15	16	17	18
⋮	⋮	⋮	⋮	⋮	⋮
37	38	39	40	41	42

(   )

6 마주 보는 두 면의 눈의 수의 합이 7인 주사위 8개를 그림과 같이 붙여 놓았습니다. 주사위끼리 마주 닿은 면의 눈의 수가 같을 때, 붙여 놓은 바깥쪽 면에 적힌 모든 눈의 수의 합을 구하시오.

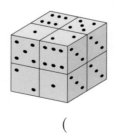

(   )

창의·사고

7 크기가 같은 정육면체 125개를 다음과 같이 이어 붙인 후 바닥을 포함한 바깥쪽 면을 모두 색칠하였습니다. 두 면이 색칠된 정육면체는 한 면도 색칠되지 않은 정육면체보다 몇 개 더 많습니까?

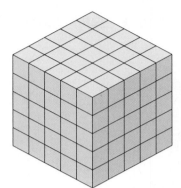

(   )

생활 속 문제

8 서로 마주 보는 두 면의 눈의 수의 합이 7인 주사위가 있습니다. 미현이는 이 주사위를 화살표 방향으로 90°씩 천천히 굴리려고 합니다. 9개의 정사각형 바닥에 맞닿은 주사위의 면의 눈의 수의 합을 구하시오.

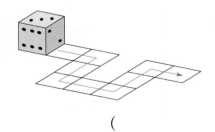

(   )

특강 영재원·**창의융합** 문제

❖ 농부는 다음과 같은 모양의 땅을 가지고 있습니다. 농부의 자녀는 4명이고 자녀 모두 에게 땅을 나누어 주려고 합니다. 농부의 집은 땅의 ★ 모양에 위치하고 있을 때, 물음 에 답하시오. (**9~10**)

9 농부는 자녀 4명에게 모양과 크기가 같도록 땅을 나누어 주려고 합니다. 이 방법 을 [그림 1]에 점선을 따라 그려 보시오.

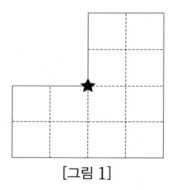

[그림 1]

10 한 사람을 제외한 3명의 자녀들은 모두 자신의 땅에서 집까지의 거리가 너무 멀 다며 불평하였습니다. 그래서 농부는 자녀 4명이 집 주위에 자신의 땅을 가지면 서 전체 땅의 크기가 같도록 다시 땅을 나누어 주려고 합니다. 이 방법을 [그림 2] 에 그려 보시오.

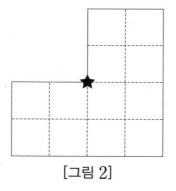

[그림 2]

IV
측정 영역

| 주제 구성 |

[주제 학습 14] 도형의 둘레 구하기

크기가 같은 정사각형을 오른쪽 그림과 같이 서로 겹치지 않게 이어 붙였습니다. 이어 붙인 도형의 둘레는 몇 cm입니까?

2 cm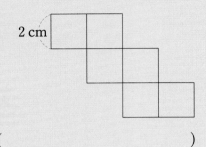

(   )

선생님, 질문 있어요!

Q. 도형의 변의 길이를 모두 더한 것이 둘레인가요?

A. 둘레는 일반적으로 도형 안쪽에 있는 길이는 포함 하지 않고, 바깥쪽을 둘러 싼 부분의 길이만을 의미 합니다.

참고
바깥쪽을 둘러싼 부분에서 정사각 형의 한 변과 길이가 같은 변이 몇 개인지 알아봅니다.

문제 해결 전략

① 도형의 둘레는 정사각형 한 변의 몇 배인지 구하기
  이어 붙인 도형의 둘레는 정사각형 한 변의 14배입니다.
② 도형의 둘레 구하기
  이어 붙인 도형의 둘레는 정사각형 한 변의 14배이므로 $2 \times 14 = 28$ (cm)입니다.

따라 풀기 1 크기가 같은 정오각형 7개를 그림과 같이 변끼리 서로 이어 붙였습니다. 이어 붙인 도형의 둘레는 몇 cm입니까?

7 cm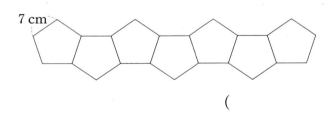

(   )

따라 풀기 2 직사각형과 정사각형의 둘레가 서로 같을 때, 정사각형의 한 변의 길이는 몇 cm입니까?

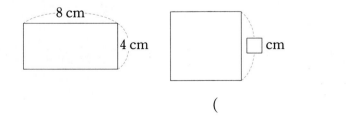

8 cm   4 cm   cm

(   )

[확인 문제]

1-1 한 변이 4 cm인 정사각형을 다음과 같은 순서로 규칙에 따라 붙이고 있습니다. 정사각형 10개를 붙였을 때 만들어지는 도형의 둘레는 몇 cm입니까?

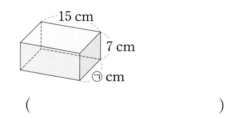

( )

2-1 직육면체에서 보이지 않는 모서리의 길이의 합이 30 cm일 때, ㉠에 알맞은 수는 얼마입니까?

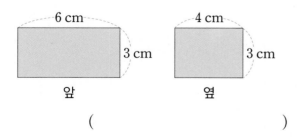

( )

3-1 다음은 어떤 직육면체를 앞과 옆에서 본 모양입니다. 이 직육면체를 위에서 본 모양의 둘레는 몇 cm입니까?

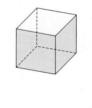

( )

[한 번 더 확인]

1-2 한 변이 2.4 cm인 정사각형을 붙여 다음과 같이 만들었습니다. 만든 도형의 둘레는 몇 cm입니까?

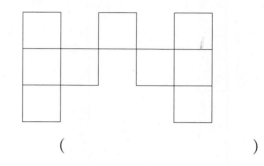

( )

2-2 정육면체에서 모든 모서리의 길이의 합이 156 cm일 때, 한 모서리의 길이는 몇 cm입니까?

( )

3-2 다음은 어떤 직육면체를 위와 옆에서 본 모양입니다. 이 직육면체를 앞에서 본 모양의 둘레는 몇 cm입니까?

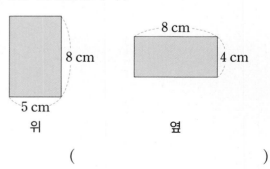

( )

[주제 학습 15] 도형을 나누어 넓이 구하기

도형에 하나의 선분을 그어 넓이를 구하시오.

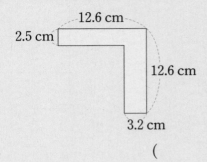

(   )

[문제 해결 전략]

① [방법 1] 가로로 선분을 그어 구하기

$$(㉮+㉯)=12.6×2.5+3.2×(12.6-2.5)$$
$$=31.5+32.32=63.82 \ (cm^2)$$

② [방법 2] 세로로 선분을 그어 구하기

$$(㉰+㉱)=(12.6-3.2)×2.5+3.2×12.6$$
$$=23.5+40.32=63.82 \ (cm^2)$$

따라 풀기 1 도형에 하나의 선분을 그어 넓이를 구하시오.

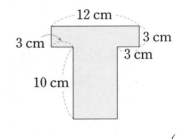

(   )

[**확인 문제**]

1-1 마름모에서 색칠한 부분의 넓이를 구하시오.

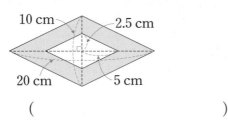

(   )

2-1 색칠한 부분의 넓이를 구하시오.

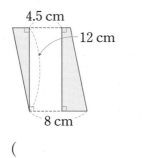

(   )

3-1 색칠한 부분의 넓이를 구하시오.

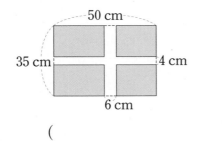

(   )

[**한 번 더 확인**]

1-2 색칠한 부분의 넓이를 구하시오.

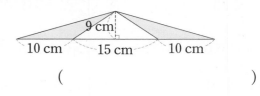

(   )

2-2 색칠한 부분의 넓이를 구하시오.

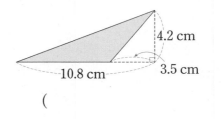

(   )

3-2 색칠한 부분의 넓이를 구하시오.

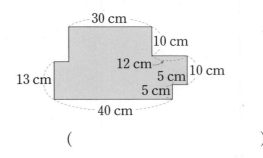

(   )

[**확인 문제**]

Ⅳ
측 정 영 역

[주제 학습 16] 도형의 넓이를 이용하여 문제 해결하기

사다리꼴 ㄱㄴㄷㄹ의 넓이를 소수로 나타내시오.

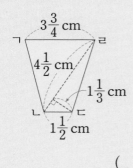

(   )

[문제 해결 전략]

① 사다리꼴의 높이 구하기

   사다리꼴의 높이를 □ cm라 하면 삼각형 ㄴㄷㄹ의 넓이에서

$$1\frac{1}{2} \times \square \div 2 = 4\frac{1}{2} \times 1\frac{1}{3} \div 2, \ 1\frac{1}{2} \times \square = 6, \ \square = 6 \div 1\frac{1}{2} = 4$$입니다.

② 사다리꼴의 넓이 구하기

   (사다리꼴 ㄱㄴㄷㄹ의 넓이)$= (3\frac{3}{4} + 1\frac{1}{2}) \times 4 \div 2 = 10.5 \ (\text{cm}^2)$

선생님, 질문 있어요!

Q. 도형의 넓이를 어떻게 하면 쉽게 구할 수 있나요?

A. 넓이를 구하는 공식을 무조건 외우려고 하지 말고, 선을 그어서 알고 있는 도형으로 변형시켜 봅니다. 예를 들어 사다리꼴에 선분 하나를 그어 삼각형 2개가 나오면 삼각형의 넓이를 통해 사다리꼴의 넓이를 구할 수 있습니다.

[참고]

(사다리꼴의 넓이)
={(윗변)+(아랫변)}×(높이)÷2
(마름모의 넓이)
=(한 대각선)×(다른 대각선)÷2

 1

삼각형 ㄱㄴㅁ의 넓이가 $2 \ \text{cm}^2$일 때 사다리꼴 ㄱㄴㄷㄹ의 아랫변의 길이를 구하시오.

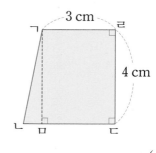

(   )

[**확인 문제**]

[**한 번 더 확인**]

1-1 사다리꼴의 넓이는 51 cm²입니다. 이 사다리꼴의 높이는 몇 cm입니까?

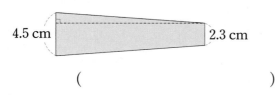

( )

1-2 마름모의 넓이는 $3\frac{8}{9}$ cm²입니다. ㉠에 알맞은 수를 구하시오.

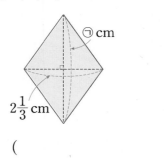

( )

2-1 직선 가와 나가 평행하고 사다리꼴과 삼각형의 넓이가 같습니다. ㉠에 알맞은 수를 구하시오.

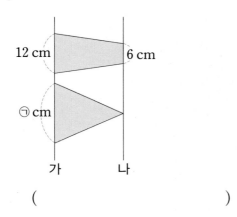

( )

2-2 다음 정사각형의 대각선을 한 변으로 하는 마름모의 넓이를 구하시오.

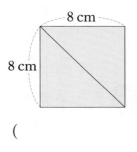

( )

3-1 삼각형 ㄹㄴㄷ의 넓이가 900 cm²일 때, 사다리꼴 ㄱㄴㄷㄹ의 넓이는 몇 cm²입니까?

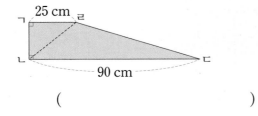

( )

3-2 사다리꼴 ㄱㄴㄷㄹ의 넓이는 삼각형 ㄹㅁㄷ의 넓이의 11배입니다. 변 ㄱㄹ의 길이는 몇 cm입니까?

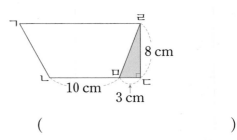

( )

[주제 학습 17] 합동과 대칭의 활용

오른쪽 도형은 직선 가를 대칭축으로 하는 선대칭도형입니다. 각 ㄴㄱㄷ의 크기는 몇 도입니까?

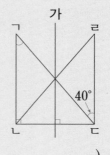

(   )

선생님, 질문 있어요!

Q. 선대칭도형과 점대칭도형의 차이는 무엇인가요?

A. 선대칭도형은 대칭축인 선분을 중심으로 대칭인 도형입니다. 점대칭도형은 대칭의 중심이라 불리는 점을 중심으로 대칭인 도형입니다.

참고

선대칭도형의 성질
① 대응변의 길이와 대응각의 크기가 각각 같습니다.
② 대응점을 이은 선분은 대칭축과 수직으로 만납니다.
③ 대응점에서 대칭축까지의 거리는 같습니다.

문제 해결 전략

① 각 ㄴㄷㄱ의 크기 구하기
(각 ㄹㄷㄱ)=40°이므로 (각 ㄴㄷㄱ)=90°−40°=50°입니다.
② 각 ㄴㄱㄷ의 크기 구하기
삼각형 ㄱㄴㄷ의 세 각의 크기의 합이 180°이므로
(각 ㄴㄱㄷ)=180°−(90°+50°)=40°입니다.

 따라 풀기 1 오른쪽 도형은 직선 가를 대칭축으로 하는 선대칭도형입니다. 각 ㄷㄹㅇ의 크기는 몇 도입니까?

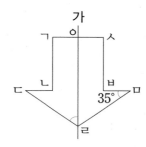

(   )

따라 풀기 2 다음 도형은 점 ㅇ을 대칭의 중심으로 하는 점대칭도형입니다. 선분 ㄴㅁ의 길이는 몇 cm입니까?

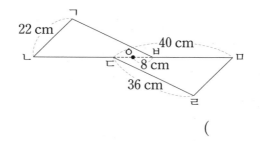

(   )

[확인 문제]

[한 번 더 확인]

1-1 다음 도형은 직선 ㅅㅇ을 대칭축으로 하는 선대칭도형일 때, 각 ㄴㄱㅂ의 크기는 몇 도입니까?

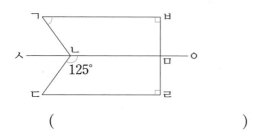

(   )

1-2 다음은 점 ㅇ을 대칭의 중심으로 하는 점대칭도형일 때, 각 ㄷㅇㄹ의 크기는 몇 도입니까?

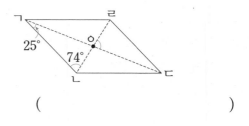

(   )

2-1 다음 도형은 직선 ㅅㅇ을 대칭축으로 하는 선대칭도형입니다. 도형의 둘레를 구하시오.

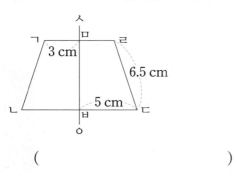

(   )

2-2 다음은 점 ㅇ을 대칭의 중심으로 하는 점대칭도형입니다. 도형의 둘레를 구하시오.

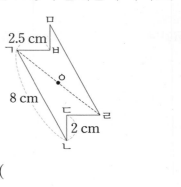

(   )

3-1 다음과 같이 직사각형 모양의 종이를 반으로 접어 굵은 선을 따라 가위로 오린 후 펼쳤습니다. 펼친 사각형의 넓이는 몇 cm²입니까?

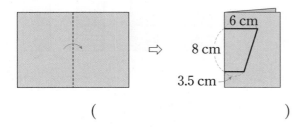

(   )

3-2 다음은 점 ㅇ을 대칭의 중심으로 하는 점대칭도형입니다. 삼각형 ㄱㄴㄷ은 이등변삼각형일 때 점대칭도형 전체의 둘레는 몇 cm입니까?

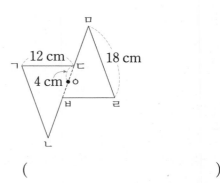

(   )

Ⅳ
측
정
영
역

도형의 둘레를 이용하여 넓이 구하기

1

성원, 한솔, 재성이는 둘레가 48 cm인 직사각형을 그렸습니다. 가장 넓은 직사각형을 그린 학생은 누구입니까?

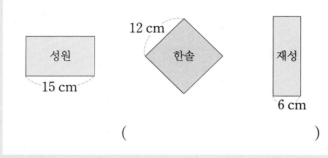

12 cm
성원
한솔
재성
15 cm
6 cm

(   )

전략 각 직사각형에서 (가로)+(세로)=(둘레)÷2임을 이용하여 나머지 변의 길이를 구한 후 넓이를 알아봅니다.

2

크기가 같은 정사각형 여러 개를 겹치지 않게 이어 붙여 다음 도형을 만들었습니다. 도형의 둘레가 144 cm일 때 넓이는 몇 cm²입니까?

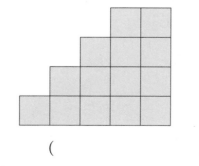

(   )

전략 먼저 도형의 둘레는 정사각형 한 변의 몇 배인지 알아봅니다.

3

색칠한 부분의 넓이는 몇 cm²입니까?

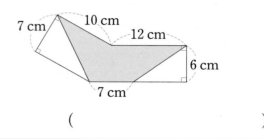

7 cm
10 cm
12 cm
6 cm
7 cm

(   )

전략 도형에 알맞은 선을 그어 넓이를 구할 수 있는 도형으로 나눈 후 넓이를 구해 더합니다.

4

| 창의 · 융합 |

스테인드글라스(stained glass)는 색판 유리 조각을 접합하여 만든 유리 공예로 주로 유리창에 쓰입니다. 크기가 같은 정

사각형 모양의 스테인스글라스 여러 개를 겹치지 않게 붙여 다음과 같은 도형을 만들었습니다. 이 도형의 둘레가 660 cm일 때 정사각형 한 개의 넓이는 몇 cm²입니까?

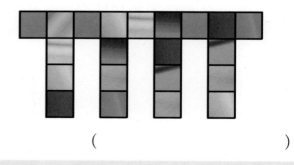

(   )

전략 먼저 정사각형의 한 변의 길이를 구한 후 넓이를 구합니다.

도형을 나누어 넓이 구하기

5

다음 사각형 ㄱㄴㄷㄹ은 평행사변형이고, 삼각형 ㄹㅁㅂ의 넓이는 57 cm²입니다. 색칠한 부분의 넓이는 몇 cm²입니까?

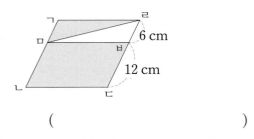

(   )

전략 색칠한 부분의 넓이는 사각형 ㄱㄴㄷㄹ의 넓이에서 삼각형 ㄹㅁㅂ의 넓이를 빼면 됩니다.

6 | 성대 경시 기출 유형 |

다음 그림은 크기가 다른 직사각형 2개를 겹치지 않게 붙여 만든 도형입니다. 직사각형 ㉮의 넓이가 368 cm²이고 도형 전체의 둘레가 134 cm일 때 직사각형 ㉯의 넓이는 몇 cm²입니까?

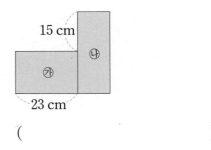

(   )

전략 먼저 직사각형 ㉮의 세로를 구한 후 직사각형 ㉯의 가로를 구합니다.

7

삼각형 ㄱㄴㄷ의 세 변 위에 각 변을 3등분하는 점 6개가 있습니다. 삼각형 ㄱㄴㄷ의 넓이가 171 cm²일 때 색칠한 부분의 넓이는 몇 cm²입니까?

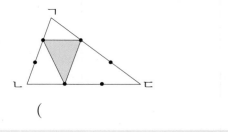

(   )

전략 각 변을 3등분하는 점들을 이어서 삼각형을 여러 개의 크기가 같은 작은 삼각형으로 나누어 봅니다.

8

다음 도형의 색칠한 부분의 넓이는 100 cm²입니다. 변 ㄱㄴ의 길이는 몇 cm입니까?

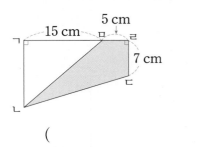

(   )

전략 먼저 삼각형 ㄴㄷㄹ, 삼각형 ㄴㄹㅁ의 넓이를 구해 봅니다.

Ⅳ
측
정
영
역

9

색칠한 부분의 넓이는 몇 cm²입니까?

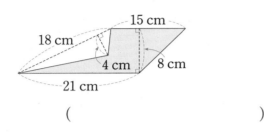

(   )

전략 사다리꼴의 넓이에서 삼각형의 넓이를 빼면 색칠한 부분의 넓이를 구할 수 있습니다.

10

| 창의 · 융합 |

자석의 성질을 가진*자침을 이용하여 방위를 알 수 있도록 만든 기구를 나침반이라고 합니다. 다음 나침반의 바늘은 마름모 모양입니다. 빨간색 부분의 넓이가 $0.9\,cm^2$일 때 다른 한 대각선의 길이는 몇 cm입니까?

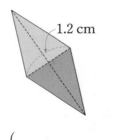

(   )

전략 먼저 마름모의 넓이를 구한 후 다른 한 대각선의 길이를 구합니다.

*자침 : 바늘 모양의 작은 자석

11

마름모 ㄱㄴㄷㄹ의 넓이는 색칠한 부분의 넓이의 4배입니다. 선분 ㅂㄹ의 길이는 몇 cm입니까?

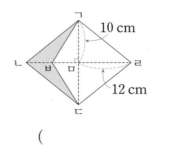

(   )

전략 먼저 마름모의 넓이를 통해 색칠한 부분의 넓이를 구한 후 선분 ㄴㅂ의 길이를 구합니다.

12

| 창의 · 융합 |

기하 판(geoboard)은 영국의 수학자이자 교육자인 가테노(Caleb Gattegno)가 개발한 수학 교구입니다. 평평한 판자 위에 일정한 간격으로 못을 박고 고무줄을 걸어 다각형을 만드는 교구입니다. 다음과 같이 못과 못 사이의 간격이 2 cm인 기하 판에 고양이 모양을 만들었습니다. 고양이 모양의 넓이는 몇 cm²입니까?

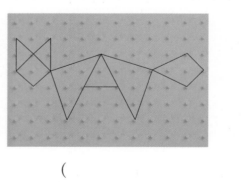

(   )

전략 고양이 모양을 여러 도형으로 나누고 나눈 도형은 점을 연결한 가장 작은 정사각형 몇 칸의 넓이와 같은지 구합니다.

합동과 대칭의 활용

13

다음은 점 ㅇ을 대칭의 중심으로 하는 점대칭 도형의 일부분입니다. 완성된 점대칭도형 전체의 둘레를 구하시오.

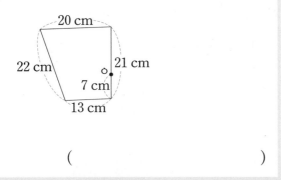

(   )

전략 점대칭도형을 완성한 후 대응변의 길이를 구한 다음 둘레를 구합니다.

14

| 고대 경시 기출 유형 |

다음 도형은 직선 가와 직선 나를 대칭축으로 하는 선대칭도형입니다. ㉠+㉡+㉢+㉣은 몇 도입니까?

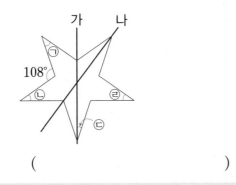

(   )

전략 선대칭도형은 대칭축으로 접었을 때 완전히 겹치는 도형이고, 대응각의 크기는 같습니다.

15

다음 사각형은 대칭축이 4개인 선대칭도형입니다. 사각형 ㄱㄴㄷㄹ의 넓이가 288 cm²일 때, 사각형 ㄱㄴㅂㅁ의 넓이와 삼각형 ㅁㅈㅇ의 넓이의 차를 구하시오. (단, 선분 ㄱㅁ과 선분 ㅅㅈ의 길이는 같습니다.)

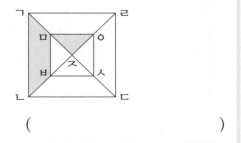

(   )

전략 정사각형 ㄱㄴㄷㄹ을 크기가 같은 작은 삼각형으로 나누어 구합니다.

16

다음은 점대칭도형이고 정육각형 ㄱㄴㄷㄹㅁㅂ의 변 ㄴㄷ과 변 ㅁㅂ을 2등분하는 곳에 점 ㅅ과 점 ㅇ을 각각 찍어 사각형 ㄱㅅㄹㅇ을 그렸습니다. 사각형 ㄱㅅㄹㅇ의 넓이가 20 cm²일 때 정육각형 ㄱㄴㄷㄹㅁㅂ의 넓이는 몇 cm² 입니까?

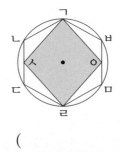

(   )

전략 정육각형은 정삼각형 6개로 나눌 수 있으므로 선분 ㄱㄹ은 선분 ㄴㄷ의 2배입니다.

도형의 넓이 활용

17
| 성대 경시 기출 유형 |

다음 도형은 크기가 다른 두 개의 정사각형을 겹쳐 놓은 것입니다. 겹치지 <u>않은</u> 두 부분의 넓이의 차는 몇 cm²입니까?

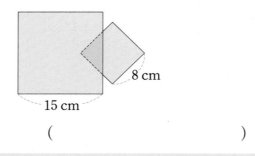

(   )

전략 겹치는 부분의 넓이를 ㉠이라 하고 식을 세워 봅니다.

18
| 성대 경시 기출 유형 |

색칠한 삼각형 ㄹㄴㄷ의 넓이는 150 cm²입니다. 삼각형 ㄹㄷㅁ의 넓이는 몇 cm²입니까?

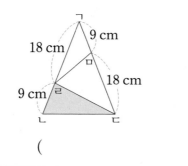

(   )

전략 먼저 삼각형 ㄱㄹㄷ의 넓이는 삼각형 ㄹㄴㄷ의 넓이의 몇 배인지 알아봅니다.

19
| 창의·융합 |

연주는 빨강, 파랑, 노랑의 셀로판종이를 크기가 같은 정사각형 모양으로 잘랐습니다. 셀로판종이를 그림과 같이 겹치게 놓은 다음 가장 바깥쪽에 있는 정사각형의 꼭짓점끼리 연결한 선분을 지름으로 하는 원을 그렸습니다. 정사각형 모양 셀로판종이 3장이 놓여 있는 모양의 넓이는 몇 cm²입니까?

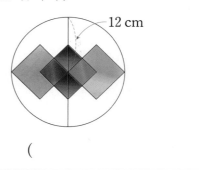

(   )

전략 셀로판종이를 겹쳐진 부분과 같은 모양으로 나누어 봅니다.

20
| 고대 경시 기출 유형 |

한 변이 30 cm인 정사각형 위의 점 ㄱ, 점 ㄴ, 점 ㄷ, 점 ㄹ을 이어서 만든 사각형 ㄱㄴㄷㄹ의 넓이를 구하시오.

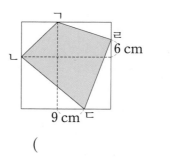

(   )

전략 선분을 그어 사각형 ㄱㄴㄷㄹ을 직각삼각형과 직사각형으로 나누어 넓이를 구합니다.

21

직사각형 ㄱㄴㄷㄹ의 가로는 세로의 7배입니다. 사각형 ㅁㄴㅂㄹ은 마름모이고, 삼각형 ㄱㄴㅁ의 둘레는 80 cm일 때. 직사각형 ㄱㄴㄷㄹ의 넓이는 몇 cm²입니까?

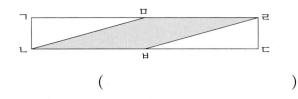

(   )

전략 마름모는 네 변의 길이가 같음을 이용하여 삼각형 ㄱㄴㅁ과의 관계를 알아봅니다.

22

다음 도형에서 색칠한 부분의 넓이를 구하시오.

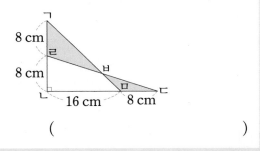

(   )

전략 점 ㅂ에서 선분 ㄱㄴ에 수직인 선분과 선분 ㄴㄷ에 수직인 선분을 각각 그어 봅니다.

23

다음과 같은 삼각형 ㄱㄴㄷ 모양의 땅에 민식, 선희, 지태가 살고 있습니다. 세 사람의 집은 각각 각 변을 2등분하는 점 ㄹ, 점 ㅁ, 점 ㅂ 위에 있습니다. 세 집의 넓이의 합은 삼각형의 색칠한 부분의 넓이와 같다고 할 때, 세 집의 넓이의 합은 삼각형 ㄱㄴㄷ의 넓이의 얼마인지 분수로 나타내시오.

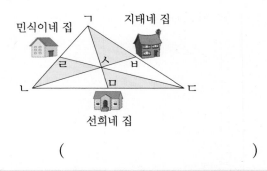

(   )

전략 삼각형 ㄱㄴㄷ을 삼각형 ㄱㄴㅅ, 삼각형 ㄱㅅㄷ, 삼각형 ㅅㄴㄷ으로 나누어 생각해 봅니다.

24

| 성대 경시 기출 유형 |

다음 직사각형에서 ㉮의 넓이가 20 cm²일 때 ㉰의 넓이는 몇 cm²입니까?

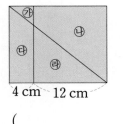

(   )

전략 큰 직사각형을 크기가 같은 작은 여러 개의 직각삼각형으로 나누어 봅니다.

Ⅳ

측정 영역

측정 영역에서의 코딩 문제는 순차 구조와 반복 구조를 사용하여 도형을 일정한 길이만큼 그리거나 도형을 그리기 위한 코드를 작성하는 유형입니다. 그리고자 하는 모양과 크기의 도형을 만들기 위해서 해야 하는 과정을 차례대로 생각해 봅시다.

1 다음은 한 변이 50 cm인 정사각형을 그리기 위한 코드를 순차적으로 나타낸 것입니다. 빈칸에 알맞은 말을 써넣으시오.

▶ 왼쪽 그림과 같은 정사각형을 그리기 위한 방법을 하나씩 차례대로 생각해 보며 순차 구조를 이해합니다.

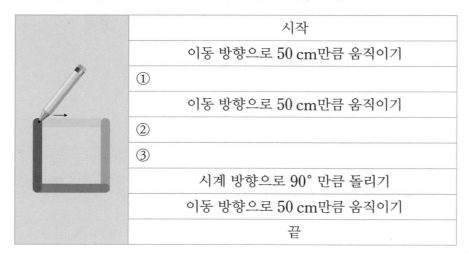

시작
이동 방향으로 50 cm만큼 움직이기
①
이동 방향으로 50 cm만큼 움직이기
②
③
시계 방향으로 90°만큼 돌리기
이동 방향으로 50 cm만큼 움직이기
끝

2 정사각형을 그리기 위한 코드를 반복 구조를 사용하여 나타내려고 합니다. 빈 곳에 알맞은 수를 써넣으시오.

▶ 순차 구조에서 여러 번 사용해야 했던 같은 코드를 반복 구조에서 한 번으로 줄여 효율적으로 나타낼 수 있습니다.

3 다음은 어떤 정다각형을 그리기 위한 코드입니다. 코드의 내용을 보고 빈칸에 알맞은 정다각형을 그려 보시오.

▶ 코드의 각도와 반복 횟수를 살펴보고 정다각형의 종류를 추론해 봅니다.

4 승주와 민영이는 같은 크기의 정십각형을 만드는 코드를 각각 작성하고 있습니다. 두 사람의 작성된 코드를 보고 빈 곳에 알맞은 수를 써넣으시오.

▶ 정십각형을 그리기 위한 코드이므로 민영이가 작성한 코드에서 몇 번을 반복해야 하는지 생각해 봅니다.

〈민영〉

〈승주〉

이동 방향으로 ☐ cm 만큼 움직이기
시계 방향으로 360° ÷ ☐ 만큼 돌리기
0.5초 기다리기
이동 방향으로 ☐ cm 만큼 움직이기
시계 방향으로 360° ÷ ☐ 만큼 돌리기
0.5초 기다리기
......
이동 방향으로 ☐ cm 만큼 움직이기

Ⅳ 측정 영역

문제 해결

1 가로와 세로의 길이가 각각 자연수이고 넓이가 12인 직사각형
을 그리려고 합니다. 그릴 수 있는 직사각형 중 둘레가 가장
긴 것과 가장 짧은 것의 둘레의 차는 얼마입니까?

(   )

문제 해결

2 그림과 같이 선분 ㄱㅁ위에 점 ㄷ을 표시하여 정삼각형 ㄱㄴㄷ
과 정삼각형 ㄷㄹㅁ을 그렸습니다. 각 ㄴㄱㅂ과 각 ㅂㅁㄹ의
크기의 합을 구하시오.

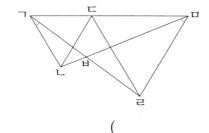

(   )

창의·사고

3 다음은 똑같은 크기의 정사각형 4개를 겹치지 않게 이어 붙인 후 점 ㄱ과 점 ㅂ을 연결하는 선분을 따라 나뉘어진 부분을 색칠한 것입니다. 색칠한 사각형 ㄱㄴㄷㅋ의 넓이를 ㉠, 사각형 ㅈㅌㅍㅇ의 넓이를 ㉡, 삼각형 ㅍㅁㅂ의 넓이를 ㉢이라 할 때, $\dfrac{㉡+㉢}{24\times㉠}$의 값을 구하시오.

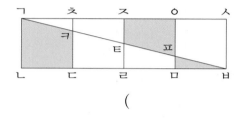

(   )

문제 해결

4 사각형 ㄱㄴㄷㄹ은 직사각형입니다. 다음 •조건•을 보고 삼각형 ㄱㅁㅂ의 넓이를 구하시오.

┌─ **조건** ●─────────────────────
 • 선분 ㄹㅂ과 선분 ㅂㄷ의 길이는 같습니다.
 • 삼각형 ㅂㅁㄷ의 넓이는 $24\ \text{m}^2$입니다.
 • 점 ㅁ은 선분 ㄴㄷ을 3등분하는 점 중 하나입니다.
└──────────────────────────────

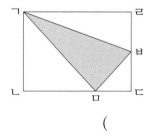

(   )

창의·융합

5 직선 가를 대칭축으로 하는 선대칭도형을 완성한 후 이 선대칭도형을 1초에 1.8 cm씩 오른쪽으로 움직였습니다. 3초 후 직선 가에 의해 나누어진 두 부분의 넓이의 차를 구하시오.

(단, 직선 가는 움직이지 않습니다.)

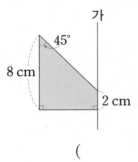

(   )

문제 해결

6 마름모 ㄱㄴㄷㄹ에 선분 ㄱㄴ의 길이와 같도록 선분 ㄱㅂ을 그었습니다. 대각선 ㄴㄹ과 선분 ㄱㅂ이 만나는 점을 점 ㅁ이라 할 때, 각 ㄱㅁㄴ의 크기가 63°였습니다. 이때, 각 ㄴㄷㄹ의 크기는 몇 도입니까?

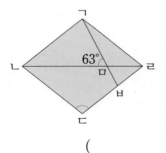

(   )

문제 해결

7 사각형 ㄱㄴㄷㅁ의 넓이와 사각형 ㄱㄴㄷㅂ의 넓이가 같을 때, 선분 ㅇㅅ의 길이는 선분 ㅅㅈ의 길이의 얼마입니까?

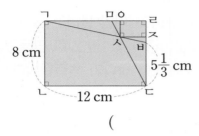

( )

문제 해결

8 직사각형 ㄱㄴㄷㄹ의 넓이는 50 cm^2이고, 가로가 세로의 2배입니다. 점 ㅁ이 선분 ㄴㄷ을 이등분할 때, 삼각형 ㄹㅁㅂ의 넓이는 몇 cm^2입니까?

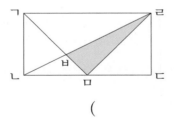

( )

특강 영재원·**창의융합** 문제

❖ 다음은 누락된 사각형 퍼즐 'Missing square paradox'이라 불리는 넓이 문제입니다. 〈그림 1〉과 같이 나눈 후 나누어진 도형들의 위치를 바꾸어 〈그림 2〉를 만들었습니다. 그런데 같은 도형으로 위치만 바꾼 그림에 작은 정사각형 하나가 부족합니다. 그 이유는 무엇인지 알아보시오. (**9**~**10**)

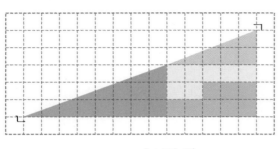

〈그림 1〉

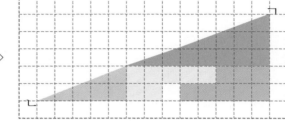

〈그림 2〉

9 〈그림 1〉과 〈그림 2〉에서 모눈종이 한 칸의 넓이를 1로 하였을 때, 색깔별로 나누어진 도형들의 넓이를 각각 구해 보시오.

도형의 종류	〈그림 1〉의 넓이	〈그림 2〉의 넓이
노란색 도형		
초록색 도형		
빨간색 도형		
파란색 도형		

10 〈그림 1〉과 〈그림 2〉의 점 ㄱ과 점 ㄴ을 잇는 선분을 각각 그어 보고 〈그림 2〉에 작은 사각형 한 개가 부족한 이유를 설명하시오.

_____

_____

_____

_____

V
확률과 통계

| 주제 구성 |

[주제 학습 18] 조건에 맞는 경우의 수

2부터 9까지의 자연수 중에서 합이 짝수가 되도록 서로 다른 2개의 수를 순서 없이 뽑는 방법은 모두 몇 가지입니까?

(   )

선생님, 질문 있어요!

Q. 두 수의 합이 홀수가 되려면 어떤 조건이 필요한가요?

A. 두 수의 합이 홀수가 되기 위해서는 한 수는 짝수, 다른 한 수는 홀수가 되어야 합니다. 예를 들면, 짝수인 2에 홀수인 5를 더하면 홀수인 7이 나옵니다.

참고

(짝수)+(짝수)=(짝수)
(짝수)+(홀수)=(홀수)
(홀수)+(홀수)=(짝수)

문제 해결 전략

① 두 수의 합이 짝수가 되는 경우 알아보기
두 수의 합이 짝수가 되려면 두 수는 모두 짝수이거나 모두 홀수이어야 합니다.
주어진 수의 범위에서 짝수는 2, 4, 6, 8이고, 홀수는 3, 5, 7, 9입니다.
② 두 수가 모두 짝수인 경우
(2, 4), (2, 6), (2, 8), (4, 6), (4, 8), (6, 8) ⇨ 6가지
③ 두 수가 모두 홀수인 경우
(3, 5), (3, 7), (3, 9), (5, 7), (5, 9), (7, 9) ⇨ 6가지
따라서 합이 짝수가 되도록 서로 다른 2개의 수를 뽑는 방법은 6+6=12(가지)입니다.

따라 풀기 1

1부터 7까지의 자연수 중에서 합이 짝수가 되도록 서로 다른 2개의 수를 순서 없이 뽑는 방법은 모두 몇 가지입니까?

(   )

따라 풀기 2

4부터 9까지의 수 중 서로 다른 두 수를 뽑아 두 자리 수를 만들 때, 만든 두 자리 수가 홀수인 것은 모두 몇 가지입니까?

(   )

[**확인 문제**]

1-1 1부터 6까지의 눈이 그려져 있는 서로 다른 주사위 2개를 동시에 던졌을 때, 나온 눈의 수의 합이 5 이하인 경우는 모두 몇 가지입니까?

(   )

2-1 다음 그림의 여섯 칸 중 이웃하지 않는 두 칸을 색칠할 때, 색칠할 수 있는 방법은 모두 몇 가지입니까?

1	2	3	4	5	6

(   )

3-1 10원짜리 동전 2개, 50원짜리 동전 1개로 만들 수 있는 금액은 모두 몇 가지입니까? (단, 0원은 생각하지 않습니다.)

(   )

[**한 번 더 확인**]

1-2 1부터 6까지의 눈이 그려져 있는 서로 다른 주사위 3개를 동시에 던졌을 때, 나온 눈의 합이 6의 약수인 경우는 모두 몇 가지입니까?

(   )

2-2 다음 그림에서 이웃하지 않는 두 칸에 색칠하는 방법은 모두 몇 가지입니까?

(   )

3-2 10원짜리 동전 3개, 50원짜리 동전 2개, 100원짜리 동전 1개로 만들 수 있는 금액은 모두 몇 가지입니까? (단, 0원은 생각하지 않습니다.)

(   )

[**주제 학습 19**] **자료를 이용하여 평균 구하기**

선생님, 질문 있어요!

Q. 일상생활에서 평균을 어떤 경우에 사용하나요?

A. 평균은 분포된 자료의 가운데 값을 나타내기 위해 사용합니다. 일상생활에서 시험 결과, 기온, 설문 조사, 인구 수 등에 사용됩니다.

다음은 민수네 모둠 학생들이 1년 동안 읽은 책의 수를 나타낸 것입니다. 모둠 학생들이 1년 동안 읽은 책은 평균 몇 권인지 구하시오.

1년 동안 읽은 책 수

이름	민수	가은	연희	산들	민영
책 수(권)	67	82	88	94	104

(   )

[문제 해결 전략]

① 1년 동안 읽은 책의 수 구하기

  5명의 학생들이 1년 동안 읽은 책은 모두 67+82+88+94+104=435(권)입니다.

② 모둠 학생들이 1년 동안 읽은 책의 평균 구하기

  (평균)=(전체 책 수)÷(전체 학생 수)이므로 435÷5=87(권)입니다.

[**참고**]
평균은 각 자료의 값을 모두 더하여 자료의 수로 나누어 구합니다.

정은이가 겨울 캠프에 가서 하루 동안 활동한 시간을 나타낸 표입니다. 정은이가 겨울 캠프에서 활동한 시간의 평균은 몇 시간인지 구하시오.

캠프 활동 시간

활동	영화 보기	산책	눈썰매	점심식사	장기자랑
시간(시간)	2.5	1	1.4	0.8	2.3

(   )

다음은 은서네 반 친구들의 윗몸 일으키기 기록을 나타낸 표입니다. 은서네 반 친구들의 윗몸 일으키기 기록의 평균을 소수 첫째 자리에서 반올림하여 나타내시오.

윗몸 일으키기 기록

이름	정민	준수	희연	은서	민후
기록	30번	37번	26번	30번	25번

(   )

[확인 문제]

1-1 다음은 미현이네 모둠 친구들의 줄넘기 기록을 나타낸 표입니다. 미현이네 모둠의 줄넘기 기록의 평균을 소수로 나타내시오.

줄넘기 기록

이름	미현	상우	윤미	유성
기록	27번	34번	48번	50번

( )

2-1 다음은 수학 동아리 부원들의 나이를 나타낸 표입니다. 동아리 부원들의 나이의 평균이 11살일 때, 하윤이는 몇 살입니까?

수학 동아리 부원들의 나이

이름	수아	성민	하윤	서연
나이(살)	10	13		12

( )

3-1 다음 조건에 맞는 세 수의 평균을 반올림하여 소수 첫째 자리까지 나타내시오.

가	400 미만의 수 중 가장 큰 2의 배수
나	400 미만의 수 중 가장 큰 3의 배수
다	400 미만의 수 중 가장 큰 5의 배수

( )

[한 번 더 확인]

1-2 다음은 우진이네 모둠 친구들의 50 m 달리기 기록을 나타낸 표입니다. 우진이네 모둠의 50 m 달리기 기록의 평균을 소수로 나타내시오.

50 m 달리기 기록

이름	우진	명헌	승우	다래
시간(초)	9.7	11.2	10.4	12.3

( )

2-2 다음은 민수네 학교의 5학년과 6학년 반별 학생 수를 나타낸 표입니다. 5학년과 6학년의 학생 수의 평균이 같을 때, 5학년 3반의 학생 수를 구하시오.

5학년		6학년	
1반	25명	1반	24명
2반	27명	2반	29명
3반		3반	25명
4반	26명	4반	26명

( )

3-2 다음 조건에 맞는 세 수의 평균을 구하시오.

가	일의 자리에서 반올림하여 5000이 되는 가장 큰 수
나	십의 자리에서 반올림하여 5000이 되는 가장 큰 수
다	백의 자리에서 반올림하여 5000이 되는 가장 큰 수

( )

V
확률과 통계 영역

[주제 학습 20] 사건이 일어날 가능성

다음 사건이 일어날 가능성을 찾아 ○표 하시오.

	사건	불가능하다	반반이다	확실하다
(가)	$\frac{3}{4}$과 $\frac{1}{6}$의 합은 $\frac{11}{12}$입니다.			
(나)	내일 아침에 해가 서쪽에서 뜰 것입니다.			

문제 해결 전략

① (가) 사건이 일어날 가능성

$\frac{3}{4}$과 $\frac{1}{6}$의 합은 $\frac{3}{4}+\frac{1}{6}=\frac{9}{12}+\frac{2}{12}=\frac{11}{12}$이므로 확실한 사건입니다.

② (나) 사건이 일어날 가능성

해는 항상 동쪽에서 뜨기 때문에 내일 아침에 해가 서쪽에서 뜰 가능성은 불가능한 사건입니다.

선생님, 질문 있어요!

Q. 가능성이란 무엇인가요?

A. 가능성은 어떠한 상황에서 특정한 사건이 일어나길 기대할 수 있는 정도를 말합니다. 가능성은 수로 나타낼 수 있는데 불가능한 사건은 0, 확실히 일어날 사건은 1로 표현합니다. 그리고 0과 1 사이의 수로 가능성의 정도도 표현할 수 있습니다.

가능성은 중학교에 가면 확률이라고 배워요.

따라 풀기 1

다음 사건이 일어날 가능성을 찾아 ○표 하시오.

	사건	불가능하다	반반이다	확실하다
(가)	500원짜리 동전을 던지면 그림 면이 위로 올 가능성			
(나)	1부터 6까지의 눈이 있는 주사위를 던졌을 때 8이 나올 가능성			
(다)	상미가 빨간색과 노란색 중 한 가지 색을 좋아한다고 할 때, 상미가 노란색을 좋아할 가능성			

[**확인 문제**]

1-1 다음 돌림판을 돌리면 바늘은 초록색과 노란색 중 어떤 색 부분에 멈출 가능성이 더 높습니까?

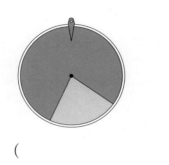

(   )

2-1 숫자 카드 한 장을 뽑을 때 7을 뽑을 가능성을 수로 나타내면 얼마입니까?

(   )

3-1 다음 주머니에서 공 한 개를 꺼낼 때, 노란색 공을 꺼낼 가능성을 기약분수로 나타내면 얼마입니까?

(   )

[**한 번 더 확인**]

1-2 다음과 같이 주황색, 파란색, 연두색 공이 들어 있는 주머니에서 공 한 개를 꺼낼 때, 어떤 색의 공을 꺼낼 가능성이 가장 낮습니까?

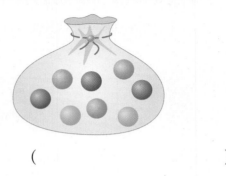

(   )

2-2 돌림판을 돌릴 때, 바늘이 파란색 부분에 멈출 가능성을 수로 나타내면 얼마입니까?

(   )

3-2 숫자 카드 한 장을 뽑을 때 3의 배수를 뽑을 가능성을 분수로 나타내면 얼마입니까?

(   )

V
확률과 통계 영역

[주제 학습 21] 그림그래프 분석하기

다음은 5학년 반별 학생 수를 나타낸 그림그래프입니다. 5학년 전체 학생 수가 131명일 때, 1반과 5반의 학생 수는 모두 몇 명입니까?

5학년 반별 학생 수

1반	2반	3반	4반	5반

😊 10명, ☺ 1명

(   )

[문제 해결 전략]

① 각 반의 학생 수 구하기

😊이 10명을, ☺이 1명을 나타내므로

2반은 26명, 3반은 24명, 4반은 27명, 5반은 29명입니다.

② 2반부터 5반까지의 학생 수의 합 구하기

(2반부터 5반까지의 학생 수의 합)=26+24+27+29=106(명)

③ 1반과 5반의 학생 수의 합 구하기

(1반의 학생 수)= 131-106=25(명)

⇨ (1반과 5반의 학생 수의 합)=25+29=54(명)

따라 풀기 1

오른쪽 그림그래프는 수현이네 학교 학생들이 가지고 있는 학용품의 종류별 개수를 나타낸 것입니다. 전체 학용품의 수가 1130개일 때 수현이네 학교 학생들이 가지고 있는 연필과 지우개는 모두 몇 개입니까?

학용품의 종류별 개수

색연필	자	연필	지우개	공책

🐧100개, 🐧10개

(   )

[확인 문제]

1-1 마을별 하루 동안의 쓰레기 배출량을 나타
낸 그림그래프입니다. 다섯 마을이 하루에
배출하는 쓰레기의 양이 1319 kg일 때, 나
마을의 하루 쓰레기 배출량은 몇 kg입니까?

마을별 하루 쓰레기 배출량

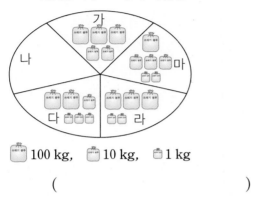

 100 kg, 10 kg, 1 kg

(   )

[한 번 더 확인]

1-2 다음은 지역별 야구 동호회 회원 수를 나타
낸 그림그래프입니다. 전체 지역의 야구 동
호회 회원 수가 48만 명일 때, 전라 지역의
야구 동호회 회원 수를 그림그래프로 나타
내려면 각 그림이 몇 개씩 필요합니까?

지역별 야구 동호회 회원 수

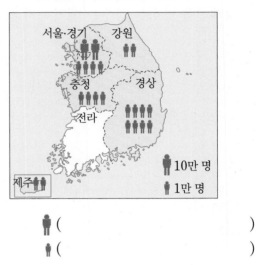

👤 10만 명
🧍 1만 명

👤 (   )
🧍 (   )

2-1 월별 사과 수확량을 나타낸 그림그래프입
니다. 7월의 수확량은 6월보다 150 kg 많
고, 10월의 수확량은 9월보다 211 kg 적다
고 합니다. 사과 수확량이 가장 많은 달과
가장 적은 달의 차는 몇 kg인지 구하시오.

월별 사과 수확량

6월	7월	8월	9월	10월

🍎 100 kg, 🍎 10 kg, 🍎 1 kg

(   )

2-2 다음은 월별 과자 생산량을 나타낸 그림그
래프입니다. 3월의 생산량은 4월의 2배이
고, 6월의 생산량은 7월보다 2300개 적다
고 합니다. 과자 생산량이 가장 많은 달과
가장 적은 달의 차는 몇 개인지 구하시오.

월별 과자 생산량

3월	4월	5월	6월	7월

⚫ 1000개, ⚫ 100개

(   )

V

확률과 통계 영역

조건에 맞는 경우의 수

1

다음 원판에 화살 2개를 차례로 쏘아 맞힌 두 수의 합이 9 이상일 경우는 몇 가지입니까? (단, 경계선을 맞히는 경우는 생각하지 않습니다.)

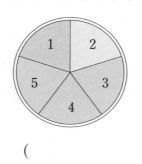

(   )

전략 원판 위의 두 수의 합이 9 이상이 되는 가짓수를 생각해 봅니다.

2

| 성대 경시 기출 유형 |

1부터 6까지의 눈이 그려져 있는 한 개의 주사위를 3번 던져서 나온 눈의 수를 차례로 놓아 세 자리 수를 만들었습니다. 백의 자리 숫자가 십의 자리 숫자보다 작고, 십의 자리 숫자가 일의 자리 숫자보다 큰 경우는 모두 몇 가지입니까?

(   )

전략 백의 자리 숫자가 십의 자리 숫자보다 작아야 하므로 백의 자리에는 6은 올 수 없습니다.

3

다음 동전들을 사용하여 만들 수 있는 금액의 종류는 모두 몇 가지입니까? (단, 동전은 일부만 사용해도 되고 0원은 생각하지 않습니다.)

500원짜리 동전	1개
100원짜리 동전	1개
50원짜리 동전	2개
10원짜리 동전	1개

(   )

전략 작은 금액 또는 큰 금액부터 차례로 만들어 가짓수를 생각해 봅니다.

4

다음 그림에서 한 칸에 한 가지의 색을 칠할 때, 빨간색, 노란색, 파란색, 초록색의 네 가지 색을 칠하는 방법은 모두 몇 가지입니까?

(   )

전략 한 칸에 색을 먼저 칠했을 때 다른 칸에 색을 칠할 수 있는 경우를 알아봅니다.

5

다음 그림에 가로, 세로에 있는 세 수의 합이 3의 배수가 되도록 2, 3, 4, 5, 6을 한 번씩 써넣는 방법은 모두 몇 가지입니까? (단, 도형을 돌리지 않습니다.)

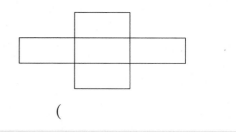

(   )

전략 먼저 세 수의 합이 3의 배수가 되는 경우를 찾아봅니다.

6

10원짜리, 50원짜리, 100원짜리 동전이 합하여 12개 있습니다. 동전의 금액의 합이 370원일 때 50원짜리 동전은 몇 개입니까?

(   )

전략 370원이므로 10원짜리 동전은 2개 또는 7개입니다.

자료를 이용하여 평균 구하기

7

영선이와 길준이의 중간고사 성적입니다. 두 사람 모두 만점을 받은 과목은 없으며 5과목 성적의 합이 같았습니다. 길준이의 수학과 음악 점수는 각각 몇 점입니까? (단, 국어, 수학, 사회는 25문항으로 한 문항에 4점씩이고, 음악, 체육은 20문항으로 한 문항에 5점씩입니다.)

학생＼과목	국어	수학	사회	음악	체육
영선	92	92	92	85	70
길준	88		84		90

수학 (   ), 음악 (   )

전략 두 사람의 성적의 합이 같음을 이용하여 길준이의 수학과 음악 점수의 합을 구할 수 있습니다.

8

| 창의 · 융합 |

자료실에서 ㉮, ㉯, ㉰, ㉱의 상자 4개를 가져왔습니다. ㉮와 ㉯ 상자의 평균 무게는 2.54 kg이고, ㉰와 ㉱ 상자의 평균 무게는 3.28 kg입니다. 상자 4개의 평균은 몇 kg입니까?

(   )

전략 ㉮와 ㉯, ㉰와 ㉱ 상자의 무게의 합을 이용하여 상자 4개의 무게의 합을 구합니다.

9

1반 학생들의 평균 몸무게는 45 kg, 2반 학생들의 평균 몸무게는 48.6 kg이라고 합니다. 1반의 학생 수가 2반의 학생 수의 $1\frac{2}{5}$배라고 할 때, 1반과 2반 전체 학생들의 평균 몸무게는 몇 kg인지 소수로 나타내시오.

(   )

전략 2반의 학생 수를 □명이라 할 때, 1반의 학생 수는 ($□×1\frac{2}{5}$)명입니다.

11

주희네 반 학생들의 몸무게의 평균은 44.7 kg이고, 몸무게가 가장 무거운 학생은 60.7 kg입니다. 몸무게가 가장 무거운 학생과 나머지 학생 각각의 몸무게의 차를 모두 더하면 528 kg입니다. 주희네 반 학생 수는 모두 몇 명입니까?

(   )

전략 주희네 반 학생 수를 □명이라 하면 전체 학생들의 몸무게의 합은 (44.7×□) kg입니다.

10

| 성대 경시 기출 유형 |

서로 다른 5개의 두 자리 수의 평균이 32.6입니다. 가장 큰 수를 반으로 줄이고 15를 더한 후 평균을 구하면 28.5가 됩니다. 처음 5개의 두 자리 수에서 가장 큰 수를 제외한 나머지 수들의 평균을 구하시오.

(   )

전략 5개의 수 A, B, C, D, E의 합을 먼저 구합니다.

12

상자 안에 1부터 5까지 숫자 카드가 한 장씩 들어 있습니다. 이 중에서 3장을 뽑아서 뽑은 순서대로 세 자리 수를 만들 때, 만들 수 있는 세 자리 수 중 백의 자리 숫자가 4인 수의 평균과 5인 수의 평균의 차를 구하시오.

(   )

전략 백의 자리 숫자는 4와 5이므로 십의 자리 숫자와 일의 자리 숫자가 가능한 경우를 생각해 봅니다.

사건이 일어날 가능성

13

은희는 검정색 볼펜 12자루가 들어 있는 필통을 가지고 있습니다. 이 필통에서 볼펜을 한 자루 꺼낼 때, 꺼낸 볼펜이 파란색일 가능성을 수직선에 점으로 표시하시오.

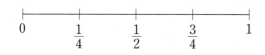

전략 검정색 볼펜만 들어 있는 필통에서 파란색 볼펜을 꺼낼 가능성을 생각해 봅니다.

14 | KMC 기출 유형 |

500원짜리 동전 2개와 100원짜리 동전 1개를 동시에 던졌습니다. 세 동전이 모두 숫자 면이 위로 나올 가능성을 분수로 나타내시오.(단, 동전이 세워지는 경우는 생각하지 않습니다.)

(   )

전략 동전을 던졌을 때 나올 수 있는 면은 그림 면 또는 숫자 면입니다.

15

다음과 같은 돌림판이 있습니다. 바늘이 빨간색 부분에 멈출 가능성을 기약분수로 나타내면 얼마입니까? (단, 경계선이 맞히는 것을 생각하지 않습니다.)

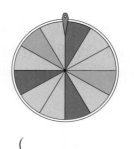

(   )

전략 빨간색, 노란색, 연두색 칸이 각각 몇 칸인지 알아본 후 가능성을 분수로 나타냅니다.

16 | 창의 · 융합 |

혈액형은 적혈구 항원의 형태나 유전적 차이 등의 원인에 따라 여러 가지 분류법이 있는데, 실생활에서는 크게 ABO식 분류법과 RH식 분류법이 많이 이용됩니다. 어느 병원에서 200명의 사람들을 ABO식 혈액형에 따라 나누어 보니 A형 50명, B형 65명, AB형 15명이었습니다. 이 사람들 중에서 1명을 뽑았을 때, O형일 가능성은 얼마인지 소수로 나타내시오.

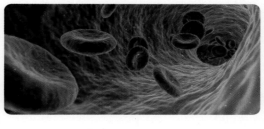

(   )

전략 200명의 사람들 중에서 O형은 몇 명인지 구해 봅니다.

17

필통 안에 검정 색연필 1자루, 파란 색연필 2자루, 노란 색연필 3자루가 들어 있습니다. 첫 번째로 현진이가 검정 색연필을 1자루 꺼냈고, 두 번째로 민수가 색연필을 한 자루 꺼낼 때 어떤 색연필이 나올 가능성이 가장 큽니까?

( )

전략 현진이가 색연필을 꺼낸 후 색깔별로 각각 색연필이 몇 자루씩 남았는지 알아봅니다.

18

상자 안에 1부터 20까지의 숫자 카드가 1장씩 있습니다. 숫자 카드 1장을 꺼낼 때, 다음 사건이 일어날 가능성이 큰 순서대로 기호를 쓰시오.

> ㉠ 6의 배수일 가능성
> ㉡ 1의 배수일 가능성
> ㉢ 10의 약수일 가능성
> ㉣ 30의 배수일 가능성

( )

전략 각 사건이 일어날 가능성을 수로 나타낸 후 크기를 비교해 봅니다.

그림그래프 분석하기

19

| 창의·융합 |

어느 날 놀이 공원의 놀이 기구별 이용 인원을 나타낸 그림그래프입니다. 5종류 놀이 기구를 하루에 평균 490명이 이용할 때, 이날 회전목마의 이용 인원은 몇 명입니까?

놀이 기구별 이용 인원

종류	이용 인원
장난감 기차	👤👤👤👤👤🧍🧍🧍
롤러코스터	👤👤👤🧍🧍
바이킹	👤👤👤👤👤
회전목마	
모노레일	👤👤🧍

👤100명, 🧍10명

( )

전략 각 놀이 기구의 이용 인원을 확인해 보고 평균을 이용하여 전체 이용 인원을 구합니다.

20

다음은 상민이네 모둠 친구들의 1분당 윗몸 일으키기 기록을 나타낸 그림그래프입니다. 준서의 윗몸 일으키기 기록은 나머지 세 사람의 윗몸 일으키기 평균 기록보다 3번 적다고 합니다. 그림그래프를 완성하시오.

윗몸 일으키기 기록

이름	윗몸 일으키기 기록
상민	☺☺☺☺☺
준서	
하윤	☺☺
민서	☺☺☺☺☺☺☺☺

☺ 10번, ☺ 1번

전략 먼저 준서를 제외한 나머지 세 사람의 윗몸일으키기 기록의 평균을 구합니다.

21

| HME 기출 유형 |

다음은 민채네 모둠 친구들의 일주일 동안 줄넘기 연습 시간을 나타낸 그림그래프입니다. 연습 시간이 평균 190분일 때, 연습 시간이 가장 긴 사람과 가장 짧은 사람의 차는 몇 분입니까?

줄넘기 연습 시간

이름	민채	재덕	상원	수미
연습 시간	🪢🪢 🪢 🪢🪢	🪢🪢 🪢	🪢🪢 🪢🪢 🪢🪢 🪢🪢	

🪢 1시간, 🪢 10 분

( )

전략 줄넘기 연습 시간의 단위를 시간 또는 분으로 통일하여 모둠원들의 연습 시간의 전체 합을 구해 봅니다.

22

| 창의 · 융합 |

세계 지도에는 한국이 속해 있는 아시아 이외에도 유럽, 아프리카, 오세아니아, 북아메리카, 남아메리카 대륙이 있습니다. 다음은 세계 지도와 대륙별 인구 수와 면적을 나타낸 그림그래프입니다. 인구 밀도가 가장 높은 대륙은 어디입니까? (단, 인구 밀도는 1 km^2당 인구 수입니다.)

대륙별 인구 수와 면적

🧍 대륙별 인구 수

🥧 대륙별 면적

오세아니아
3900만 명
945만 km^2

아시아
438500만 명
3510만 km^2

남아메리카
63000만 명
2250만 km^2

북아메리카
36100만 명
2400만 km^2

유럽
74300만 명
2550만 km^2

아프리카
116600만 명
3345만 km^2

( )

전략 각 대륙별로 (인구 밀도)=(인구 수)÷(면적)을 구한 후 크기를 비교합니다.

1 다음은 주원이의 단원별 수학 점수를 나타낸 표와 1단원부터 4단원까지의 평균을 구하기 위한 문제 분해 명령어의 일부입니다. 빈칸에 알맞은 행동과 수학 점수 명령어를 써넣으시오.

▶ 주어진 명령어와 행동을 보고 행동과 명령어를 예상해 봅니다.

단원	1단원	2단원	3단원	4단원
점수	70	90	85	84

순서	단원명	명령어	행동
01	1단원	01→1단원	01번에 '1단원'이라고 이름을 붙입니다.
02	2단원	02→2단원	
03	3단원		03번에 '3단원'이라고 이름을 붙입니다.
04	4단원		04번에 '4단원'이라고 이름을 붙입니다.

명령	명령어	행동
1단원에 70점을 씁니다.(W)	01W70	01번에 70이라고 씁니다.
2단원에 90점을 씁니다.(W)		02번에 90이라고 씁니다.
3단원에 85점을 씁니다.(W)		03번에 85라고 씁니다.
4단원에 84점을 씁니다.(W)		04번에 84라고 씁니다.
4개 단원 점수를 모두 더합니다.(S)	01:04S	01번부터 04번까지의 점수를 모두 더하면 ☐입니다.
4개 단원 점수의 평균을 구합니다.(A)	01:04A	01번부터 04번까지의 점수의 평균을 구하면 ☐입니다.

2 다음 연산 규칙 상자에 20 이상 30 이하의 모든 자연수를 한 번에 넣었을 때, 출력되는 값은 얼마입니까?

입력
20 이상 30 이하의 자연수 입력
입력된 모든 수의 평균값 출력
출력

(   )

▶ 주어진 조건에 맞는 수를 연산 규칙 상자에 넣어 평균값을 출력해 봅니다.

3 다음은 주빈이가 동전 한 개를 여러 번 던졌을 때 그림 면 또는 숫자 면이 나올 가능성을 알아보는 과정입니다. ●보기●에서 빈 곳에 들어갈 알맞은 글자를 찾아 쓰시오.

┌─● 보기 ●─┐
던집니다, 반복, 그림 면 또는 숫자 면, 가능성

순서	단계
①	동전 한 개를 ( ).
②	동전의 ( )이 나옵니다.
③	동전의 면이 나온 결과를 기록합니다.
④	여러 번 ( )합니다.
⑤	결과를 바탕으로 ( )을 구합니다.

▶ 동전을 여러 번 던졌을 때 그림 면 또는 숫자 면이 나올 가능성을 구하는 과정을 알아봅니다.

V
확률과 통계 영역

1 다음 숫자 카드를 한 번씩만 사용하여 세 자리 수를 만들 때, 400 이하의 짝수가 나올 가능성을 기약분수로 나타내시오.

$$\boxed{1}\quad\boxed{2}\quad\boxed{3}\quad\boxed{4}\quad\boxed{5}\quad\boxed{6}$$

(   )

생활 속 문제

2 백화점 앞에 있는 LED 전등 가, 나, 다는 모두 1초 간격으로 색깔이 바뀝니다. 가 전등은 파란색, 노란색, 초록색의 순서로, 나 전등은 파란색, 초록색의 순서로, 다 전등은 파란색, 빨간색, 초록색, 노란색, 초록색의 순서로 색깔이 바뀝니다. 세 전등이 지금 모두 파란색으로 바뀌었습니다. 다음 번 동시에 모두 파란색으로 바뀔 때까지 각각의 전등에서 초록색이 나오는 경우는 모두 몇 회입니까?

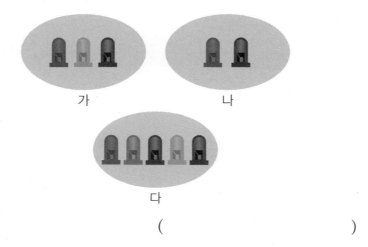

가   나

다

(   )

3 진수네 반 학생 21명의 후프 돌리기 기록을 나타낸 표의 일부분입니다. 130번대인 학생들의 기록의 평균은 134번이고 학생 수는 전체 학생 수의 $\frac{1}{3}$입니다. 또 120번대인 학생의 수와 140번대인 학생의 수가 같습니다. 140번대인 학생들의 기록의 평균은 144번이고 120번대의 평균보다 18번 더 높을 때, 보이지 않는 기록의 평균은 몇 번입니까?

진수네 반의 후프 돌리기 기록

131	134	140	①	145	125	146
②	127	148	133	127	143	137
125	③	126	④	146	135	140

(   )

창의 · 사고

4 다음은 학생 30명의 시험 점수를 조사하여 나타낸 표입니다. 시험 문제 수는 모두 3문제이고, 각각 10점, 20점, 30점이며 학생들의 점수의 평균이 19점일 때, 40점을 받은 학생은 몇 명입니까?

시험 점수별 학생 수

시험 점수	0	10	20	30	40	50	60
학생 수	5	7	10			2	0

(   )

5 정희, 소희, 민희가 가위바위보를 하여 한 번에 1등 1명을 정할 수 없는 가능성을 기약분수로 나타내시오.

(   )

문제 해결

6 0부터 8까지의 수 중에서 서로 다른 수 2개를 뽑아 두 자리 수를 만들 때, 만든 수가 4의 배수이면서 일의 자리 숫자가 십의 자리 숫자보다 클 가능성을 기약분수로 구하시오.

(   )

생활 속 문제

7 다음 자동차 공장에 기계가 4대 있습니다. 기계는 하루에 5시간씩 사용하고, 기계 한 대당 자동차를 일주일 동안 평균 798.5대 만든다고 합니다. 기계 ④가 하루 동안 만드는 자동차의 수를 반올림하여 소수 첫째 자리까지 나타내시오.

기계 ①은 10분 동안 평균 4.5대를 생산합니다.
기계 ②는 20분 동안 평균 6.5대를 생산합니다.
기계 ③은 30분 동안 평균 10.2대를 생산합니다.

( )

창의·융합

8 다음은 어느 해에 한국을 방문한 관광객 수가 많은 나라 10개 국가를 나타낸 그래프입니다. 중국인 관광객 수의 비율은 일본인 관광객 수의 80%이고, 미국인 관광객 수는 일본인과 중국인 관광객 수의 평균보다 308만 명 적습니다. 미국인과 대만인 관광객 수의 평균의 50%가 태국인 관광객 수일 때, 상위 5개 국가에서 한국을 방문한 관광객 수는 약 몇 명입니까?

방문자 수 상위 10개 국가

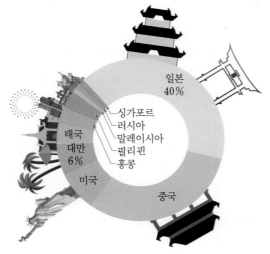

(전체 방문자 수 : 약 1100만 명)

( )

특강 영재원·**창의융합** 문제

❖ 하나의 사건이 일어날 가능성을 수로 나타낸 것을 확률(probability)라고 합니다. 확률은 $\dfrac{(어떤\ 사건이\ 일어나는\ 경우의\ 수)}{(모든\ 사건이\ 일어나는\ 경우의\ 수)}$ 로 구할 수 있습니다.

5명의 사람들이 차례로 카페의 의자에 앉아 있습니다. 5명 중 2명은 딸기 맛 마카롱을, 3명은 초코 맛 마카롱을 주문하였는데 주문을 받은 종업원이 누가 어떤 마카롱을 주문했는지 잊어버렸습니다. 자신이 주문한 대로 마카롱을 먹을 확률은 얼마인지 알아보려고 합니다. 물음에 답하시오. (**9~11**)

9　첫 번째 의자에 앉은 사람이 딸기 맛 마카롱을 먹을 경우의 수는 몇 가지입니까?

　　　　　　　　　　　　　　　　　(　　　　　　　　　　)

10　첫 번째 의자에 앉은 사람이 초코 맛 마카롱을 먹을 경우의 수는 몇 가지입니까?

　　　　　　　　　　　　　　　　　(　　　　　　　　　　)

11　자신이 주문한대로 마카롱을 먹을 수 있는 확률을 분수로 구하시오.

　　　　　　　　　　　　　　　　　(　　　　　　　　　　)

VI

규칙성 영역

[주제 학습 22] 수의 규칙

다음과 같이 일정한 규칙에 따라 수를 늘어놓았습니다. 30번째 수를 구하시오.

$$1, \quad \frac{1}{2}, \quad \frac{1}{3}, \quad \frac{1}{4}, \quad \frac{1}{5} \cdots\cdots$$

(   )

> 선생님, 질문 있어요!
>
> **Q.** 규칙은 숫자에만 있나요?
>
> **A.** 우리가 살고 있는 주위의 자연 환경이나 말과 글 등의 언어에도 규칙이 있습니다. 생활 속에서 규칙을 발견하는 연습을 하다보면 수의 규칙도 잘 찾을 수 있게 될 것입니다.
>
> 분수가 나열되어 있으면 분자와 분모로 나누어 규칙을 찾아봅니다.

문제 해결 전략

① 수가 나열된 규칙을 살펴보기

$1(=\frac{1}{1})$, $\frac{1}{2}$, $\frac{1}{3}$, $\frac{1}{4}$, $\frac{1}{5}$ ……로 분자는 1이고 분모가 1씩 커지고 있습니다.

② 30번째 수 알아보기

규칙에 따라 □번째 수는 $\frac{1}{\square}$이므로 30번째 수는 $\frac{1}{30}$이 됩니다.

 따라 풀기 1

다음과 같이 일정한 규칙에 따라 수를 늘어놓았습니다. 15번째 수를 구하시오.

$$0.5, \quad 0.9, \quad 1.3, \quad 1.7, \quad 2.1\cdots\cdots$$

(   )

따라 풀기 2

다음과 같이 일정한 규칙에 따라 수를 늘어놓았습니다. 20번째 수를 구하시오.

$$1, \quad 1, \quad \frac{1}{2}, \quad 1, \quad \frac{1}{2}, \quad \frac{1}{3}, \quad 1\cdots\cdots$$

(   )

[확인 문제]

1-1 다음과 같이 일정한 규칙에 따라 수를 늘어 놓았습니다. 30번째 수와 60번째 수의 합은 얼마입니까?

$$1, \quad \frac{1}{2}, \quad \frac{2}{3}, \quad \frac{3}{4} \cdots\cdots$$

(   )

2-1 다음은 가로가 4칸인 수 배열표의 일부입니다. A+B=32일 때 규칙을 찾아 C+D의 값을 구하시오.

4		18	E
	A	19	D
		B	
C	14		28

(   )

3-1 숫자 3, 4, 5, 6을 규칙에 따라 늘어놓은 것입니다. 규칙에 맞게 빈칸에 알맞은 수를 써넣으시오.

3456		5634	6345

[한 번 더 확인]

1-2 다음과 같이 일정한 규칙에 따라 수를 늘어 놓았습니다. 8번째 수와 10번째 수의 차는 얼마입니까?

$$1, \quad 4, \quad 9, \quad 16 \cdots\cdots$$

(   )

2-2 다음은 어느 해 12월 달력의 일부를 나타낸 것입니다. 다음 해 12월 15일은 무슨 요일 입니까? (단, 2월은 28일까지 있습니다.)

수	목	금	토
3	4	5	6
10	11	12	13
…	…	…	…

(   )

3-2 숫자 0, 2, 4, 6을 규칙에 따라 늘어놓은 것입니다. 규칙에 맞게 빈칸에 알맞은 수를 써넣으시오.

0.246	2.460	4.602	

Ⅵ 규칙성 영역

[주제 학습 23] 연산의 규칙

다음 표에서 A ⇨ B는 A에 일정한 수를 더하면 B가 되는 규칙을 나타냅니다. A가 10일 때, B의 값은 얼마입니까?

A		B
3	⇨	7
5		9
10		?

(   )

선생님, 질문 있어요!

Q. 일정한 수를 이용하는 연산의 규칙에서 분수나 소수가 섞여 있으면 어떻게 하나요?

A. 분수와 소수가 나와도 너무 어렵게 생각하지 마세요. 같은 방법으로 처음의 수 A와 결과의 수 B가 어떤 관계에 있는지 알아보면 규칙을 발견할 수 있습니다.

문제 해결 전략

① 규칙 알아보기

A=3일 때 B=7이고, A=5일 때 B=9입니다. 문제에서 일정한 수를 더하는 규칙이라 하였으므로 A ⇨ B는 A에 4를 더하는 규칙입니다.

② B의 값 구하기

따라서 A=10일 때 B=10+4=14입니다.

따라 풀기 1 오른쪽 표에서 A ⇨ B는 A에 일정한 수를 곱하면 B가 되는 규칙을 나타냅니다. A가 $\frac{1}{4}$일 때, B의 값은 얼마입니까?

(   )

A		B
$\frac{1}{2}$		3
$\frac{1}{3}$	⇨	2
$\frac{1}{4}$		?

따라 풀기 2 오른쪽 표에서 A ⇨ B는 A를 일정한 수로 나누면 B가 되는 규칙을 나타냅니다. A가 5.5일 때, B의 값은 얼마입니까?

(   )

A		B
2.5		0.5
4	⇨	0.8
5.5		?

1-1 다음 표에서 A ⇨ B는 A에 일정한 소수를 곱하면 B가 되는 규칙을 나타냅니다. A가 11일 때, B의 값은 얼마입니까?

A		B
4	⇨	1
7		1.75
11		?

( )

2-1 다음을 계산한 값은 얼마입니까?

$$24 \times \left(\frac{1}{2} + \frac{1}{4} + \frac{1}{6} + \frac{1}{8} \right)$$

( )

3-1 2를 100번 곱했을 때, 계산 결과의 일의 자리 숫자를 구하시오.

$$\underbrace{2 \times 2 \times 2 \times 2 \times \cdots\cdots \times 2 \times 2 \times 2 \times 2}_{100번}$$

( )

1-2 다음 표에서 A ⇨ B는 A를 일정한 소수로 나누면 B가 되는 규칙을 나타냅니다. A가 70일 때, B의 값은 얼마입니까?

A		B
35	⇨	70
50		100
70		?

( )

2-2 다음을 계산한 값은 얼마입니까?

$$2.5 - (0.3 - 0.5 + 0.7 - 0.9 + 1.1)$$

( )

3-2 1.4를 199번 곱했을 때, 계산 결과의 소수점 아래 끝자리 숫자를 구하시오.

$$\underbrace{1.4 \times 1.4 \times 1.4 \times \cdots\cdots \times 1.4 \times 1.4 \times 1.4}_{199번}$$

( )

VI 규칙성 영역

[**주제 학습 24**] **도형의 규칙**

선생님, 질문 있어요!

다음은 규칙에 따라 삼각형을 나열한 것입니다. 빈 곳에 50번째 삼각형의 모양을 그리시오.

첫 번째　두 번째　세 번째　네 번째　다섯 번째　여섯 번째　50번째

Q. 도형에서 규칙을 쉽게 찾을 수 있는 방법이 있나요?

A. 규칙 찾기에서 가장 중요한 것은 '반복'입니다. 어떤 무늬나 숫자가 어디에서부터 어떻게 반복되는지 찾아보면 규칙을 발견할 수 있습니다.

[문제 해결 전략]

① 삼각형이 움직이는 규칙 찾기

　삼각형이 시계 방향으로 90°씩 회전하는 규칙입니다. 처음의 모양으로 돌아오는 경우는 4의 배수만큼 지난 후입니다.

② 50번째 모양 알아보기

　$50 = 4 \times 12 + 2$이므로 50번째 삼각형의 모양은 두 번째 삼각형의 모양과 같게 됩니다.

따라 풀기 1

다음은 규칙에 따라 평면도형을 나열한 것입니다. 빈 곳에 436번째 평면도형의 모양을 그리시오.

첫 번째　두 번째　세 번째　네 번째　다섯 번째　여섯 번째　일곱 번째　436번째

따라 풀기 2

다음은 쌓기나무를 일정한 규칙에 따라 쌓아올린 것입니다. 13번째에 쌓아 올린 쌓기나무의 개수는 몇 개입니까? (단, 보이지 않는 곳에는 쌓기나무가 없습니다.)

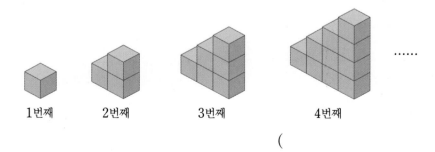

1번째　　2번째　　3번째　　　4번째

(　　　　　　　　　　　　　　)

[확인 문제]

1-1 다각형의 한 꼭짓점에서 그을 수 있는 대각선의 수는 다음과 같습니다. 이십각형의 한 꼭짓점에서 그을 수 있는 대각선은 몇 개입니까?

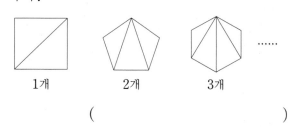

1개　　　2개　　　3개　　......

(　　　　　　　　　)

2-1 다음은 규칙에 따라 사각형을 나열한 것입니다. 7번째 도형에는 가장 작은 정사각형이 몇 개입니까?

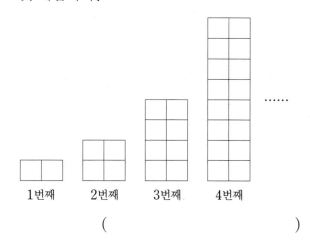

1번째　　2번째　　3번째　　4번째

(　　　　　　　　　)

3-1 규칙을 찾아 20번째 모양에 알맞게 색칠하시오.

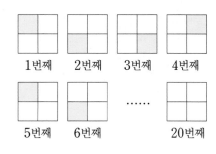

1번째　2번째　3번째　4번째

5번째　6번째　......　20번째

[한 번 더 확인]

1-2 사각형의 대각선의 수는 2개이고, 오각형의 대각선의 수는 5개입니다. 칠각형의 대각선의 수는 몇 개입니까?

(　　　　　　　　　)

2-2 다음은 규칙에 따라 쌓기나무를 쌓아 올린 것입니다. 첫 번째 모양부터 열 번째 모양까지 쌓아 올린 쌓기나무는 모두 몇 개입니까?

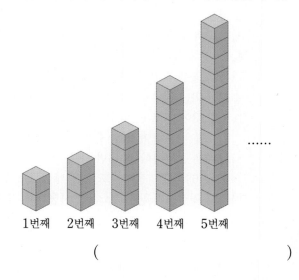

1번째　2번째　3번째　4번째　5번째

(　　　　　　　　　)

3-2 규칙을 찾아 빈 곳에 186번째 모양의 도형을 그리시오.

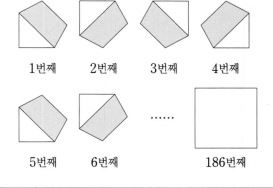

1번째　2번째　3번째　4번째

5번째　6번째　......　186번째

[주제 학습 25] 윗접시저울의 규칙

모양이 같은 공 8개가 있습니다. 공의 무게가 다음과 같을 때, 양팔 저울을 사용하여 가벼운 공을 찾으려면 윗접시저울을 최소한 몇 번 사용해야 합니까?

> • 1개의 공은 나머지 공보다 가볍습니다.
> • 나머지 공의 무게는 모두 같습니다.

(   )

문제 해결 전략

① 각 공에 번호 붙이기
  8개의 공에 각각 1부터 8까지 번호를 붙입니다.
② 수평인 경우
  1, 2, 3과 4, 5, 6을 양쪽 접시에 올려놓았을 때 수평이 되면
  1, 2, 3, 4, 5, 6은 모두 무게가 같은 공입니다. ⇨ 1번 사용
  가벼운 공은 7, 8 중 하나이므로 7, 8을 비교하여 찾을 수 있습니다. ⇨ 2번 사용
③ 수평이 아닌 경우
  • 1, 2, 3이 위로 올라가면 1, 2, 3 중 하나가 가벼운 공입니다. ⇨ 1번 사용
  1, 2를 비교하여 위로 올라가는 쪽이 가벼운 공이고 두 개가 수평을 이룬다면 3이
  가벼운 공입니다. ⇨ 2번 사용
  • 4, 5, 6이 위로 올라가도 같은 방법으로 모두 2번 사용하게 됩니다.
따라서 윗접시저울을 최소 2번 사용해야 가벼운 공을 찾을 수 있습니다.

선생님, 질문 있어요!

Q. 보이지 않는 규칙을 어떻게 찾을 수 있나요?

A. 수의 규칙이나 도형의 규칙처럼 눈에 쉽게 보이는 규칙도 있지만, 조건 속에 숨어 있는 규칙을 잘 찾는 것도 중요합니다. 그림을 그리거나, 왼쪽의 문제와 같이 전략을 세워 한 단계씩 생각해 봅니다.

> 윗접시저울은 수평을 이루었을 때 양쪽 무게가 같음을 이용하여 문제를 해결해.

따라 풀기 1

크기와 모양이 같은 구슬이 9개 있습니다. 이 중 1개는 다른 구슬보다 가볍습니다. 윗접시저울을 사용하여 가벼운 구슬을 찾을 때, 저울은 적어도 몇 번 사용해야 합니까?

(   )

[**확인 문제**]

1-1 다음과 같이 윗접시저울에 과일을 올려 놓고 무게를 재고 있습니다. 배 1개의 무게는 몇 g입니까? (단, 사과와 배의 무게는 각각 같습니다.)

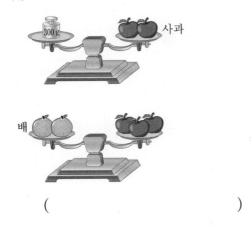

( )

[**한 번 더 확인**]

1-2 다음과 같이 윗접시저울에 과일을 올려 놓고 무게를 재고 있습니다. 복숭아 1개의 무게는 몇 g입니까? (단, 복숭아와 자몽의 무게는 각각 같습니다.)

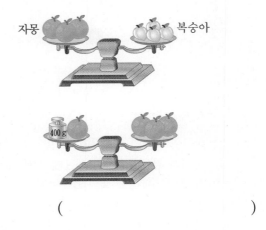

( )

2-1 50 g짜리 추가 6개, 100 g짜리 추가 3개 있습니다. 윗접시저울의 한쪽에 300 g의 물건을 올려놓았을 때 수평을 이룰 수 있는 방법은 모두 몇 가지입니까?

( )

2-2 50 g, 100 g짜리 추가 각각 8개씩 있습니다. 윗접시저울의 한쪽에 500 g의 물건을 올려놓았을 때 수평을 이룰 수 있는 방법은 모두 몇 가지입니까?

( )

3-1 무게가 1 g, 2 g, ……, 10 g인 추가 각각 1개씩 있습니다. 추를 최소한으로 사용하여 10 g 이하의 물건의 무게를 재려고 할 때, 사용하는 추의 종류는 최소한 몇 가지입니까? (단, 추는 윗접시저울의 한쪽에만 올려놓고, 물건의 무게는 자연수입니다.)

( )

3-2 무게가 1 g, 2 g, ……, 10 g인 추가 각각 1개씩 있습니다. 추를 최소한으로 사용하여 15 g 이하의 물건의 무게를 재려고 할 때, 사용하는 추의 종류는 최소한 몇 가지입니까? (단, 추는 윗접시저울의 한쪽에만 올려놓고, 물건의 무게는 자연수입니다.)

( )

VI 규칙성 영역

[**주제 학습 26**] 여러 가지 규칙

다음은 바둑돌을 일정한 규칙에 따라 늘어놓은 것입니다. 20번째 바둑돌은 무슨 색입니까?

◯●◯◯●●◯◯◯●●●◯◯◯◯● ……

(   )

선생님, 질문 있어요!

Q. 특별한 규칙이 있는 문제들을 잘 해결하는 방법을 알려주세요.

A. 특별한 규칙을 모두 포함하는 해결 방법은 없습니다. 다만, 수를 있는 그대로 쓰지 말고 식이나 표, 그림 등으로 다양하게 표현해 보면 더 쉽게 규칙을 발견할 수 있습니다.

[**문제 해결 전략**]

① 바둑돌이 놓인 규칙 알아보기

흰색과 검은색 바둑돌이 1개, 2개, 3개 ……로 늘어나면서 번갈아 나타나고 있습니다.

② 20번째 바둑돌의 색깔 알아보기

20번째 바둑돌을 구하는 것이므로

(1+1)+(2+2)+(3+3)+(4+4)=2+4+6+8=20입니다.

따라서 20번째 바둑돌의 색깔은 검은색입니다.

1 따라 풀기

다음은 바둑돌을 일정한 규칙에 따라 늘어놓은 것입니다. 25번째에 놓을 바둑돌의 색깔은 무엇입니까?

◯●◯●●◯●●●◯● ……

(   )

2 따라 풀기

다음은 바둑돌을 일정한 규칙에 따라 늘어놓은 것입니다. 30번째 바둑돌은 몇 개입니까?

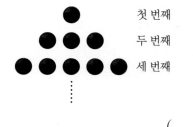

첫 번째
두 번째
세 번째

(   )

[**확인 문제**]

1-1 다음은 바둑돌을 일정한 규칙에 따라 늘어
놓은 것입니다. 첫 번째부터 10번째까지 바
둑돌은 모두 몇 개입니까?

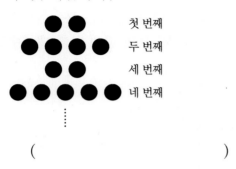

첫 번째
두 번째
세 번째
네 번째

( )

2-1 다음과 같이 수를 차례로 써놓았습니다. 1
행 1열에 있는 수는 1이고 2행 2열에 있는
수는 3일 때, 15행 28열에 들어갈 수는 얼
마입니까?

행 \ 열	1	2	3	……
1	1	2	3	……
2	2	3	4	……
3	3	4	5	……
⋮	⋮	⋮	⋮	⋮

( )

3-1 다음은 규칙에 따라 수를 나열한 것입니다.
13번째 줄의 왼쪽에서 3번째 수를 쓰시오.

```
            1           … 첫 번째
          2   3         … 두 번째
        3   4   5       … 세 번째
      4   5   6   7
    5   6   7   8   9
                ⋮
```

( )

[**한 번 더 확인**]

1-2 다음은 바둑돌을 일정한 규칙에 따라 늘어
놓은 것입니다. 12번째에 놓일 바둑돌은 몇
개입니까?

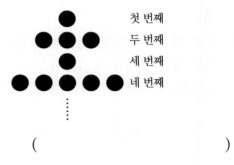

첫 번째
두 번째
세 번째
네 번째

( )

2-2 다음과 같이 수를 차례로 써놓았습니다. 1
행 1열에 있는 수는 1이고 2행 4열에 있는
수는 11일 때, 12행 7열에 들어갈 수는 얼
마입니까?

행 \ 열	1	2	3	4	……
1	1	2	5	10	……
2	4	3	6	11	……
3	9	8	7	12	……
4	16	15	14	13	……
⋮	⋮	⋮	⋮	⋮	⋮

( )

3-2 다음은 규칙에 따라 수를 나열한 것입니다.
9번째 줄의 수의 합을 구하시오.

```
            1           … 첫 번째
          1   1         … 두 번째
        1   2   1       … 세 번째
      1   3   3   1
    1   4   4   4   1
              ⋮
```

( )

1

다음과 같이 일정한 규칙에 따라 수를 늘어놓았습니다. 1.1부터 5.5까지의 수를 모두 더하면 얼마입니까?

> 1.1, 9.9, 2.2, 8.8, ……, 6.6, 5.5

( )

전략 늘어놓은 수에서 규칙을 찾은 후 합의 규칙을 살펴봅니다.

2

다음은 4의 배수와 6의 배수를 제외하고 1부터 차례로 수를 나열한 것입니다. 이때, 1010은 몇 번째 수입니까?

> 1, 2, 3, 5, 7, 9……

( )

전략 4의 배수는 4, 8, 12……이고, 6의 배수는 6, 12, 18……입니다.

3

다음과 같이 분수를 규칙적으로 늘어놓았습니다. 5번째 줄에 있는 분수들의 합과 6번째 줄에 있는 분수들의 합의 차를 대분수로 나타내시오.

$$\frac{1}{9}$$

$$\frac{2}{9} \quad \frac{3}{9}$$

$$\frac{4}{9} \quad \frac{5}{9} \quad \frac{6}{9}$$

$$\frac{7}{9} \quad \frac{8}{9} \quad \frac{9}{9} \quad \frac{10}{9}$$

( )

전략 늘어놓은 분수들의 규칙을 알고 합과 차의 규칙을 찾아 간단히 계산할 수 있는 방법을 찾아 봅니다.

4

다음은 2, 3, 5, 6 네 개의 숫자를 규칙에 따라 늘어놓은 것입니다. A+B의 값을 구하시오.

5.632	5.623	5.326	5.362	A	B

( )

전략 소수점 아래 숫자들이 바뀌는 규칙을 찾아봅니다.

5

| 성대 경시 기출 유형 |

오른쪽 분수를 소수로 나타내려고 합니다. 소수 20번째 자리 숫자와 1215번째 자리 숫자의 차를 구하시오.

$$\dfrac{7}{11}$$

( )

전략 소수로 나타내고 소수점 아래 반복되는 숫자들의 규칙을 찾아봅니다.

6

다음과 같은 규칙으로 수를 2000번째까지 늘어놓았습니다. 홀수 번째에 놓여 있는 수들의 합에서 짝수 번째에 놓여 있는 수들의 합을 뺀 값을 기약분수로 나타내시오.

$$\dfrac{21}{110}, \quad \dfrac{23}{132}, \quad \dfrac{25}{156}, \quad \dfrac{27}{182}, \quad \dfrac{29}{210} \cdots\cdots$$

( )

전략 분수들을 단위분수의 합으로 나타낸 후 홀수 번째에 놓여 있는 분수들의 규칙과 짝수 번째에 놓여 있는 분수들의 규칙을 각각 찾아봅니다.

연산의 규칙

7

| 성대 경시 기출 유형 |

A ⇨ B는 A에 일정한 수를 곱하여 B가 되는 규칙입니다. ㉮+㉯의 값을 소수로 나타내시오.

A		B
68		54.4
112	⇨	$\dfrac{448}{5}$
154		㉮
㉯		972

( )

전략 A에 어떤 수를 곱하여 B가 되었으므로 B를 A로 나누면 어떤 수를 구할 수 있습니다.

8

| 성대 경시 기출 유형 |

A◉B는 A와 B의 합에 일정한 수를 곱하는 규칙입니다. ㉠+㉡의 값을 구하시오.

A	B	A◉B
㉠	7.5	32
6	㉡	50
6.2	1.8	20

( )

전략 ◉의 연산 규칙은 (A+B)×□로 식을 세운 후 □를 먼저 구합니다.

9

1.7을 1004번 곱했을 때, 계산 결과의 소수점 아래 끝자리 숫자를 구하시오.

$$1.7 \times 1.7 \times 1.7 \times \cdots\cdots \times 1.7 \times 1.7$$
1004번

( )

전략 소수점 아래 끝자리 숫자는 7을 여러 번 곱했을 때 되풀이되는 숫자의 규칙을 생각해 봅니다.

10

2.53을 303번 곱했을 때, 계산 결과의 소수점 아래 끝자리 숫자를 구하시오.

$$2.53 \times 2.53 \times 2.53 \times \cdots\cdots \times 2.53 \times 2.53$$
303번

( )

전략 소수점 아래 끝자리 숫자는 3을 여러 번 곱했을 때 나오는 숫자의 규칙을 생각해 봅니다.

11

555를 555번 곱한 수와 222를 222번 곱한 수를 더한 수의 일의 자리 숫자는 얼마입니까?

$$(555 \times 555 \times \cdots \times 555) + (222 \times 222 \times \cdots \times 222)$$
555번 222번

( )

전략 555와 222를 여러 번 곱했을 때 일의 자리 숫자의 반복되는 규칙을 살펴봅니다.

12

다음 삼각형 안의 수들의 규칙을 찾아 다섯 번째 그림의 A에 알맞은 수를 구하시오.

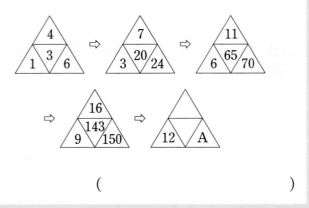

( )

전략 삼각형의 각 칸에 쓰여 있는 수들의 규칙을 찾아봅니다.

13

| 고대 경시 기출 유형 |

수를 나타내는 숫자 중에 짝수인 숫자들의 합을 O(n)이라고 합니다. 예를 들어 O(4312)=4+2 =6입니다. 다음 식의 값을 구하시오.

$$O(1) + O(2) + O(3) + \cdots\cdots + O(50)$$

( )

전략 각 자리에 사용된 숫자의 규칙을 찾아봅니다.

| 도형의 규칙 |

14

다음 규칙에 따라 모양이 반복될 때 123번째 모양에 색칠하시오.

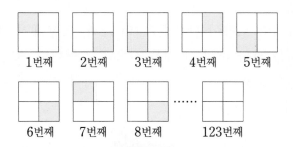

전략 첫 번째 모양과 같은 모양이 되려면 어떤 모양이 반복되는지 알아봅니다.

16

| 고대 경시 기출 유형 |

성냥개비로 다음과 같이 모양을 만들려고 합니다. 11번째 모양을 만들 때 필요한 성냥개비는 모두 몇 개입니까?

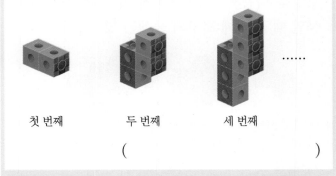

(   )

전략 성냥개비가 늘어나는 규칙을 표로 만들어 알아봅니다.

15

도형을 일정한 규칙에 따라 나열한 것입니다. 7번째 도형의 꼭짓점의 개수를 구하시오.

(   )

전략 도형의 변의 개수가 홀수 번째와 짝수 번째에 각각 어떻게 변하는지 알아봅니다.

17

다음은 연결 큐브를 일정한 규칙에 따라 연결한 것입니다. 첫 번째부터 10번째까지 연결한 연결 큐브는 모두 몇 개입니까?

첫 번째   두 번째   세 번째

(   )

전략 연결 큐브의 개수가 늘어나는 규칙을 알아봅니다.

Ⅵ

규칙성 영역

18

다음과 같은 규칙으로 도형을 나열할 때 5번째 모양에는 크고 작은 정사각형이 모두 몇 개 있습니까?

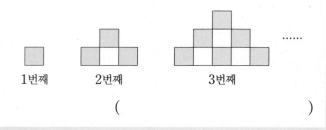

1번째   2번째   3번째

( )

전략 정사각형은 가장 작은 정사각형 1칸짜리, 4칸짜리, 9칸짜리……가 있습니다.

19

오른쪽 모양은 한 변이 6 cm인 정육각형 모양의 타일 2개를 변끼리 붙여 만든 모양입니다. 이 모양을 다음과 같은 규칙에 따라 변끼리 이어 붙일 때 10번째 모양의 둘레는 몇 cm입니까?

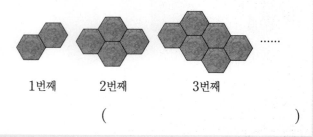

1번째   2번째   3번째

( )

전략 각 단계의 둘레에 길이가 6 cm인 변이 몇 개인지 알아봅니다.

윗접시저울의 규칙

20

크기와 모양이 같은 27개의 금괴 중 무게가 가벼운 가짜 금괴 한 개를 찾으려고 합니다. 윗접시저울을 최소한 몇 번 사용하여야 가짜 금괴를 찾을 수 있습니까?

( )

전략 27개의 금괴를 3묶음으로 나누어 생각해 봅니다.

21

공장에서 생산한 크기와 모양이 같은 100개의 쇠구슬 중 무게가 다른 것이 하나 섞여 있습니다. 이 쇠구슬을 찾으려면 윗접시저울을 최소한 몇 번 사용해야 합니까?

( )

전략 무게가 다른 하나가 3개 중 1개, 9개 중 1개, 27개 중 1개……일 때로 나누어 생각해 봅니다.

22

크기와 모양이 같은 구슬 8개 중에서 6개는 무게가 같고, 2개는 나머지 6개보다 무게가 가볍습니다. 그림을 보고 가벼운 구슬 2개의 번호를 찾아 쓰시오.

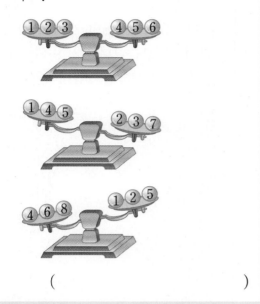

(   )

23

1 g, 3 g, 10 g짜리 추가 각각 1개씩 있을 때 윗접시저울로 잴 수 있는 무게는 모두 몇 가지입니까? (단, 추는 접시의 양쪽에 놓을 수 있습니다.)

(   )

전략 추를 1개, 2개, 3개 사용할 때로 나누어 생각해 봅니다.

24

해수는 5개의 공깃돌로 공기놀이를 하던 중 공깃돌들의 무게가 다르다는 사실을 알게 되었습니다. ①번과 ⑤번 공깃돌의 무게가 같고, ③번과 ④번 공깃돌의 무게가 같습니다. 공깃돌의 무게를 윗접시저울을 사용하여 비교하니 다음과 같았을 때 가장 무거운 공깃돌의 번호를 쓰시오.

- ①번 공깃돌<③번 공깃돌
- ②번 공깃돌<③번 공깃돌+④번 공깃돌
- ①번 공깃돌+⑤번 공깃돌=②번 공깃돌
- ③번 공깃돌<①번 공깃돌+⑤번 공깃돌

(   )

전략 각각의 무게의 조건을 하나씩 찾아 공깃돌의 무게를 비교해 나갑니다.

25

㈎와 ㈏ 두 저울은 수평을 이루고 있습니다. ㈐ 저울도 수평을 이루려면 ㈐ 저울의 왼쪽 접시에 ○를 몇 개 놓아야 합니까?

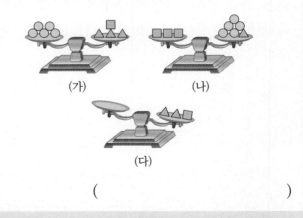

(가)   (나)

(다)

(   )

전략 ㈎의 양쪽 접시에 △를 한 개씩 올려놓고 ㈏ 저울과 비교하여 봅니다.

여러 가지 규칙

26

다음은 별 모양을 일정한 규칙에 따라 늘어놓은 것입니다. 50번째 별의 개수를 A라 하고, ★의 위치를 왼쪽에서부터 B번째라 할 때, A−B의 값을 구하시오.

1번째	★☆
2번째	☆★☆
3번째	☆☆★☆
4번째	☆☆☆★☆
	⋮
50번째	

( )

전략 먼저 별 모양이 늘어나는 규칙을 알아봅니다.

27

다음 표에서 2행 3열의 수 6을 (2, 3)=6으로 나타내기로 합니다. (4, 6)+(15, 10)의 값을 구하시오.

행＼열	1	2	3	……
1	0	2	4	……
2	2	4	6	……
3	4	6	8	……
⋮	⋮			

( )

전략 각 행의 1열의 수는 0, 2, 4, 6……의 규칙으로 커지고 있습니다.

28

| 창의·융합 |

개미들이 줄지어 이동하고 있습니다. 각각의 번호는 1마리의 개미를 가리키며, 6번 개미의 위치를 (1, 3)으로, 18번 개미의 위치를 (3, 4)로 나타낼 수 있습니다. (2, 9)와 (10, 2)의 개미의 번호를 더하면 얼마입니까?

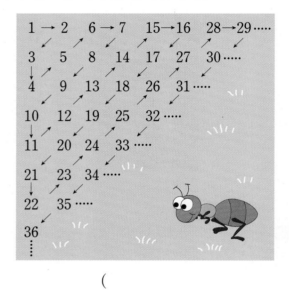

( )

전략 첫 번째 줄의 홀수 번째 수와 짝수 번째 수의 규칙을 찾아 살펴봅니다.

29

| 성대 경시 기출 유형 |

다음과 같은 규칙으로 수를 써넣었습니다. A행 15열에 있는 수가 ▲일 때 B행 ▲열에 있는 수는 얼마입니까?

	1	2	3	4	……
A	0	2	4	6	……
B	1	3	5	7	……

( )

전략 각 행의 규칙을 알아봅니다.

30

다음과 같은 규칙으로 수를 늘어놓았을 때, 537은 왼쪽에서 □번째, 위에서 △번째 줄에 있는 수입니다. □＋△의 값을 구하시오.

1	2	9	10	……
4	3	8	11	……
5	6	7	12	……
16	15	14	13	……
⋮	⋮	⋮	⋮	……

(   )

전략 위의 표에서 같은 수를 두 번 곱한 수들을 찾아 규칙을 살펴봅니다.

31

검은색 바둑돌과 흰색 바둑돌을 다음과 같은 규칙으로 놓았습니다. 두 바둑돌의 개수의 차가 2023일 때 사용된 바둑돌은 각각 몇 개입니까?

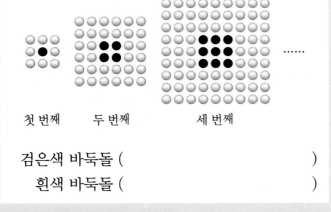

첫 번째   두 번째   세 번째

검은색 바둑돌 (   )
　흰색 바둑돌 (   )

전략 □번째 검은색 바둑돌의 개수는 (□×□)개, 흰색 바둑돌의 개수는 (8×□×□)개입니다.

32

| 고대 경시 기출 유형 |

옛날부터 우리나라는 열 개 글자인 십간과 열두 동물인 십이지를 차례로 짝지어 갑자년, 을축년……등과 같이 한 해를 나타내는데 이를 간지라고 합니다. 갑신정변이 1884년에 일어났을 때 2017년을 간지로 나타내시오.

십간	갑	을	병	정	무	기
십이지	자	축	인	묘	진	사
간지	갑자	을축	병인	정묘	무진	기사

십간	경	신	임	계	갑	을	병
십이지	오	미	신	유	술	해	자
간지	경오	신미	임신	계유	갑술	해	병자

십간	정	무	기	경	신	……
십이지	축	인	묘	진	사	……
간지	정축	무인	기묘	경진	신사	……

(   )

전략 십간은 10년마다, 십이지는 12년마다 되풀이 됩니다.

VI 규칙성 영역

* 규칙성 영역에서의 코딩
규칙성 영역에서 코딩 문제는 두 수를 하나씩 비교하여 정렬하는 것과 퀵 정렬에 따라 데이터를 정렬하는 방법에 대하여 알아봅니다. 정렬이란 데이터를 순서대로 나열하는 방법을 말합니다. 예를 들어 시험 점수를*오름차순으로 나타내기, 버스가 오는 시각을 빠른 것부터 보여 주기 등에 정렬이 사용됩니다. 퀵 정렬은 기준을 선택하여 기준보다 작은 데이터를 왼쪽에, 큰 데이터는 오른쪽에 위치시키는 방법으로 정렬하는 방법입니다.

*오름차순: 작은 것부터 큰 것의 차례로 나타내는 것

1 다음 수들을 가장 큰 수를 찾아 비교하는 방법을 사용하여 크기에 따라 정렬하는 과정을 나타내시오. (단, 두 수를 서로 비교하는 것을 1회로 하고, 가장 큰 수를 오른쪽에 오도록 합니다.)

28	9	13

▶ 두 수를 하나씩 비교하는 방법으로 정렬해 봅니다.

2 다음 수들을 가장 큰 수를 찾아 비교하는 방법을 사용하여 정렬하고, 정렬 횟수와 정렬된 수들의 규칙을 찾아 쓰시오. (단, 두 수를 비교하는 것을 1회로 하고, 가장 큰 수가 오른쪽에 오도록 합니다. 정렬이 끝난 수는 비교하지 않습니다.)

42	30	6	18	54

횟수 (   )

규칙 (   )

▶ 정렬의 목적은 효율적인 데이터 정리이므로 정렬 후에는 데이터의 특징을 쉽게 찾을 수 있어야 합니다.

3 다음은 5개의 수를 정렬할 때, 30을 기준으로 하여 퀵 정렬하는 방법을 나타낸 것입니다. (　) 안에 들어갈 수를 써넣고, 이와 같은 정렬에 필요한 최소 횟수를 구하시오.

30	20	10	70	60
20	10	30 기준	70	(　　　)
비교			비교	
10	(　　　)	(　　　)	(　　　)	70

(　　　　　　　　　　　)

▶ 하나의 기준을 정하고 그보다 작은 것과 큰 것을 나누는 퀵 정렬 방법입니다. 기준에 의한 정렬이 끝난 후에는 남은 수를 다시 서로 비교하여 정렬합니다.

4 물통 5개에 각각 다른 양의 물이 들어 있습니다. B를 기준으로 퀵 정렬해 보시오. (단, 5개의 물통은 크기와 모양이 모두 같고 한 번에 2개씩 비교할 수 있으며 가장 무거운 물통을 오른쪽에 놓습니다.)

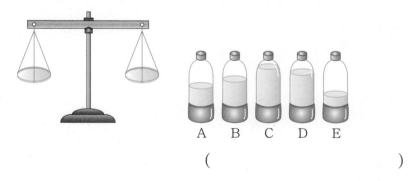

A B C D E

(　　　　　　　　　　　)

▶ 퀵 정렬은 정렬 목록이 많을 때 선택정렬보다 빠른 장점이 있습니다.

VI 규칙성 영역

1 다음과 같은 규칙으로 분수를 1000번째까지 늘어놓았습니다. 1000번째 놓이는 분수를 $\dfrac{1}{A}+\dfrac{1}{B}$로 나타낼 때, A+B의 값을 구하시오.

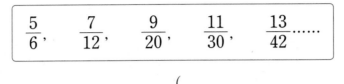

$$\dfrac{5}{6}, \qquad \dfrac{7}{12}, \qquad \dfrac{9}{20}, \qquad \dfrac{11}{30}, \qquad \dfrac{13}{42}\cdots\cdots$$

( )

2 일정한 규칙에 따라 수를 늘어놓았습니다. 20번째 수와 21번째 수의 합을 구하여 소수로 나타내시오.

$$2\dfrac{1}{2}, \ 2\dfrac{7}{8}, \ 3\dfrac{1}{4}, \ 3\dfrac{5}{8}\cdots\cdots$$

( )

3 다음과 같이 나눗셈을 일정한 규칙으로 각각 늘어놓았습니다. A에서 몫이 0.026보다 작은 나눗셈의 개수를 ㉠, B에서 몫이 0.017보다 작은 나눗셈의 개수는 ㉡이라고 할 때, $\dfrac{㉠}{㉡}$의 값을 기약분수로 나타내시오.

A	$\dfrac{1}{20}\div 2,\ \dfrac{2}{20}\div 3,\ \dfrac{3}{20}\div 4,\ \cdots\cdots,\ \dfrac{18}{20}\div 19,\ \dfrac{19}{20}\div 20$
B	$\dfrac{1}{40}\div 2,\ \dfrac{2}{40}\div 3,\ \dfrac{3}{40}\div 4,\ \cdots\cdots,\ \dfrac{38}{40}\div 39,\ \dfrac{39}{40}\div 40$

( )

창의·융합

4 준수는 다음과 같은 모양으로 *젠가 블럭을 쌓았습니다. 각 칸의 수는 그 수의 바로 아래에 있는 두 칸의 수를 더한 것입니다. 이때 가장 아래 칸에 쓰여 있는 수들의 합은 얼마입니까?

*젠가(jenga): 같은 크기의 직육면체 모양의 블럭을 쌓아 만든 탑에서 블럭을 빼내어 다시 위에 쌓는 게임입니다. 탑을 무너뜨린 사람이 지게 됩니다.

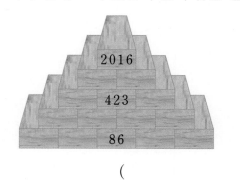

( )

VI 규칙성 영역

문제 해결

5 다음과 같이 일정한 규칙으로 곱셈식을 늘어놓았습니다. 각 곱셈식의 곱에서 소수 둘째 자리 숫자를 모두 더한 값을 구하시오.

> $3.0 \times 3.1,\ 3.2 \times 3.3,\ 3.4 \times 3.5,\ \cdots\cdots,\ 9.6 \times 9.7,\ 9.8 \times 9.9$

( )

생활 속 문제

6 다음은 달력에 셀로판종이로 ⬚ 모양을 만들어 이 도형을 돌리거나 뒤집어서 놓을 때 보이는 수입니다. 셀로판종이 아래에 보이는 4개의 수의 합이 가장 작은 6의 배수일 때와 가장 큰 6의 배수일 때의 합을 구하시오. (단, 이 달은 30일까지 있습니다.)

월	화	수	목
2	3	4	5
9	10	11	12

( )

7 문제 해결

25 g, 50 g, 200 g짜리 추가 각각 8개씩 있습니다. 윗접시저울의 왼쪽 접시에는 500 g의 물건을 올려놓고 오른쪽 접시에는 추를 올려놓아 저울을 수평으로 만들 수 있는 방법은 모두 몇 가지입니까?

(   )

8 창의·융합

승진이는 미술 시간에 자연 경관 속에서 작품을 만들어 내는 *대지 미술을 배운 후, 운동장에 그림을 그렸습니다. 일정한 간격으로 점을 9개 찍은 후 다음과 같이 연결하였더니 여러 가지의 정사각형 모양이 나왔습니다. 정사각형의 꼭짓점에 1부터 9까지의 수를 한 번씩만 써서 꼭짓점에 있는 수의 합이 모두 같을 때, A+B+C의 값은 얼마입니까?

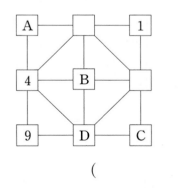

(   )

*대지 미술: 지구 표면 위에 어떤 형상을 디자인하여 자연 경관 속에서 작품을 만들어내는 것을 대지 미술이라고 합니다.

▲ 로버트 스미스슨의 나선형의 방파제

▲ 낸시 홀트의 Dark Star Park

VI 규칙성 영역

특강 영재원·**창의융합** 문제

❖ 다음은 엘리베이터에 있는 숫자와 버튼을 나타내는 점자표입니다. 1층에 있는 사람이 엘리베이터를 타고 9층에 들렸다가 다시 3층을 가기 위해 점자 숫자판을 눌렀습니다. 어떤 점자들을 눌렀는지 알아보시오. (**9**~**10**)

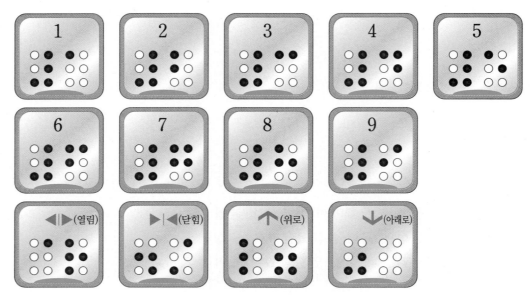

9 1층에서 9층을 갈 때 누른 것을 순서대로 나타내시오.

문이 열림

10 9층에서 3층을 갈 때 누른 것을 순서대로 나타내시오.

문이 열림

VII
논리추론 문제해결 영역

subject

[주제 학습 27] 암호를 해독하기

선생님, 질문 있어요!

Q. 암호와 수학은 어떤 관계가 있나요?

A. 암호란 암호를 모르는 사람이 글의 내용을 알 수 없도록 글자, 숫자, 부호 등으로 바꾼 것입니다. 암호를 만드는 방법이나 표현이 복잡할수록 풀기 어렵기 때문에 수학의 발전과 암호의 발전은 서로 뗄 수 없는 관계입니다.

다른 사람들에게 알려져서는 안되는 정보를 암호를 통해 안전하게 전달할 수 있어요.

암호 해독표를 보고 다음 암호문을 풀어 보시오.

②A②I② ⑦G⑭A① ⑩C②⑨K

〈암호 해독표〉

ㄱ	ㄴ	ㄷ	ㄹ	ㅁ	ㅂ	ㅅ	ㅇ	ㅈ	ㅊ	ㅋ	ㅌ	ㅍ	ㅎ
①	②	③	④	⑤	⑥	⑦	⑧	⑨	⑩	⑪	⑫	⑬	⑭

ㅏ	ㅑ	ㅓ	ㅕ	ㅗ	ㅛ	ㅜ	ㅠ	ㅡ	ㅣ	ㅐ	ㅒ	ㅔ	ㅖ
A	B	C	D	E	F	G	H	I	J	K	L	M	N

ㅘ	ㅙ	ㅚ	ㅝ	ㅞ	ㅟ	ㅢ							
O	P	Q	R	S	T	U							

(   )

[문제 해결 전략]

제시된 암호에 알맞은 글자를 찾아 쓰면 다음과 같습니다.

②	A	②	I	②	⑦	G	⑭	A	①	⑩	C	②	⑨	K
ㄴ	ㅏ	ㄴ	ㅡ	ㄴ	ㅅ	ㅜ	ㅎ	ㅏ	ㄱ	ㅊ	ㅓ	ㄴ	ㅈ	ㅐ

⇨ 나는 수학 천재

따라 풀기 1

위의 암호 해독표를 보고 다음 암호문을 풀어 보시오.

②C② ⑩Q①E⑧B ②C② ⑤C⑦⑨D

⇩

(빈칸)

[확인 문제]

1-1 암호 해독표를 보고 암호문을 풀어 보시오.

〈암호 해독표〉

리	돌	겨	다	보	건
※	☆	○	◇	◎	□
들	라	도	고	두	너
△	♤	♡	♣	▽	☎

〈암호문〉

☆◇※ ♡ ▽△○ ◎♣ □☎♤

(   )

2-1 다음 암호문을 풀어 바르게 계산하시오.

〈암호 해독표〉

☆	△	▲	◎	◆	※	∠
$\frac{1}{2}$	+	×	$6\frac{1}{2}$	$4\frac{1}{2}$	20	$2\frac{1}{4}$

〈암호문〉

(◎▲※)△(☆▲∠)

(   )

3-1 격자 암호는 격자 모양의 해독판을 가진 사람만 암호를 해독할 수 있습니다. 다음의 격자 암호를 풀어 보시오.

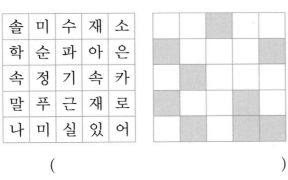

솔	미	수	재	소
학	순	파	아	은
속	정	기	속	카
말	푸	근	재	로
나	미	실	있	어

(   )

[한 번 더 확인]

1-2 암호 해독표를 보고 암호문을 풀어 보시오.

〈암호 해독표〉

×	*	!	~	$	%	@
와	행복	친구	기쁨	함께	우리	한

〈암호문〉

!× $ *@ %

(   )

2-2 다음 암호문을 풀어 바르게 계산하시오.

〈암호 해독표〉

A	◆	B	~	C	%	D
+	−	×	÷	78.5	5	12.7

〈암호문〉

C~%◆D

(   )

3-2 격자 암호는 격자 모양의 해독판을 가진 사람만 암호를 해독할 수 있습니다. 다음의 격자 암호를 풀어 보시오.

도	나	가	다	는
차	레	소	미	쿄
중	모	아	한	로
다	파	이	솔	사
스	람	라	엘	넘

(   )

VII

논리추론 문제해결 영역

[주제 학습 28] 다음에 나올 그림 유추하기

그림 사이의 관계를 찾아 빈 곳에 알맞은 그림을 그리시오.
(단, ::의 왼쪽에 있는 그림 사이의 관계는 오른쪽에 있는 그림 사이의 관계와 같고 가로로 그어진 직선은 대칭축입니다.)

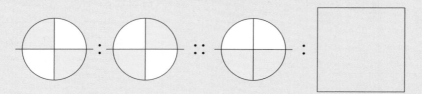

선생님, 질문 있어요!

Q. 유추란 무엇인가요?

A. 유추란 같은 종류의 것 또는 공통되거나 비슷한 점에 의해서 다른 사물을 미루어 추측하는 것으로 간접적으로 추리하는 방법의 하나입니다.

유추를 통해서 다음에 일어날 상황을 미루어 짐작할 수 있어요.

문제 해결 전략

① 관계 찾기

::표시를 중심으로 왼쪽의 두 도형은 대칭축을 기준으로 서로 대칭되는 부분에 색칠되어 있습니다.

② 관계를 적용하기

오른쪽의 두 도형도 대칭축을 기준으로 서로 대칭되는 부분에 색칠되어야 합니다. 따라서 빈 곳에 알맞은 그림은 입니다.

따라 풀기 1 • 보기 •의 그림 사이의 관계를 찾아 빈 곳에 들어갈 알맞은 그림을 그리고 색칠하시오.

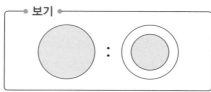 

따라 풀기 2 • 보기 •의 그림 사이의 관계를 찾아 빈 곳에 들어갈 알맞은 그림을 그려 보시오.

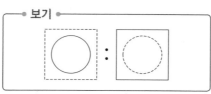 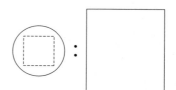

[확인 문제]

1-1 다음 표에서 두 수 사이의 관계를 찾아 빈칸에 알맞은 수를 구하시오.

셋	81
넷	256
다섯	

(   )

2-1 그림을 보고 ::의 왼쪽과 오른쪽의 관계를 찾아 빈 곳에 알맞은 그림을 그리시오. (단, 뒤집기는 하지 않습니다.)

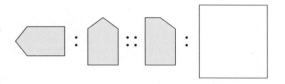

3-1 다음과 같이 분수를 규칙적으로 나열하였습니다. 5번째 줄에 있는 분수들의 합을 가분수로 나타내시오.

$$\frac{1}{13}$$

$$\frac{4}{13} \qquad \frac{7}{13}$$

$$\frac{10}{13} \qquad \frac{13}{13} \qquad \frac{16}{13}$$

$$\vdots$$

(   )

[한 번 더 확인]

1-2 다음 표에서 두 수 사이의 관계를 찾아 빈칸에 알맞은 수를 구하시오.

4.5	45
$\frac{19}{2}$	95
9	

(   )

2-2 도형이 일정한 규칙으로 배열되어 있습니다. 빈 곳에 들어갈 알맞은 도형은 어느 것입니까?⋯⋯⋯⋯⋯⋯⋯⋯⋯⋯⋯ (   )

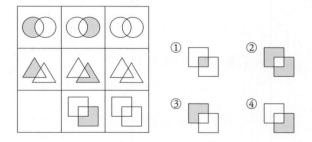

3-2 다음과 같이 수를 나열하였을 때 7번째 줄의 왼쪽에서 3번째에 위치한 수는 얼마입니까?

$$1$$

$$6 \qquad 11$$

$$16 \qquad 21 \qquad 26$$

$$31 \qquad 36 \qquad 41 \qquad 46$$

$$\vdots$$

(   )

[주제 학습 29] 문제 속 숨은 숫자 찾기

다음을 읽고 서윤이가 오늘 읽은 부분은 전체의 얼마인지 분수로 나타내시오.

> • 서윤이는 동화책 전체의 $\frac{3}{4}$ 을 어제까지 읽었습니다.
>
> • 오늘은 어제 읽고 남은 부분의 $\frac{5}{12}$ 를 읽었습니다.

(   )

선생님, 질문 있어요!

Q. 읽은 동화책이 전체의 $\frac{3}{4}$ 일 때, 남은 동화책이 $\frac{1}{4}$ 인 것은 어떻게 알 수 있나요?

A. 전체 동화책의 양을 1이라고 할 때 남은 동화책의 양은 $1-\frac{3}{4}=\frac{1}{4}$ 입니다.

문제 해결 전략

① 어제까지 읽고 남은 동화책의 양 알아보기

서윤이가 어제까지 읽은 양은 동화책 전체의 $\frac{3}{4}$ 이므로 어제까지 읽고 남은 양은 동화책 전체의 $\frac{1}{4}$ 입니다.

② 오늘 읽은 동화책의 양 구하기

오늘은 남은 부분의 $\frac{5}{12}$ 를 읽었으므로 식으로 나타내면 다음과 같습니다.

$\Rightarrow$ (오늘 읽은 동화책)$=\frac{1}{4}\times\frac{5}{12}=\frac{5}{48}$

전체를 1이라고 할 때, 분수로 전체에 대한 부분의 크기를 나타낼 수 있어요.

따라 풀기 1

다음을 읽고 해진이가 수학 문제집을 어제는 오늘보다 얼마나 더 많이 풀었는지 분수로 나타내시오.

> • 해진이는 지난주까지 수학 문제집 전체의 $\frac{2}{5}$ 를 풀었습니다.
>
> • 해진이는 풀고 남은 부분의 $\frac{5}{11}$ 를 어제 풀었습니다.
>
> • 해진이는 어제 풀고 남은 부분의 $\frac{1}{3}$ 을 오늘 풀었습니다.

(   )

[확인 문제]

1-1 지용이네 반 학생의 $\frac{4}{9}$는 남학생이고 여학생의 $\frac{1}{2}$이 체육을 좋아합니다. 체육을 좋아하는 여학생은 전체의 얼마인지 분수로 나타내시오.

( )

2-1 현지는 용돈의 $\frac{3}{7}$으로 학용품을 사고 나머지의 $\frac{1}{4}$로 간식을 사고 나니 1500원이 남았습니다. 현지가 처음에 가지고 있던 용돈은 얼마입니까?

( )

3-1 지수는 전체 쪽수가 230쪽인 역사책을 어제부터 읽었습니다. 어제는 전체의 $\frac{4}{10}$를 읽었고, 오늘은 나머지의 $\frac{5}{6}$를 읽었습니다. 역사책은 몇 쪽이 남았습니까?

( )

[한 번 더 확인]

1-2 민석이네 반 학생의 $\frac{5}{11}$는 안경을 쓰고 있습니다. 안경을 쓰지 않은 학생 중 $\frac{3}{4}$이 세 번째 줄부터 뒤쪽에 앉아있을 때, 세 번째 줄 앞쪽에 앉아 있는 학생 중 안경을 쓰지 않은 학생은 전체의 얼마인지 분수로 나타내시오.

( )

2-2 미정이가 집에 있는 장난감의 $\frac{7}{8}$을 동생에게 주고, 나머지의 $\frac{3}{4}$을 필요한 곳에 기증하니 장난감이 2개 남았습니다. 미정이가 처음에 가지고 있던 장난감은 몇 개입니까?

( )

3-2 어느 봉사 동호회의 회원 수는 246명입니다. 이 중 $\frac{11}{41}$은 농촌 일손돕기를 하고, 나머지의 $\frac{1}{3}$은 연탄 나르기 봉사를 하였습니다. 남은 회원은 도시락 나눔 봉사를 하려고 할 때, 도시락 나눔 봉사를 할 수 있는 회원은 몇 명입니까?

( )

VII

논리추론

문제해결 영역

[주제 학습 30] 시간과 거리를 이용한 문제 해결

수진이는 자전거로 한 시간에 $2\frac{2}{5}$ km를 달립니다. 같은 빠르기로 하루에 1시간 30분씩 자전거를 탄다면 일주일 동안 모두 몇 km를 달리게 됩니까?

(   )

> **선생님, 질문 있어요!**
>
> **Q.** 1시간 30분을 시간으로 나타내면 1.3시간인가요?
>
> **A.** 1시간 30분을 시간으로 나타내려면 먼저 분과 시간의 관계를 알고 있어야 합니다. 1시간=60분이므로 30분=$\frac{30}{60}$시간=$\frac{1}{2}$시간입니다.
> 따라서 1시간 30분은 $1\frac{1}{2}$시간, 즉 1.5시간입니다.

문제 해결 전략

① 시간을 분수로 나타내기

1시간 30분을 분수로 나타내면 $1\frac{30}{60}=1\frac{1}{2}$(시간)입니다.

② 속력과 시간을 이용하여 거리 구하기

수진이가 하루에 자전거를 타는 거리는

$2\frac{2}{5}\times1\frac{1}{2}=\frac{12}{5}\times\frac{3}{2}=\frac{18}{5}=3\frac{3}{5}$ (km)입니다.

⇨ (1주일 동안 달린 거리)=$3\frac{3}{5}\times7=\frac{18}{5}\times7=\frac{126}{5}=25\frac{1}{5}$ (km)입니다.

따라 풀기 1 현민이는 인라인스케이트를 타고 한 시간에 $4\frac{13}{14}$ km를 달립니다. 같은 빠르기로 하루에 40분씩 달린다면 10일 동안 모두 몇 km를 달리게 됩니까?

(   )

따라 풀기 2 수조에 있는 수도꼭지를 틀어 빈 수조에 물을 가득 채우는 데 3시간이 걸리고 가득 찬 물을 완전히 빼내는 데 1시간 30분이 걸립니다. 이 수조에 물이 $\frac{2}{3}$만큼 들어 있을 때, 수도꼭지를 틀어 물을 넣으면서 동시에 물을 빼내면 수조의 물이 완전히 빠지는 데까지 걸리는 시간은 얼마입니까?

(   )

[**확인 문제**]

1-1 일정한 빠르기로 10분에 $\frac{14}{15}$ km를 가는 자동차가 1시간 20분 동안 갈 수 있는 거리를 구하시오.

(   )

2-1 떨어진 높이의 $\frac{5}{6}$만큼 다시 튀어 오르는 공이 있습니다. 이 공을 30 m의 빌딩에서 수직으로 떨어뜨렸을 때, 두 번째로 튀어 오르는 공의 높이는 몇 m입니까?

(   )

3-1 호스에 구멍이 생겨 1분에 $\frac{2}{9}$ L의 물이 새고 있습니다. 1분에 $1\frac{5}{6}$ L씩 물이 나오는 수도꼭지에 이 호스를 연결하여 3분 동안 물을 받을 때, 받은 물의 양은 몇 L입니까?

(   )

[**한 번 더 확인**]

1-2 수남이는 1시간에 $4\frac{1}{5}$ km를 걸을 수 있습니다. 같은 빠르기로 $10\frac{1}{2}$ km를 걷는다면 몇 시간이 걸리는지 구하시오.

(   )

2-2 떨어진 높이의 $\frac{3}{5}$만큼 다시 튀어 오르는 공이 있습니다. 이 공을 높이가 25 m인 빌딩에서 수직으로 떨어뜨렸을 때, 세 번째로 튀어 오르는 공의 높이는 몇 m입니까?

(   )

3-2 욕조에 마개가 고정되지 않아 1분에 $\frac{1}{6}$ L의 물이 샙니다. 1분에 $3\frac{2}{3}$ L씩 물이 나오는 수도꼭지로 이 욕조에 5분 40초 동안 물을 받으면 욕조에 받은 물의 양은 몇 L입니까?

(   )

Ⅶ

논리추론

문제해결 영역

암호를 해독하기

1

| 창의 · 융합 |

스키테일 암호는 최초의 암호 장치입니다. 스키테일 암호는 일정한 지름을 갖는 막대에 암호문을 나선형으로 말면 내용이 드러나는 암호입니다. 나선형으로 말면 글씨가 나와야 하기 때문에 글씨끼리는 일정한 간격이 있는 것이 스키테일 암호의 특징입니다.

▲ 스키테일 암호 막대

다음의 스키테일 암호를 풀어 보시오.

한 름 글 다 은 운 가 문 장 자 아

[답] _____

_____

_____

전략 문자의 글자가 섞여 있는 암호문입니다. 스키테일 암호의 특징을 이용하여 일정한 간격으로 떨어져 있는 문자를 나누어 생각해 봅니다.

2

다음은 로마 숫자의 1부터 10까지의 수를 나타낸 표입니다. 표와 • 보기 •를 참고하여 다음 식의 값을 기약분수로 나타내시오.

Ⅰ	Ⅱ	Ⅲ	Ⅳ	Ⅴ	Ⅵ	Ⅶ	Ⅷ	Ⅸ	Ⅹ
1	2	3	4	5	6	7	8	9	10

• 보기 •

$$ⅩⅩⅡ = 10 + 10 + 2 = 22$$

$$\frac{Ⅵ}{ⅩⅦ} + \frac{Ⅷ}{ⅩⅩⅩⅣ}$$

(   )

전략 주어진 표와 • 보기 •를 참고하여 로마 숫자를 아라비아 숫자로 바꾸어 계산합니다.

3

위의 로마 숫자 표를 참고하여 다음 나열된 수들의 규칙을 찾아 A+B+C의 값을 구하시오.

Ⅲ, Ⅵ, ⅩⅡ, ⅩⅩⅣ, A, B, C

(   )

전략 주어진 표와 • 보기 •를 참고하여 로마 숫자를 아라비아 숫자로 바꾸고, 바꾼 수들의 규칙을 찾아 A, B, C의 값을 구합니다.

다음에 나올 그림 유추하기

4

두 수의 관계를 찾아 빈칸에 알맞은 수를 소수로 나타내시오.

$\dfrac{6}{5}$	$1\dfrac{11}{25}$
$\dfrac{7}{10}$	0.49
5.2	

(   )

전략 $1\dfrac{11}{25}$을 가분수로 나타낸 후 $\dfrac{6}{5}$과의 관계를 살펴봅니다. 0.49를 분수로 나타낸 후 $\dfrac{7}{10}$과의 관계를 살펴봅니다.

5

| 성대 경시 기출 유형 |

다음 그림과 같이 오각형 안에 일정한 규칙으로 도형을 배열합니다. 빈 곳에 알맞은 그림을 그리시오.

전략 오각형 안에 있는 도형의 위치와 모양의 변화를 이용하여 여섯 번째에 알맞은 그림을 유추해 봅니다.

6

다음 그림의 관계를 찾아 빈 곳에 알맞은 그림을 그려 넣어 완성하시오.

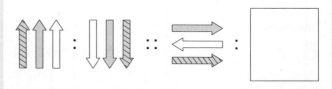

전략 ::의 왼쪽에 있는 그림 사이의 관계는 오른쪽에 있는 그림 사이의 관계와 같습니다.

7

다음과 같이 도형의 대각선을 모두 그어 보면 사각형의 대각선은 2개, 오각형의 대각선은 5개, 육각형의 대각선은 9개입니다. 대각선이 그어지는 규칙을 찾아 14각형의 대각선은 모두 몇 개인지 구하시오.

(   )

전략 사각형, 오각형, 육각형의 한 꼭짓점에서 그을 수 있는 대각선의 수가 늘어나는 규칙을 알아봅니다.

문제 속 숨은 숫자 찾기

8

| 성대 경시 기출 유형 |

수학 경시대회에 남학생이 여학생보다 100명 더 적게 응시하였습니다. 시험 결과 남학생의 $\frac{5}{12}$, 여학생의 $\frac{5}{8}$가 시험에 불합격하였습니다. 남학생과 여학생의 합격자의 수가 같을 때, 수학 경시대회에 응시한 남학생의 수를 구하시오.

(   )

전략 여학생의 수를 □로 한다면 남학생의 수는 (□−100)이 됩니다.

9

어떤 책을 펼쳤을 때 양쪽의 쪽 수를 더하였더니 233쪽이었습니다. 짝수 쪽까지 읽으면 이 책의 $\frac{1}{3}$을 읽은 것입니다. 이 책은 전체 몇 쪽입니까?

(   )

전략 작은 쪽의 수를 □쪽, 큰 쪽의 수를 (□+1)쪽으로 나타내어 식을 만들어 봅니다.

10

수현이와 진규는 가위바위보를 하여 진 사람이 가진 붙임 딱지의 $\frac{1}{4}$을 이긴 사람에게 주기로 하였습니다. 수현이는 연속으로 두 번 져서 붙임 딱지가 9장 남았고, 진규는 13장이 되었습니다. 진규가 처음에 가지고 있던 붙임 딱지는 몇 장입니까?

(   )

전략 수현이가 처음에 가지고 있던 붙임 딱지를 □장이라 하고, 마지막에 가지고 있는 붙임 딱지의 수로부터 거꾸로 풀어 나갑니다.

11

상미는 친구들과 딱지치기를 하였습니다. 상미는 딱지를 윤지에게 9개를 얻고 서진이에게 3개를 잃었습니다. 남은 딱지의 $\frac{7}{10}$을 동생에게 주었더니 15개가 남았습니다. 상미가 처음에 가지고 있던 딱지는 모두 몇 개입니까?

(   )

전략 상미가 처음에 가지고 있던 딱지를 □개라 하고, 마지막에 남은 딱지의 수로부터 거꾸로 풀어 나갑니다.

시간과 거리를 이용한 문제 해결

12

| 성대 경시 기출 유형 |

가로가 10 m, 세로가 15 m인 직사각형 모양의 벽을 색칠하는 데 2시간 30분이 걸립니다. 같은 빠르기로 가로가 5 m, 세로가 7 m인 직사각형 모양의 벽을 색칠하려면 몇 분이 걸리는지 구하시오.

(   )

> **전략** ① 색칠한 벽의 넓이를 구합니다.
> ② 1 m²를 색칠하는 데 걸리는 시간을 구합니다.

13

A 자동차와 B 자동차가 각각 일정한 빠르기로 다음과 같이 달렸습니다. 두 자동차가 달린 시간의 차는 몇 분인지 구하시오.

> A 자동차: 1시간에 15 km를 가는 빠르기로
> $125\frac{3}{4}$ km를 갔습니다.
>
> B 자동차: 1시간에 12 km를 가는 빠르기로
> 108 km를 갔습니다.

(   )

> **전략** 거리, 속력, 시간 사이에는
> 다음과 같은 관계가 있습니다.
> (거리)=(속력)×(시간)
> (속력)=$\frac{(거리)}{(시간)}$, (시간)=$\frac{(거리)}{(속력)}$

14

케냐의 데니스 키메토는 2014년 독일에서 열린 베를린 마라톤 대회에서 42.195 km를 2시간 2분 57초의 기록으로 결승선을 통과하며 세계 신기록을 달성했습니다. 어느 마라톤 선수가 200 m를 35초로 달리는 속력으로 1시간 6분 23초를 달린다면 달린 거리는 몇 km인지 소수로 나타내시오.

(   )

> **전략** 1시간 6분 23초는 몇 초인지 계산합니다. 200 m를 35초로 달린다면 1초에는 몇 m를 달리는지 생각해 봅니다.

15

| 창의·융합 |

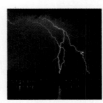

소리는 기온이 1 ℃ 높아질 때마다 일정하게 더 멀리 갑니다. 소리는 기온이 15 ℃일 때는 1초에 340 m를 가고, 기온이 20 ℃일 때는 1초에 343 m를 갑니다. 기온이 21 ℃일 때 번개가 치는 것을 보고 6초 후 천둥소리를 들었다면, 천둥소리를 들은 곳은 번개가 친 지점에서 몇 m 떨어져 있는지 구하시오.

(   )

> **전략** 기온이 15 ℃일 때의 소리의 빠르기와 기온이 20 ℃일 때의 소리의 빠르기를 비교하여 기온이 21 ℃일 때의 소리의 빠르기를 구합니다.

여러 가지 문제 해결

16

어떤 필통 공장에서는 2번에 걸쳐 불량품을 검사한다고 합니다. 모든 검사 과정에서 찾아낸 불량품은 각각의 검사 기계에 들어간 필통 수의 $\frac{1}{5}$보다 3개가 더 많았다고 합니다. 마지막 검사까지 통과한 필통의 개수가 129개였다면 처음에 검사 기계에 넣은 필통의 개수는 몇 개인지 구하시오.

(   )

전략 불량품의 수는 필통 수의 $\frac{1}{5}$보다 3개가 많으므로 검사에 통과한 필통의 수는 필통 수의 $\frac{4}{5}$보다 3개가 적다고 할 수 있습니다.

17

혜수, 진희, 미선이의 장래 희망을 조사하였더니 요리사, 교사, 가수 중 서로 다른 한 가지였습니다. 다음을 읽고 세 명의 꿈을 각각 찾아 쓰시오.

- 진희의 꿈은 요리사가 아닙니다.
- 교사가 꿈인 사람은 미선이가 아닙니다.
- 혜수의 꿈은 요리사나 가수가 아닙니다.

혜수 (   )
진희 (   )
미선 (   )

전략 표를 그리고 문제의 조건에 맞게 장래 희망을 구해 봅니다.

18

| 성대 경시 기출 유형 |

각 자리 숫자의 합이 10인 두 자리 자연수가 있습니다. 이 자연수의 십의 자리 숫자와 일의 자리 숫자를 바꾼 수는 처음 수보다 54가 작습니다. 처음의 수는 얼마입니까?

(   )

전략 표를 그리고 각 자리의 숫자의 합이 10인 수들을 찾습니다.

19

| 창의·융합 |

온도를 나타내는 단위의 종류는 섭씨온도(℃)와 화씨온도(℉)가 있습니다.
섭씨온도(℃)는 1기압에서의 물의 어는점을 0 ℃로, 끓는점을 100 ℃로 하여 그 사이를 100등분 하여 나타낸 온도입니다.
화씨온도(℉)는 1기압에서의 물의 어는점을 32 ℉, 끓는점을 212 ℉로 정하고 그 사이를 180등분 하여 나타낸 온도입니다. 섭씨온도와 화씨온도 사이에는 다음과 같은 식이 성립합니다.

$$(\text{화씨온도}) = (\text{섭씨온도}) \times \frac{9}{5} + 32$$

$$(\text{섭씨온도}) = \{(\text{화씨온도}) - 32\} \times \frac{5}{9}$$

어느 날 우리나라의 최저 기온이 19 ℃일 때, 화씨온도로 나타내면 몇 ℉가 됩니까?

(   )

전략 문제에서 필요한 정보와 불필요한 정보를 가려냅니다. 섭씨온도를 알 때, 화씨온도를 구하는 문제입니다.

20

어떤 수에 $\dfrac{7}{12}$을 더한 후 2.25를 곱해야 할 것을 잘못하여 $\dfrac{7}{12}$을 뺀 후 2.25를 곱했더니 3.78이 되었습니다. 바르게 계산한 결과를 소수로 나타내시오.

(   )

전략 어떤 수를 □라 하고 잘못 계산한 식에서 □를 구합니다.

21

| 성대 경시 기출 유형 |

•보기•와 같은 규칙으로 도형이 움직입니다. 아래에 적힌 숫자가 •보기•의 규칙으로 7번 움직였을 때 색칠한 부분에 적힌 네 수의 합을 구하시오.

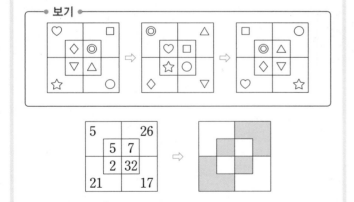

(   )

전략 도형이 움직이는 규칙을 먼저 찾습니다.

22

수학자 디오판토스의 묘비에는 그가 살아온 인생의 기간을 수수께끼로 묘사한 글이 새겨져 있습니다. 아래의 글을 읽고 디오판토스는 몇 살에 일생을 마쳤는지 구하시오.

> 그는 인생의 $\dfrac{1}{6}$을 소년으로 보냈다. 그리고 다시 인생의 $\dfrac{1}{12}$이 지난 뒤에는 얼굴에 수염이 자라기 시작했다. 다시 인생의 $\dfrac{1}{7}$이 지난 뒤 그는 아름다운 여인을 맞이하여 화촉을 밝혔으며, 결혼한 지 5년 만에 귀한 아들을 얻었다. 아! 그러나 그의 가엾은 아들은 아버지의 반 밖에 살지 못했다. 아들을 먼저 보내고 깊은 슬픔에 빠진 그는 그 뒤 4년간 정수론에 몰입하여 스스로를 달래다가 일생을 마쳤다.

(   )

전략 디오판토스가 죽기 전의 나이를 □살이라고 하여 문제를 해결해 봅니다.

* 논리추론 문제해결 영역에서의 코딩

논리추론 문제해결 영역에서의 코딩 문제는 앞에서 일어난 일을 바탕으로 뒤에 일어날 일을 추론하거나 문제해결의 방법을 찾는 유형입니다. 이 장에서는 컴퓨터 언어인 2진법과 10진법의 관계를 추론해 보고, 선택 정렬을 활용한 문제해결 방법을 익히도록 합니다. 컴퓨터는 빠른 처리를 위해 2진법을 사용한다는 것과 선택 정렬을 할 때에는 한 가지씩 순서대로 한다는 것을 기억합니다.

1 다음 카드를 보고 ▨은 1로, ☐은 0으로 나타내시오.

( )

▶ 컴퓨터의 언어 체계인 2진법의 기본 원리를 나타낸 것입니다.
왼쪽의 수는 숫자 19를 2진법으로 표현한 것입니다.

2 다음 카드를 보고 ▨은 1로, ☐은 0으로 나타내고 색칠된 카드에 쓰여 있는 수의 합을 구하시오.

( ), ( )

▶ 카드를 1과 0으로 표현하고 색칠된 카드에 적힌 수를 더합니다.

3 다음 표에서 1로 표시된 곳만 찾아 색칠하고 색칠한 칸에 쓰여 있는 수의 합을 구하시오.

0	1	2	1	0
1	0	1	2	1
1	2	0	0	1
0	1	0	1	0
2	0	1	0	2

( )

▶ 0과 2를 제외한 1로 표시된 곳에 색칠합니다.

4 선택 정렬(selection sort)은 정렬되지 않은 데이터 중에서 가장 작은 데이터를 찾아 맨 앞의 데이터와 교환해 나가는 방식입니다. • 보기 • 와 같은 방법으로 정렬되지 않은 데이터 3, 7, 5, 2는 선택 정렬을 사용하여 몇 번 만에 데이터가 정렬되는지 구하시오.

▶ • 보기 • 와 같이 순차적으로 3, 7, 5, 2를 선택 정렬합니다.

> ─• 보기 •─
>
> 정렬되지 않은 데이터 9, 3, 5
>
> | 9 | 3 | 5 |
> |---|---|---|
>
> ① 가장 작은 데이터인 3을 맨 앞에 위치한 9와 교환합니다.
>
> | 3 | 9 | 5 |
> |---|---|---|
>
> ② 첫 번째 데이터인 3을 제외한 나머지 데이터에서 가장 작은 데이터인 5를 9와 교환합니다.
>
> | 3 | 5 | 9 |
> |---|---|---|
>
> 따라서 2번 만에 정렬되지 않은 데이터 9, 3, 5가 선택 정렬에 의해 정렬되었습니다.

(   )

5 다음은 정렬되지 않은 데이터 ㉮, ㉯, ㉰입니다. 위 **4**의 • 보기 • 와 같이 선택 정렬로 정렬했을 경우 정렬 횟수가 가장 적은 것을 고르시오.

▶ 각각의 경우에 따라 선택 정렬에 필요한 횟수를 구해 봅니다.

> ㉮ 2, 4, 6, 1
> ㉯ 5, 4, 8, 7
> ㉰ 4, 6, 8, 1

(   )

창의·사고

1 성현이네 반 학생들이 체험 학습을 다녀온 후 체험 활동비가 26250원 남았습니다. 남은 돈을 100원짜리 동전으로 바꾸어 똑같이 나누어 가졌더니 2250원이 남았고, 다시 남은 돈 2250원을 50원짜리 동전으로 바꾸어 똑같이 나누어 가졌더니 750원이 남았습니다. 성현이가 받은 돈은 얼마입니까?

( )

생활 속 문제

2 지수는 종이학을 여러 마리 접었습니다. 이 종이학을 10묶음으로 나누어 그중 2묶음을 수진이에게 주었습니다. 남은 종이학을 다시 7묶음으로 나누어 그중 4묶음을 민철이에게 주었더니 종이학 24마리가 남았습니다. 처음에 지수가 접었던 종이학은 모두 몇 마리입니까?

( )

3 다음의 ▲에는 짝수(2, 4, 6, 8······)를 차례대로 넣고 ■에는 홀수(1, 3, 5, 7······)를 차례대로 넣습니다. 이때 다음 식을 만족하는 가장 작은 ▲의 값을 구하시오.

$$▲×2+■>250$$

(   )

문제 해결

4 영선이네 학교 학생들 중 수학을 좋아하는 학생은 전체의 $\frac{1}{4}$ 이고, 수학과 영어를 모두 좋아하지 않는 학생은 전체의 $\frac{7}{12}$ 이고, 수학과 영어를 모두 좋아하는 학생은 전체의 $\frac{1}{6}$입니다. 수학만 좋아하는 학생이 영어만 좋아하는 학생보다 125명 적다면 수학이나 영어 중 한 과목만 좋아하는 학생은 몇 명입니까?

(   )

VII

논리추론

문제해결 영역

5 준수는 300원짜리 지우개와 400원짜리 자를 각각 같은 개수 만큼 사고, 미진이는 지우개와 자를 각각 같은 금액만큼 사서 두 사람은 각자 가지고 있던 돈을 모두 사용했습니다. 준수가 가지고 있던 돈은 40000원보다 적고, 미진이가 가지고 있던 돈의 2배였다면 준수가 가지고 있던 돈은 얼마인지 구하시오.

(   )

생활 속 문제

6 자동차를 타고 가 도시에서 나 도시까지 한 시간에 68.5 km씩 달려서 간 후 나 도시에서 다 도시까지 한 시간에 80 km씩 달려서 갔습니다. 나 도시에서 다 도시까지 가는 데 걸린 시간은 가 도시에서 나 도시까지 가는 데 걸린 시간의 150 %이고 가 도시에서 나 도시를 거쳐 다 도시까지의 거리는 452.4 km입니다. 나 도시에서 다 도시까지 갈 때에는 몇 시간 몇 분 걸렸습니까?

(   )

생활 속 문제

7 희진이와 민서는 각각 구슬을 몇 개씩 가지고 있습니다. 희진이는 자기가 가진 구슬을 똑같이 68묶음으로 나눈 후 그중에서 7묶음을 민서에게 주었더니 민서가 희진이보다 구슬 10개를 더 가지게 되었습니다. 희진이가 처음에 가졌던 구슬이 350개 이상 450개 이하일 때, 처음에 민서가 가졌던 구슬은 몇 개입니까?

(   )

창의·융합

8 어떤 수 □에 대하여 □를 넘지 않는 최대의 정수를 [□] 라는 기호로 나타낸 것을 가우스 기호라고 하며, 가우스 기호는 버림 기호라고도 합니다. $[\frac{㉠}{㉡}]$은 가분수 $\frac{㉠}{㉡}$을 대분수로 고쳤을 때의 자연수 부분을 나타냅니다. 예를 들어 $[\frac{3}{2}]=1$, $[\frac{7}{3}]=2$ 입니다. 다음 식에서 □ 안에 들어갈 수 있는 가장 작은 자연수를 구하시오.

$$[\frac{□×4}{11}]-[\frac{65}{9}]=[\frac{91}{56÷7-3}]$$

(   )

Ⅶ

논리추론 문제해결 영역

❖ 우리 생활 주변에 있는 많은 물건에는 바코드가 기록되어 있습니다. 바코드는 컴퓨터가 판독할 수 있도록 고안된 것으로 굵기가 다른 흑백의 막대로 이루어져 있는 코드입니다. 보통은 13개의 숫자로 이루어지며 처음 세 개의 숫자 880은 한국, 다음의 네 개의 숫자는 제조업자를 나타내고, 그다음 다섯 개의 숫자는 상품을 나타내는 고유번호입니다. 가장 마지막에 있는 숫자는 확인하는 숫자입니다. 다음과 같은 방법으로 바코드를 작성할 때 물음에 답하시오. (**9~11**)

8 801234 56789 □
1   2   3   4

> (홀수 번째 자리 숫자의 합)+(짝수 번째 자리 숫자의 합을 3배한 수)
> =(10의 배수)

9 바코드에서 마지막 자리의 숫자를 제외하고 홀수 번째 자리에 있는 숫자의 합을 구하시오.

( )

10 바코드에서 짝수 번째 자리에 있는 숫자의 합을 3배한 수를 구하시오.

( )

11 □가 될 수 있는 수를 구하시오.

( )

1등급 비밀!

TOP OF THE TOP
초등 수학

최강 TOT

정답과 풀이

5학년

5단계

정답과 풀이

[정답과 풀이]

Ⅰ 수 영역

STEP 1 경시 **기출 유형** 문제   8~9쪽

[주제 학습 1] 8040

1 3076

[확인 문제] [한 번 더 확인]

1-1 630   **1-2** 7884

2-1 $3\dfrac{7}{12}$ **2-2** 97

3-1 12개   **3-2** 12개

---

1 • 곱이 가장 크려면 높은 자리 숫자가 커야 하므로 두 자리 수의 십의 자리 숫자가 5와 4이면 곱을 크게 만들 수 있습니다.
$53 \times 42 = 2226$, $52 \times 43 = 2236$이므로 가장 큰 곱은 2236입니다.
• 곱이 가장 작으려면 높은 자리 숫자가 작아야 하므로 두 자리 수의 십의 자리 숫자가 2와 3이면 곱을 작게 만들 수 있습니다.
$25 \times 34 = 850$, $24 \times 35 = 840$이므로 가장 작은 곱은 840입니다.
따라서 가장 큰 곱과 가장 작은 곱의 합은 $2236 + 840 = 3076$입니다.

[확인 문제] [한 번 더 확인]

1-1 세 자리 수의 백의 자리 숫자가 2 또는 3이면 곱을 크게 만들 수 있습니다.
$210 \times 3 = 630$, $310 \times 2 = 620$이므로 가장 큰 곱은 630입니다.

1-2 곱을 가장 크게 만들 수 있는 수는 6, 7, 8, 9입니다. 세 자리 수의 백의 자리 숫자가 8 또는 9이면 곱을 크게 만들 수 있습니다.
$876 \times 9 = 7884$, $976 \times 8 = 7808$이므로 가장 큰 곱은 7884입니다.

2-1 합이 가장 크려면 가장 큰 분수와 두 번째로 큰 분수의 합을 구합니다.
$1\dfrac{3}{8}\left(=1\dfrac{9}{24}\right) < 1\dfrac{1}{2}\left(=1\dfrac{12}{24}\right) < 1\dfrac{3}{4}\left(=1\dfrac{18}{24}\right) < 1\dfrac{5}{6}\left(=1\dfrac{20}{24}\right)$
따라서 가장 큰 합은
$1\dfrac{5}{6} + 1\dfrac{3}{4} = 1\dfrac{10}{12} + 1\dfrac{9}{12} = 2\dfrac{19}{12} = 3\dfrac{7}{12}$입니다.

2-2 합이 가장 크려면 4, 5, 7, 9로 식을 만들어야 하고 두 자리 수의 십의 자리 숫자가 9, 7이어야 합니다.
$95 + 74 = 169$, $94 + 75 = 169$
합이 가장 작으려면 2, 4, 5, 7로 식을 만들어야 하고 두 자리 수의 십의 자리 숫자가 2, 4이어야 합니다.
$25 + 47 = 72$, $27 + 45 = 72$
따라서 가장 큰 합과 가장 작은 합의 차는
$169 - 72 = 97$입니다.

3-1 홀수가 되려면 일의 자리 숫자가 3 또는 5이어야 합니다.
일의 자리 숫자가 3인 경우: 2453, 2543, 4253, 4523, 5243, 5423 → 6개
일의 자리 숫자가 5인 경우: 2345, 2435, 3245, 3425, 4235, 4325 → 6개
⇨ $6 + 6 = 12$(개)

3-2 짝수가 되려면 일의 자리 숫자가 6 또는 8이어야 합니다.
일의 자리 숫자가 6인 경우: 356, 386, 536, 586, 836, 856 → 6개
일의 자리 숫자가 8인 경우: 358, 368, 538, 568, 638, 658 → 6개
⇨ $6 + 6 = 12$(개)

STEP 1 경시 **기출 유형** 문제   10~11쪽

[주제 학습 2] 500개

1 499개   **2** 11개

[확인 문제] [한 번 더 확인]

1-1 100개   **1-2** 10개

2-1 61   **2-2** 58

3-1 100개   **3-2** 128개

---

1 백의 자리에서 올림하여 5000이 되는 네 자리 수는 4001, 4002, 4003, ……, 5000이고 백의 자리에서 반올림하여 4000이 되는 네 자리 수는 3500, 3501, 3502, ……, 4498, 4499입니다.
두 조건을 모두 만족하는 수는 4001, 4002, 4003, ……, 4498, 4499이므로 네 자리 수는 모두 $4499 - 4001 + 1 = 499$(개)입니다.

2 $\dfrac{7}{8}$과 크기가 같은 분수는

$$\underset{\underbrace{\qquad\qquad}_{12개}}{\dfrac{7}{8}=\dfrac{14}{16}=\dfrac{21}{24}=\dfrac{28}{32}=\cdots\cdots=\dfrac{84}{96}}$$ 입니다.

이 중 분모가 두 자리 수인 분수는 모두 12−1=11(개)
입니다.

[확인 문제] [한 번 더 확인]

1-1 십의 자리에서 반올림한 것이 2200이므로 어떤 자연
수의 범위는 2150 이상 2249 이하입니다.
따라서 어떤 자연수는 모두 2249−2150+1=100(개)
입니다.

1-2 십의 자리에서 반올림한 것이 6500이므로 어떤 자연
수의 범위는 6450 이상 6549 이하입니다.
또한 일의 자리에서 올림한 것이 6500이므로 이 경우
어떤 자연수의 범위는 6491 이상 6500 이하입니다.
따라서 어떤 자연수의 범위는 6491 이상 6500 이하
이므로 모두 6500−6491+1=10(개)입니다.

2-1 ㉮ 이상 ㉯ 이하인 자연수는 ㉯−㉮+1=39(개)이고
㉯는 두 자리 수 중 가장 큰 수이어야 하므로 99가
됩니다.
따라서 ㉮가 될 수 있는 수 중 가장 큰 수는
99−39+1=61입니다.

2-2 ㉮ 초과 ㉯ 미만인 자연수는 ㉯−㉮−1=40(개)입니
다. ㉮가 큰 수가 되려면 ㉯는 두 자리 수 중 가장 큰
수인 99가 되어야 합니다.
따라서 ㉯−㉮=41이므로 ㉮가 될 수 있는 수 중에
서 가장 큰 수는 99−41=58입니다.

> **참고**
>
> ㉮ 초과 ㉯ 미만인 자연수의 개수는 (㉮+1) 이상 (㉯−1)
> 이하인 자연수의 개수와 같습니다.
> ㉯−1−(㉮+1)+1=㉯−1−㉮−1+1=㉯−㉮−1

3-1 $\dfrac{4}{9}$와 크기가 같은 분수는

$$\underset{\underbrace{\qquad\qquad}_{11개}}{\dfrac{4}{9}=\dfrac{8}{18}=\cdots\cdots=\dfrac{44}{99}=\dfrac{48}{108}=\dfrac{52}{117}=\cdots\cdots=\dfrac{444}{999}}$$ 입
니다.
이 중 분모가 세 자리 수인 분수는 모두
111−11=100(개)입니다.

3-2 $\dfrac{2}{7}$와 크기가 같은 분수는

$$\underset{\underbrace{\qquad\qquad}_{14개}}{\overset{\overbrace{\qquad\qquad\qquad}^{142개}}{\dfrac{2}{7}=\dfrac{4}{14}=\cdots\cdots=\dfrac{28}{98}=\dfrac{30}{105}=\dfrac{32}{112}=\cdots\cdots=\dfrac{284}{994}}}$$ 입

니다. 이 중 분모가 세 자리 수인 분수는 모두
142−14=128(개)입니다.

STEP 1 경시 기출 유형 문제　　12~13쪽

[주제 학습 3]　6개

1 1, 2, 3, 4, 6, 8, 12, 16, 24, 32, 48, 96

2 40

[확인 문제] [한 번 더 확인]

1-1 4가지　　　　　**1-2** 3가지

2-1 24　　　　　　**2-2** 2개

3-1 35　　　　　　**3-2** 3개

1 두 수의 공약수는 두 수의 최대공약수의 약수와 같으
므로 96의 약수입니다.
　⇨ 96의 약수: 1, 2, 3, 4, 6, 8, 12, 16, 24, 32,
　　　　　　　　 48, 96

2 두 수의 공약수는 두 수의 최대공약수의 약수와 같으
므로 27의 약수입니다.
27의 약수: 1, 3, 9, 27
따라서 두 수의 공약수들의 합은 1+3+9+27=40
입니다.

[확인 문제] [한 번 더 확인]

1-1 1 m=100 cm이므로 100의 약수를 구합니다.
100의 약수: 1, 2, 4, 5, 10, 20, 25, 50, 100
이 중에서 10 미만인 수는 1, 2, 4, 5이므로 끈 한 개
의 길이가 될 수 있는 경우는 모두 4가지입니다.

1-2 '남김없이 똑같이 나누어 준다'는 나누어떨어진다는
의미이므로 48의 약수를 구합니다.
48의 약수: 1, 2, 3, 4, 6, 8, 12, 16, 24, 48
이 중에서 15 이상인 수는 16, 24, 48이므로 학생들
에게 밤을 나누어 줄 수 있는 방법은 모두 3가지입
니다.

2-1 36과 48의 최대공약수는 12이므로 공약수는 1, 2,
3, 4, 6, 12입니다.
이 중에서 짝수의 합은 2+4+6+12=24입니다.

2-2 두 수의 공약수는 두 수의 최대공약수의 약수와 같으므로 56의 약수입니다.

56의 약수: 1, 2, 4, 7, 8, 14, 28, 56

56의 약수는 8개, 28의 약수는 6개, 14의 약수는 4개, 8의 약수는 4개, 7의 약수는 2개, 4의 약수는 3개, 2의 약수는 2개이므로 약수가 4개인 수는 8과 14로 모두 2개입니다.

3-1 두 수의 공약수의 개수는 두 수의 최대공약수의 약수의 개수와 같습니다. 35의 약수는 1, 5, 7, 35로 4개이므로 어떤 수와 35의 최대공약수는 35입니다.

3-2 두 수의 공약수의 개수는 두 수의 최대공약수의 약수의 개수와 같습니다.

64의 약수: 1, 2, 4, 8, 16, 32, 64

64의 약수는 7개, 32의 약수는 6개, 16의 약수는 5개, 8의 약수는 4개, 4의 약수는 3개, 2의 약수는 2개이므로 64와 어떤 수의 최대공약수는 16입니다.

$$16 \overline{)\ 64\ \square}$$
$$4\ \ \triangle$$

$\triangle=1, 3, 5$일 때 $\square=16, 48, 80$이므로 어떤 두 자리 수가 될 수 있는 수는 16, 48, 80으로 모두 3개입니다.

STEP 1 경시 기출 유형 문제   14~15쪽

[주제 학습 4] 69

1 259   **2** 118

[확인 문제] [한 번 더 확인]

1-1 3바퀴, 2바퀴   **1-2** 48개

2-1 12개   **2-2** 3개

3-1 96   **3-2** 1105

---

1 조건을 만족하는 어떤 수를 $\square$라 하면

$\square \div 8 = \blacktriangle \cdots 3$, $\square \div 11 = \bigstar \cdots 6$입니다.

어떤 수에 5를 더하면 8과 11로 나누어떨어집니다.

$\square + 5$는 8과 11의 공배수가 되고 8과 11의 최소공배수는 88입니다.

$\square + 5 = 88, 176, 264, 352 \cdots$이므로

$\square = 83, 171, 259, 347 \cdots$입니다.

이 중 250에 가장 가까운 수는 259입니다.

2 조건을 만족하는 어떤 수를 $\square$라 하면 $\square \div 3 = \blacktriangle \cdots 1$,

$\square \div 5 = \bigstar \cdots 3$, $\square \div 8 = \bullet \cdots 6$입니다.

어떤 수에 2를 더하면 3, 5, 8로 나누어떨어집니다.

$\square + 2$는 3, 5, 8의 공배수가 되고 3, 5, 8의 최소공배수는 120입니다. $\square + 2 = 120, 240, 360 \cdots$이므로

$\square = 118, 238, 358 \cdots$입니다.

따라서 가장 작은 세 자리 수는 118입니다.

[확인 문제] [한 번 더 확인]

1-1 톱니 수인 16, 24의 최소공배수만큼 톱니가 맞물려야 두 톱니바퀴가 처음 맞물렸던 위치에서 다시 만납니다.

$$2\,\overline{)\ 16\ \ 24}$$
$$2\,\overline{)\ \ 8\ \ 12}$$
$$2\,\overline{)\ \ 4\ \ \ 6}$$
$$2\ \ \ 3$$

최소공배수: $2 \times 2 \times 2 \times 2 \times 3 = 48$

16과 24의 최소공배수가 48이므로 ㉮ 톱니바퀴는 최소한 $48 \div 16 = 3$(바퀴)를, ㉯ 톱니바퀴는 최소한 $48 \div 24 = 2$(바퀴)를 돌아야 합니다.

1-2 처음 맞물렸던 위치에서 다시 만나게 된 것은 ㉰ 톱니바퀴가 4바퀴를 돌았을 때입니다.

$36 \times 4 = 144$이므로 ㉰, ㉱ 톱니 수의 최소공배수는 144입니다.

(㉱ 톱니바퀴의 톱니 수) $\times 3 = 144$이므로 ㉱ 톱니바퀴의 톱니 수는 $144 \div 3 = 48$(개)입니다.

2-1 8과 18의 공배수는 8과 18의 최소공배수의 배수입니다.

$$2\,\overline{)\ 8\ \ 18}$$
$$4\ \ \ 9$$

최소공배수: $2 \times 4 \times 9 = 72$

8과 18의 최소공배수가 72이므로 72의 배수 중 세 자리 수를 찾습니다.

$999 \div 72 = 13 \cdots 63$이고 두 자리 수인 72를 1개 빼야 하므로 모두 $13 - 1 = 12$(개)입니다.

2-2 10과 25의 공배수는 10과 25의 최소공배수의 배수입니다.

$$5\,\overline{)\ 10\ \ 25}$$
$$2\ \ \ 5$$

최소공배수: $5 \times 2 \times 5 = 50$

10과 25의 최소공배수가 50이므로 100보다 크고 300보다 작은 수 중에서 50의 배수를 찾습니다.

150, 200, 250으로 모두 3개입니다.

3-1
$$2\,\overline{)\ 16\ \ 18}$$
$$8\ \ \ 9$$

최소공배수: $2 \times 8 \times 9 = 144$

16과 18의 최소공배수는 144이므로 어떤 수를 $\square$라 하면 $\square \times 12$는 144의 배수입니다.

$\square \times 12 = 144, 288 \cdots$이므로

$\square = 12, 24, 36, \cdots, 96 \cdots$입니다.

따라서 가장 큰 두 자리 수는 96입니다.

3-2 어떤 수는 5와 17의 최소공배수인 85의 배수입니다. 85의 배수 중 가장 작은 세 자리 수는 170이고, 가장 큰 세 자리 수는 935입니다.
따라서 가장 큰 수와 가장 작은 수의 합은
170+935=1105입니다.

STEP 1 경시 기출 유형 문제 　16~17쪽

[주제 학습 5] 　7

1 8

[확인 문제][한 번 더 확인]
1-1 아닙니다에 ○표; 예 일의 자리 숫자가 0, 2, 4, 6, 8이 아니기 때문에 2의 배수가 아닙니다.
1-2 입니다에 ○표; 예 8의 배수는 끝의 세 자리 수가 000이거나 8의 배수인데 472÷8=59로 나누어 떨어지기 때문에 8의 배수입니다.
2-1 4　　　　　　**2-2** 80
3-1 2, 5, 8　　　**3-2** 3, 4, 8

1 9의 배수는 각 자리 숫자의 합이 9의 배수이므로 7+▲+8+4=19+▲는 9의 배수입니다.
19+▲는 27, 36, 45……이고 ▲는 한 자리 수이므로 ▲에 알맞은 숫자는 8입니다.

[확인 문제][한 번 더 확인]
2-1 6의 배수가 되려면 2의 배수이면서 3의 배수이어야 합니다.
2의 배수가 되려면 A는 0, 2, 4, 6, 8 중 하나이어야 하고 3의 배수가 되려면 4+7+9+A=20+A가 3의 배수이어야 하므로 A=4입니다.

2-2 4의 배수가 되려면 끝의 두 자리 수 A2가 4의 배수이어야 하므로 A=1, 3, 5, 7, 9입니다.
만들 수 있는 가장 큰 수는 50692이고 가장 작은 수는 50612입니다.
⇨ 50692-50612=80

3-1 8의 배수가 되려면 25ⓛ이 8의 배수이어야 하므로 ⓛ=6입니다.
㉠3256이 3의 배수가 되려면
㉠+3+2+5+6=㉠+16이 3의 배수이어야 하므로 ㉠=2, 5, 8입니다.
따라서 ㉠에 알맞은 숫자는 2, 5, 8입니다.

3-2 4의 배수가 되려면 8ⓛ이 4의 배수이어야 합니다.
8ⓛ은 80, 84, 88이어야 하므로 ⓛ=0, 4, 8입니다.
• ⓛ=0일 때 ㉠+7+8+0=㉠+15가 9의 배수이어야 하므로 ㉠=3입니다.
• ⓛ=4일 때 ㉠+7+8+4=㉠+19가 9의 배수이어야 하므로 ㉠=8입니다.
• ⓛ=8일 때 ㉠+7+8+8=㉠+23이 9의 배수이므로 ㉠=4입니다.
따라서 ㉠에 알맞은 숫자는 3, 4, 8입니다.

STEP 2 실전 경시 문제 　18~25쪽

1 $4\frac{3}{4}$　　**2** $2\frac{221}{240}$　　**3** 32개
4 68.36　　**5** 40개　　**6** 24개
7 $\frac{13}{60}, \frac{17}{60}, \frac{19}{60}, \frac{23}{60}, \frac{29}{60}, \frac{31}{60}, \frac{37}{60}$
8 10개　　**9** 3개　　**10** 620
11 13개　　**12** 11가지　　**13** 20개
14 12명
15 예

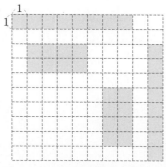

16 18　　**17** 112　　**18** 169
19 4개　　**20** 7번　　**21** 1680
22 8　　**23** 16일　　**24** 158개
25 408　　**26** 4개　　**27** 10개
28 2, 8
29 예 6의 배수는 2의 배수이면서 3의 배수입니다.
2의 배수는 일의 자리 숫자가 0, 2, 4, 6, 8이고, 3의 배수는 각 자리 숫자의 합이 3의 배수가 되어야 합니다. 일의 자리 숫자가 6이므로 2의 배수이고, 5+4+3+2+1+9+8+7+6=45이므로 3의 배수입니다. 따라서 543219876은 6의 배수입니다.
30 5　　　　**31** 4712원

1 계산 결과가 가장 크려면 가분수를 만들어 계산합니다.

$$\frac{9}{3}+\frac{7}{4}=\frac{36}{12}+\frac{21}{12}=\frac{57}{12}=4\frac{9}{12}=4\frac{3}{4}$$

$$\frac{7}{3}+\frac{9}{4}=\frac{28}{12}+\frac{27}{12}=\frac{55}{12}=4\frac{7}{12}$$

따라서 계산 결과가 가장 큰 값은 $4\frac{3}{4}$입니다.

2 계산 결과가 가장 크려면 가장 큰 두 수를 더하고, 가장 작은 수를 빼야 하므로 분수의 크기를 통분하여 비교해 봅니다.

$$2\frac{5}{16}\left(=2\frac{75}{240}\right)<2\frac{3}{8}\left(=2\frac{90}{240}\right)<2\frac{2}{5}\left(=2\frac{96}{240}\right)$$

$$<2\frac{8}{15}\left(=2\frac{128}{240}\right)<2\frac{7}{10}\left(=2\frac{168}{240}\right)$$

따라서 계산 결과가 가장 큰 값은

$$2\frac{7}{10}+2\frac{8}{15}-2\frac{5}{16}=2\frac{168}{240}+2\frac{128}{240}-2\frac{75}{240}=2\frac{221}{240}$$

입니다.

3 한 자리 수: 6, 8 (2개)

두 자리 수: 16, 36, 86, 18, 38, 68 (6개)

세 자리 수: 136, 186, 316, 386, 816, 836, 138, 168, 318, 368, 618, 638 (12개)

네 자리 수: 1386, 1836, 3186, 3816, 8136, 8316, 1368, 1638, 3168, 3618, 6138, 6318 (12개)

따라서 만들 수 있는 짝수는 모두
2+6+12+12=32(개)입니다.

4 두 소수의 곱이 가장 크려면 4, 6, 8, 9로 곱셈식을 만들어야 합니다. 일의 자리에 가장 큰 숫자와 두 번째로 큰 숫자를 넣습니다.

9.6×8.4=80.64, 9.4×8.6=80.84

두 소수의 곱이 가장 작으려면 2, 4, 6, 8로 곱셈식을 만들어야 합니다.

일의 자리에 가장 작은 숫자와 두 번째로 작은 숫자를 넣습니다.

2.6×4.8=12.48, 2.8×4.6=12.88

따라서 가장 큰 곱과 가장 작은 곱의 차는
80.84−12.48=68.36입니다.

5 4의 배수는 끝의 두 자리 수가 00이거나 4의 배수이어야 하는데 숫자 카드 0이 한 장밖에 없으므로 00은 조건에 해당하지 않습니다. 4의 배수가 되는 경우는 끝의 두 자리 수가 08, 20, 28, 52, 56, 60, 68, 80일 때입니다.

08인 경우: 25608, 26508, 52608, 56208, 62508, 65208

20인 경우: 56820, 58620, 65820, 68520, 85620, 86520

28인 경우: 50628, 56028, 60528, 65028

52인 경우: 60852, 68052, 80652, 86052

56인 경우: 20856, 28056, 80256, 82056

60인 경우: 25860, 28560, 52860, 58260, 82560, 85260

68인 경우: 20568, 25068, 50268, 52068

80인 경우: 25680, 26580, 52680, 56280, 62580, 65280

➡ 6+6+4+4+4+6+4+6=40(개)

6 ① 같은 숫자가 3개인 9의 배수: 333, 666, 999

② 같은 숫자가 2개인 9의 배수:

0이 2개인 경우: 900

1이 2개인 경우: 117, 171, 711

2가 2개인 경우: 225, 252, 522

3이 2개인 경우: 333(중복)

4가 2개인 경우: 441, 414, 144

5가 2개인 경우: 558, 585, 855

6이 2개인 경우: 666(중복)

7이 2개인 경우: 774, 747, 477

8이 2개인 경우: 882, 828, 288

9가 2개인 경우: 990, 909, 999(중복)

➡ 3+21=24(개)

> **참고**
> 9의 배수는 각 자리 숫자의 합이 9의 배수입니다.

7 어떤 분수를 $\frac{\square}{60}$라 하면 $\frac{1}{5}<\frac{\square}{60}<\frac{2}{3}$이므로

$\frac{12}{60}<\frac{\square}{60}<\frac{40}{60}$, 12<□<40입니다.

□ 안에 들어갈 수 있는 수는 13, 14, ……, 38, 39
이므로 분모가 60인 기약분수는 $\frac{13}{60}$, $\frac{17}{60}$, $\frac{19}{60}$, $\frac{23}{60}$,

$\frac{29}{60}$, $\frac{31}{60}$, $\frac{37}{60}$입니다.

8 십의 자리에서 반올림하여 2500이 되는 네 자리 수는 2450부터 2549까지의 수입니다.

일의 자리에서 올림하여 2500이 되는 네 자리 수는 2491부터 2500까지의 수입니다.

따라서 두 조건을 만족하는 수는 2491부터 2500까지로 모두 2500−2491+1=10(개)입니다.

9 $\dfrac{1}{5}$과 $\dfrac{7}{12}$을 통분하면 $\dfrac{1}{5}=\dfrac{12}{60}$, $\dfrac{7}{12}=\dfrac{35}{60}$입니다.

$\dfrac{12}{60}$보다 크고 $\dfrac{35}{60}$보다 작은 분수는 $\dfrac{13}{60}$, $\dfrac{14}{60}$, ..., $\dfrac{34}{60}$ 입니다.

이 중에서 분모가 20인 분수는 $\dfrac{5}{20}$, $\dfrac{6}{20}$, $\dfrac{7}{20}$, ..., $\dfrac{11}{20}$

이므로 기약분수는 $\dfrac{7}{20}$, $\dfrac{9}{20}$, $\dfrac{11}{20}$로 모두 3개입니다.

10 A이상 B 미만인 자연수는 B−A=379(개)이고 B는 세 자리 수 중 가장 큰 수이어야 하므로 999가 됩니다. 따라서 A가 될 수 있는 수 중 가장 큰 수는 999−379=620입니다.

11 200 이상 275 이하인 자연수는 275−200+1=76(개) 입니다. ㉠ 초과 ㉡ 미만인 자연수는 ㉡−㉠−1=76(개) 이므로 ㉡−㉠=77(개)가 됩니다.

이 식을 만족하는 두 자리 수 ㉠, ㉡을 찾으면 다음과 같습니다.

㉠	99	98	97	......	87
㉡	22	21	20	......	10

따라서 (㉠, ㉡)은 모두 99−87+1=13(개)입니다.

12 천의 자리와 백의 자리 수가 36, 63, 66일 때 십의 자리에서 반올림하여 3600 이상인 수를 만들 수 있습니다.

천의 자리와 백의 자리 수가 36인 경우:
3633, 3636, 3663, 3666
천의 자리와 백의 자리 수가 63인 경우:
6333, 6336, 6363, 6366
천의 자리와 백의 자리 수가 66인 경우:
6633, 6636, 6663
⇨ 4+4+3=11(가지)

13 북어 두 쾌는 20×2=40(마리), 마늘 한 접은 100개이 므로 40과 100의 최대공약수를 이용합니다.

$$
\begin{array}{r}
2\,\underline{)\,40\ \ 100} \\
2\,\underline{)\,20\ \ \ 50} \\
5\,\underline{)\,10\ \ \ 25} \\
2\ \ \ \ \ 5
\end{array}
$$
최대공약수: 2×2×5=20

40과 100의 최대공약수는 20이므로 최대한 많은 바구니에 남김없이 똑같이 나누어 담으려면 바구니는 20개가 필요합니다.

14 $110\div\square=\blacktriangle\cdots2$
$118\div\square=\star\cdots②$
(②는 원 안의 수만큼 부족하다는 의미입니다.)
학생 수는 108과 120의 공약수입니다.

$$
\begin{array}{r}
2\,\underline{)\,108\ \ 120} \\
2\,\underline{)\ \,54\ \ \ 60} \\
3\,\underline{)\ \,27\ \ \ 30} \\
9\ \ \ \ 10
\end{array}
$$
최대공약수: 2×2×3=12

따라서 최대한 많은 학생들에게 나누어 주었으므로 12명의 학생에게 나누어 주었습니다.

15 정사각형 1개의 크기가 1이므로 창문 1개의 크기는 8이 됩니다.

8의 약수는 1, 2, 4, 8이므로 8이 되는 경우를 곱셈으로 알아보면 1×8, 8×1, 2×4, 4×2로 4가지입니다. 따라서 4가지의 창문을 만들 수 있습니다.

16 65−5=60, 41−5=36, 53−5=48의 공약수를 구합니다.

$$
\begin{array}{r}
2\,\underline{)\,60\ \ 36\ \ 48} \\
2\,\underline{)\,30\ \ 18\ \ 24} \\
3\,\underline{)\,15\ \ \ 9\ \ 12} \\
5\ \ \ \ 3\ \ \ \ 4
\end{array}
$$
최대공약수: 2×2×3=12

60, 36, 48의 최대공약수는 12이므로 60, 36, 48을 모두 나누어떨어지게 하는 수는 12의 약수인 1, 2, 3, 4, 6, 12입니다. 이때 나누는 수는 나머지인 5보다 커야 하므로 어떤 수는 6과 12입니다.
⇨ 6+12=18

17 두 수의 곱이 735이므로 735의 약수는 1, 3, 5, 7, 15, 21, 35, 49, 105, 147, 245, 735로 12개입니다.
두 수의 곱이 735인 수를 짝을 지어 보면 (1×735), (3×245), (5×147), (7×105), (15×49), (21×35) 로 6가지입니다.
이 중에서 최대공약수가 7인 두 수는 (7, 105)와 (21, 35)이고 7+105=112, 21+35=56이므로 두 수의 합이 가장 클 때의 값은 112입니다.

18 약수의 개수가 3개인 수는 1과 자기 자신을 제외한 약수가 1개가 있습니다. 따라서 약수의 개수가 3개가 되려면 소수를 두 번 곱한 수이어야 합니다.
4의 약수: 1, 2, 4
9의 약수: 1, 3, 9
25의 약수: 1, 5, 25

49의 약수: 1, 7, 49
121의 약수: 1, 11, 121
169의 약수: 1, 13, 169
이 중에서 150에 가장 가까운 수이면서 약수가 3개인 수는 169입니다.

참고

약수가 1과 자기 자신 뿐인 수를 소수라고 합니다.
⑩ 2, 3, 5, 7, 11, 13……

19 140의 약수는 1, 2, 4, 5, 7, 10, 14, 20, 28, 35, 70, 140입니다. 이 중에서 2의 배수는 2, 4, 10, 14, 20, 28, 70, 140이고 5의 배수를 제외하면 2, 4, 14, 28로 모두 4개입니다.

20 암스테르담 범선 축제는 5년에 한 번씩, 취리 패쉬트 축제는 3년에 한 번씩 열리므로 5와 3의 최소공배수를 구합니다.
5와 3의 최소공배수는 15이므로 2010년부터 15년마다 두 축제가 동시에 열립니다.
따라서 2010년, 2025년, 2040년, 2055년, 2070년, 2085년, 2100년으로 모두 7번입니다.

21

```
2 ) 40  56
2 ) 20  28    최소공배수: 2×2×2×5×7=280
2 ) 10  14
      5   7
```

280의 배수는 280, 560, 840, 1120……이므로 세 자리 수들의 합은 280+560+840=1680입니다.

22

```
4 ) (어떤 수)  12
        ▲       3
```

4×▲×3=24이므로 12×▲=24, ▲=2입니다.
따라서 어떤 수는 4×2=8입니다.

23 예선이는 7일을 주기로 공부하고, 현진이는 6일을 주기로 공부하므로 7과 6의 최소공배수를 구합니다.
7과 6의 최소공배수는 42이고 42일 동안 쉬는 날은 다음과 같습니다.
예선: 7, 14, 21, 28, 35, 42
현진: 5, 6, 11, 12, 17, 18, 23, 24, 29, 30, 35, 36, 41, 42
예선이와 현진이가 함께 쉬는 날은 35일과 42일로 2번입니다.
따라서 365÷42=8…29이므로 1년 동안 함께 쉬는 날은 2×8=16(일)입니다.

24 세 자리 자연수 중에서 5의 배수는
5×20=100, 5×21=105, ……, 5×199=995이므로 모두 199−20+1=180(개)입니다.
이 중 5와 8의 공배수는 5×24=120, 5×32=160, ……, 5×192=960이고 식을 다시 써 보면 5×8×3=120, 5×8×4=160, ……, 5×8×24=960으로 모두 24−3+1=22(개)입니다.
따라서 5의 배수이지만 8의 배수가 아닌 세 자리 자연수는 모두 180−22=158(개)입니다.

다른 풀이

999÷5=199…4, 99÷5=19…4이므로 세 자리 수인 5의 배수는 199−19=180(개)입니다.
999÷40=24…39, 99÷40=2…19이므로 세 자리 수인 5와 8의 공배수는 24−2=22(개)입니다.
따라서 5의 배수이지만 8의 배수가 아닌 세 자리 자연수는 모두 180−22=158(개)입니다.

25

```
2 ) 56  72
2 ) 28  36    최대공약수: 2×2×2=8
3 ) 14  18
      7   9
```

⇨ {(56★72)△6}△68=(8△6)△68
8과 6의 최소공배수: 24
⇨ (8△6)△68=24△68

```
2 ) 24  68
2 ) 12  34    최소공배수: 2×2×6×17=408
      6  17
```

⇨ 24△68=408

26 70=2×5×7이고 14=2×7이므로 어떤 수는 5, 2×5, 7×5, 2×7×5가 될 수 있습니다.
따라서 어떤 수가 될 수 있는 수는 5, 2×5=10, 7×5=35, 14×5=70으로 모두 4개입니다.

27 12와 □의 최소공배수는 12의 배수, 16과 □의 최소공배수는 16의 배수이므로 □는 12와 16의 공배수입니다.

```
2 ) 12  16
2 )  6   8    최소공배수: 2×2×3×4=48
      3   4
```

12와 16의 최소공배수는 48이므로
□=48, 96, 144……이고 500÷48=10…20입니다.
따라서 □ 안에 들어갈 수 있는 수 중에서 500보다 작은 수는 모두 10개입니다.

28 12의 배수는 3의 배수이면서 4의 배수입니다.
4의 배수가 되려면 끝의 두 자리 수 ♠4가 4의 배수이어야 하므로 ♠=0, 2, 4, 6, 8입니다. 3의 배수가 되려면
8+♠+3+7+1+♠+4=23+2×♠가 3의 배수이어야 합니다.

- ♠=0일 때, 23+2×0=23이므로 3의 배수가 아닙니다.
- ♠=2일 때, 23+2×2=27이므로 3의 배수입니다.
- ♠=4일 때, 23+2×4=31이므로 3의 배수가 아닙니다.
- ♠=6일 때, 23+2×6=35이므로 3의 배수가 아닙니다.
- ♠=8일 때, 23+2×8=39이므로 3의 배수입니다.

따라서 ♠에 알맞은 숫자는 2, 8입니다.

30 55의 배수는 5의 배수이면서 11의 배수입니다.
㉠8971㉡이 5의 배수가 되려면 ㉡은 0 또는 5입니다.
11의 배수가 되려면 ㉠+9+1과 8+7+㉡의 차가 0 또는 11의 배수이어야 합니다. ㉠+10=15+㉡이 되거나 15+㉡−(㉠+10)=11이 되어야 합니다.

- ㉡=0일 때, ㉠+10=15+0에서 ㉠=5입니다.
  15−(㉠+10)=11에서 알맞은 ㉠이 없습니다.
- ㉡=5일 때, ㉠+10=20에서 만족하는 한 자리 수 ㉠이 없습니다. 20−(㉠+10)=11에서 알맞은 ㉠이 없습니다.

⇨ ㉠+㉡=5+0=5

31 ■392▲4는 72의 배수이고 72의 배수는 8의 배수이면서 9의 배수입니다. 먼저 8의 배수가 되려면 끝의 세 자리 수 2▲4가 8의 배수이어야 하므로 ▲는 2 또는 6입니다. 9의 배수가 되려면
■+3+9+2+▲+4=■+▲+18이 9의 배수이어야 합니다.

- ▲=2일 때, ■+2+18=■+20은 9의 배수이므로 ■=7입니다.
- ▲=6일 때, ■+6+18=■+24는 9의 배수이므로 ■=3입니다.

장난감을 판매한 총 금액은 50만 원 미만이므로 339264원입니다. 따라서 구입한 물건 1개의 가격은 339264÷72=4712(원)입니다.

> **주의**
> 72=6×12이므로 6의 배수이면서 12의 배수라고 생각하면 안됩니다. 12의 배수가 모두 72의 배수가 되는 것은 아니기 때문입니다.

STEP 3 코딩 유형 문제 | 26~27쪽

1 (위에서부터) 40, 50, 60, 70, 80, 90, 100
2 예 나머지가 0입니까?
3 2   **4** 35   **5** 3.5

1 2와 5의 공배수를 찾는 규칙입니다. 2와 5의 공배수는 10의 배수와 같으므로 비밀번호 10, 20, 30, 40, 50, 60, 70, 80, 90, 100을 입력하면 됩니다.

2 2의 배수를 판별하기 위해서는 어떤 수를 2로 나누었을 때의 나머지를 확인해야 합니다. 나머지가 0이면 2의 배수이고, 나머지가 1이면 2의 배수가 아닙니다.
따라서 빈 곳에 들어갈 질문은 '나머지가 0입니까?'입니다.

3 소수는 1과 자기 자신으로만 나누어떨어지는 수이므로 약수는 1과 자기 자신뿐입니다.
따라서 소수의 약수는 2개입니다.

4 이동 방향으로 7만큼 5번 반복하여 움직이는 코드입니다. 따라서 이동 방향으로 7의 5배인 35만큼 움직이게 됩니다.

5 "오늘은 좋은 날"을 35초 동안 10번 반복하여 말했습니다. 35는 3.5의 10배를 나타내므로 빈 곳에 알맞은 수는 3.5입니다.

STEP 4 도전! 최상위 문제 | 28~31쪽

1 21	**2** 135	**3** 128
4 2개	**5** 108	**6** 178
7 $\frac{1}{4}$, $\frac{1}{29}$	**8** 61	

1 $0.33 < \frac{\square}{25} < \frac{5}{9}$ 를 통분하여 비교합니다.

$\frac{33}{100} < \frac{\square}{25} < \frac{5}{9}$, $\frac{297}{900} < \frac{36×\square}{900} < \frac{500}{900}$,

$297 < 36×\square < 500$

□ 안에 들어갈 수 있는 수는 9, 10, 11, 12, 13이고 이 중에서 기약분수는 $\frac{9}{25}$, $\frac{11}{25}$, $\frac{12}{25}$, $\frac{13}{25}$입니다.

기약분수의 합은 $\frac{9}{25} + \frac{11}{25} + \frac{12}{25} + \frac{13}{25} = \frac{45}{25} = 1\frac{20}{25}$

이므로 ㉠=1, ㉡=20입니다.
따라서 ㉠+㉡=1+20=21입니다.

정답과 풀이 영역 (수 영역)

2 140=28×5이므로 어떤 수는 28의 약수와 5를 곱한 수입니다.

28의 약수는 1, 2, 4, 7, 14, 28이므로 5를 각각 곱해 보면 5, 10, 20, 35, 70, 140이 됩니다.

따라서 어떤 수가 될 수 있는 수 중 가장 큰 수인 140과 가장 작은 수인 5의 차는 140−5=135입니다.

> **참고**
>
> 28=2×2×7이고 140=2×2×5×7이므로 어떤 수는 5, 5×2, 5×2×2, 5×7, 5×2×7, 5×2×2×7이 될 수 있습니다.

3 96의 약수를 이용하여 $\dfrac{27}{96}=\dfrac{1}{\bigcirc}+\dfrac{1}{\bigcirc}+\dfrac{1}{\bigcirc}$ 을 만족하는 ㉠, ㉡, ㉢을 구합니다. 96의 약수는 1, 2, 3, 4, 6, 8, 12, 16, 24, 32, 48, 96이고, 더해서 27이 되는 서로 다른 세 수를 찾아 봅니다.

① 1+2+24

$$\dfrac{27}{96}=\dfrac{24}{96}+\dfrac{2}{96}+\dfrac{1}{96}=\dfrac{1}{4}+\dfrac{1}{48}+\dfrac{1}{96}$$

② 3+8+16

$$\dfrac{27}{96}=\dfrac{16}{96}+\dfrac{8}{96}+\dfrac{3}{96}=\dfrac{1}{6}+\dfrac{1}{12}+\dfrac{1}{32}$$

따라서 ㉢이 될 수 있는 수는 96과 32이므로 96+32=128입니다.

4 45의 배수는 5의 배수이면서 9의 배수입니다.

6㉠㉡㉠㉡이 5의 배수가 되려면 일의 자리 숫자 ㉡이 0 또는 5이어야 합니다.

(㉠, ㉡)은 (1, 0), (2, 0), (3, 0), (4, 0), (5, 0), (6, 0), (7, 0), (8, 0), (9, 0), (0, 5), (1, 5), (2, 5), (3, 5), (4, 5), (6, 5), (7, 5), (8, 5), (9, 5)입니다.

9의 배수가 되려면 각 자리 숫자의 합이 9의 배수이어야 합니다.

61010 ⇨ 8, 62020 ⇨ 10, 63030 ⇨ 12, 64040 ⇨ 14, 65050 ⇨ 16, 66060 ⇨ 18, 67070 ⇨ 20, 68080 ⇨ 22, 69090 ⇨ 24, 60505 ⇨ 16, 61515 ⇨ 18, 62525 ⇨ 20, 63535 ⇨ 22, 64545 ⇨ 24, 66565 ⇨ 28, 67575 ⇨ 30, 68585 ⇨ 32, 69595 ⇨ 34

따라서 6㉠㉡㉠㉡이 될 수 있는 수는 66060, 61515로 모두 2개입니다.

> **주의**
>
> 45=3×15이므로 3의 배수이면서 15의 배수라고 생각하면 안됩니다. 15의 배수가 모두 45의 배수가 되는 것은 아니기 때문입니다.

5 A−B와 A+B는 18의 배수이고 (A−B)+(A+B)=2A도 18의 배수이므로 A는 9의 배수입니다. A+B의 값은 두 자리 수 A와 한 자리 수 B가 클수록 큽니다.

A=99, B=9일 때 A+B=108이고 A−B=90입니다. 108과 90의 최대공약수가 18인지 확인해 봅니다.

```
2 ) 108   90
3 )  54   45    최대공약수: 2×3×3=18
3 )  18   15
      6    5
```

따라서 108과 90의 최대공약수는 18이므로 A+B의 최댓값은 99+9=108입니다.

6 각 자리 숫자의 합이 10인 서로 다른 세 자연수는 1+2+7, 1+3+6, 1+4+5, 2+3+5이므로 이를 이용하여 만들 수 있는 (두 자리 수)×(한 자리 수)는 다음과 같습니다.

12×7	13×6	14×5	23×5
21×7	31×6	41×5	32×5
17×2	16×3	15×4	25×3
71×2	61×3	51×4	52×3
27×1	36×1	45×1	35×2
72×1	63×1	54×1	53×2

이 중에서 AB×C의 값이 가장 큰 것과 가장 작은 것은 41×5=205, 27×1=27이므로 차는 205−27=178입니다.

7 약분하여 가장 큰 단위분수가 되려면 분모가 32로 나누어떨어지는 가장 작은 수이어야 합니다. 반대로 가장 작은 단위분수가 되려면 분모가 32로 나누어떨어지는 가장 큰 수이어야 합니다.

32의 배수 중 세 자리 수는 128, 160, 192, 224, ……, 928, 960, 992입니다.

따라서 분모가 128일 때 가장 큰 분수가 되고 분모가 928일 때 가장 작은 분수가 됩니다.

(960은 C=0이므로 불가능하고 992는 A=B이므로 불가능합니다.)

$$\Rightarrow \dfrac{32}{128}=\dfrac{1}{4},\ \dfrac{32}{928}=\dfrac{1}{29}$$

8 첫째 줄에는 4와 6의 공배수보다 1 큰 수가 차례로 8개 적혀 있습니다. 4와 6의 최소공배수는 12이므로 공배수는 12, 24, 36, 48, 60, 72, 84, 96……입니다.

따라서 첫째 줄에 적혀 있는 수는 13, 25, 37, 49, 61, 73, 85, 97입니다.

둘째 줄에는 3과 5의 공배수보다 1 큰 수가 차례로 8개 적혀 있습니다. 3과 5의 최소공배수는 15이므로 공배수는 15, 30, 45, 60, 75, 90, 105, 120······입니다.

따라서 둘째 줄에 적혀 있는 수는 16, 31, 46, 61, 76, 91, 106, 121입니다.

셋째 줄에는 2와 10의 공배수보다 1 큰 수가 차례로 8개 적혀 있습니다. 2와 10의 최소공배수는 10이므로 공배수는 10, 20, 30, 40, 50, 60, 70, 80······입니다.

따라서 셋째 줄에 적혀 있는 수는 11, 21, 31, 41, 51, 61, 71, 81입니다.

따라서 각 줄에 공통으로 적혀 있는 수는 61입니다.

특강	영재원·창의융합 문제	32쪽

9 (위에서부터) 1866, 1871, 1884

10 예

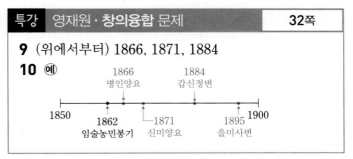

9 · 병인양요: 병인은 60간지의 3번째에 해당하고 임술은 59번째에 해당합니다.
임술년과 병인년은 4년 차이나므로 임술농민봉기의 연도에 4년을 더하면 됩니다.
따라서 $1862+4=1866$(년)입니다.

· 신미양요: 신미는 60간지의 8번째에 해당하고 병인은 3번째에 해당합니다.
병인년과 신미년은 5년 차이나므로 병인양요의 연도에 5년을 더하면 됩니다.
따라서 $1866+5=1871$(년)입니다.

· 갑신정변: 갑신은 60간지의 21번째에 해당하고 신미는 8번째에 해당합니다.
신미년과 갑신년은 13년 차이나므로 신미양요의 연도에 13년을 더하면 됩니다.
따라서 $1871+13=1884$(년)입니다.

10 병인양요, 신미양요, 갑신정변, 을미사변의 연도를 연대표에 작성합니다.

II 연산 영역

STEP 1 경시 기출 유형 문제 | 34~35쪽

[주제 학습 6] $+$, $\times$

1 $\times$, $+$, $\times$ **2** 예 $\times$, $-$, $\times$

[확인 문제] [한 번 더 확인]

1-1 $\times$, $-$; $\times$, $+$ 또는 $\times$, $-$; $+$, $\times$

1-2 $+$, $-$; $\times$, $+$

2-1 96 **2-2** $2\frac{4}{5}\left(=\frac{14}{5}\right)$

3-1 예 $(3+3)\div(3+3)=1$

3-2 예 $4\times(4-4)+4-4=0$

1 □ 안에 ÷ 기호를 넣으면 자연수로 나누어떨어지는 부분이 없으므로 ÷ 기호는 제외시킵니다.
식을 만족하는 연산 기호를 찾아 넣어 봅니다.
$1\times2\times3+4+5+6+7+8\times9=6+22+72=100$
이므로 □ 안에 알맞은 연산 기호는 $\times$, $+$, $\times$입니다.

2 25에서 25를 빼면 0을 만들 수 있습니다.
따라서 $5\times5-5\times5=25-25=0$이므로 □ 안에 알맞은 연산 기호는 $\times$, $-$, $\times$입니다.
그 외에도 $5\div5-5\div5=0$, $5-5+5-5=0$, $5+5-5-5=0$ 등이 가능합니다.

[확인 문제] [한 번 더 확인]

1-1 저울이 수평을 이루려면 양쪽의 계산 결과가 같아야 합니다.
$76\times\frac{1}{2}-2=36$, $2\times17+2=36$

1-2 저울이 수평을 이루려면 양쪽의 계산 결과가 같아야 합니다.
$12+7-4=15$, $\frac{1}{3}\times30+5=15$

2-1 $A\#B=(A+B)\times B$이므로 $4\#8=(4+8)\times8=96$입니다.

2-2 $A\&B=A\times B\div(1+2+\cdots\cdots+B)$이므로
$7\&4=7\times4\div(1+2+3+4)=28\div10=\frac{14}{5}=2\frac{4}{5}$
입니다.

정답과 풀이

3-1 연산 기호를 넣어 보면서 숫자 3을 4번 사용하여 계산 결과가 1이 되는 식을 만듭니다.
따라서 $(3+3) \div (3+3) = 1$, $33 \div 33 = 1$,
$3 \div 3 + 3 - 3 = 1$ 등이 가능합니다.

3-2 연산 기호를 넣어 보면서 숫자 4를 5번 사용하여 계산 결과가 0이 되는 식을 만듭니다.
따라서 $4 \times (4-4) + 4 - 4 = 0$, $4 - 4 + (4-4) \times 4 = 0$ 등이 가능합니다.

STEP 1 경시 기출 유형 문제   36~37쪽

【 주제 학습 7 】 3개

1 9   **2** 13개

【 확인 문제 】【 한 번 더 확인 】

1-1 14   **1-2** 1
2-1 9개   **2-2** 27
3-1 $\dfrac{49}{108}$ **3-2** 85

---

1 $1\dfrac{5}{7} + \dfrac{3}{4} = 1\dfrac{20}{28} + \dfrac{21}{28} = 1\dfrac{41}{28} = 2\dfrac{13}{28}$, $\dfrac{\square}{\overset{4}{12}} \times \overset{1}{3} = \dfrac{\square}{4}$

$2\dfrac{13}{28} > \dfrac{\square}{4}$, $2\dfrac{13}{28} \left(= \dfrac{69}{28}\right) > \dfrac{\square \times 7}{28}$, $69 > \square \times 7$

따라서 $69 > \square \times 7$에서 □ 안에 들어갈 수 있는 자연수는 1, 2, 3, 4, 5, 6, 7, 8, 9이므로 가장 큰 수는 9입니다.

2 $\dfrac{\square}{\overset{3}{6}} \times \overset{1}{2} = \dfrac{\square}{3}$, $3\dfrac{3}{5} + 1 = 4\dfrac{3}{5} = \dfrac{23}{5}$

$\dfrac{\square}{3} < \dfrac{23}{5}$, $\dfrac{\square \times 5}{15} < \dfrac{69}{15}$, $\square \times 5 < 69$

따라서 $\square \times 5 < 69$에서 □ 안에 들어갈 수 있는 자연수는 1, 2, 3, 4, 5, 6, 7, 8, 9, 10, 11, 12, 13이므로 모두 13개입니다.

【 확인 문제 】【 한 번 더 확인 】

1-1 $\dfrac{1}{4} < \dfrac{\square}{6} < 1\dfrac{3}{4} \times \dfrac{1}{2}$, $\dfrac{1}{4} < \dfrac{\square}{6} < \dfrac{7}{8}$,

$\dfrac{6}{24} < \dfrac{\square \times 4}{24} < \dfrac{21}{24}$

$6 < \square \times 4 < 21$이므로 □ 안에 들어갈 수 있는 자연수는 2, 3, 4, 5입니다.
따라서 □ 안에 들어갈 수 있는 자연수의 합은
$2 + 3 + 4 + 5 = 14$입니다.

1-2 $\dfrac{2}{7} < \dfrac{\square}{12} < \dfrac{13}{21}$, $\dfrac{24}{84} < \dfrac{\square \times 7}{84} < \dfrac{52}{84}$

$24 < \square \times 7 < 52$이므로 □ 안에 들어갈 수 있는 자연수는 4, 5, 6, 7입니다.

따라서 기약분수는 $\dfrac{5}{12}$, $\dfrac{7}{12}$이므로 $\dfrac{5}{12} + \dfrac{7}{12} = 1$입니다.

> **참고**
> 기약분수는 분모와 분자의 공약수가 1뿐이어서 더 이상 약분되지 않는 분수입니다.

2-1 2, 8, 7의 최소공배수로 분자를 같게 만듭니다.

$2 \underline{)\; 2 \quad 8 \quad 7}$
$\quad\quad 1 \quad 4 \quad 7$ 최소공배수: $2 \times 1 \times 4 \times 7 = 56$

$\dfrac{2 \times 28}{5 \times 28} < \dfrac{8 \times 7}{\square \times 7} < \dfrac{7 \times 8}{9 \times 8}$, $\dfrac{56}{140} < \dfrac{56}{\square \times 7} < \dfrac{56}{72}$이므로 $72 < \square \times 7 < 140$입니다.

따라서 □ 안에 들어갈 수 있는 자연수는 11, 12, ……, 19이므로 모두 9개입니다.

2-2 3, 12, 10의 최소공배수로 분자를 같게 만듭니다.

$2 \underline{)\; 3 \quad 12 \quad 10}$
$3 \underline{)\; 3 \quad\; 6 \quad\;\; 5}$ 최소공배수: $2 \times 3 \times 1 \times 2 \times 5 = 60$
$\quad\quad 1 \quad\; 2 \quad\;\; 5$

$\dfrac{3 \times 20}{7 \times 20} < \dfrac{12 \times 5}{\square \times 5} < \dfrac{10 \times 6}{13 \times 6}$, $\dfrac{60}{140} < \dfrac{60}{\square \times 5} < \dfrac{60}{78}$ 이므로 $78 < \square \times 5 < 140$입니다.

따라서 □ 안에 들어갈 수 있는 자연수는 16, 17, ……, 27이므로 가장 큰 수는 27입니다.

3-1 4로 약분하기 전의 분수는 $\dfrac{13 \times 4}{25 \times 4} = \dfrac{52}{100}$입니다.

어떤 분수를 $\dfrac{\triangle}{\square}$라 하면 $\dfrac{\triangle + 3}{\square - 8} = \dfrac{52}{100}$입니다.

$\triangle + 3 = 52$, $\square - 8 = 100$이므로 $\triangle = 49$, $\square = 108$입니다. 따라서 어떤 분수는 $\dfrac{49}{108}$입니다.

3-2 5로 약분하기 전의 분수는 $\dfrac{9 \times 5}{20 \times 5} = \dfrac{45}{100}$입니다.

어떤 분수를 $\dfrac{\triangle}{\square}$라 하면 $\dfrac{\triangle + 10}{\square \times 2} = \dfrac{45}{100}$입니다.

$\triangle + 10 = 45$, $\square \times 2 = 100$이므로 $\triangle = 35$, $\square = 50$입니다. 따라서 어떤 분수는 $\dfrac{35}{50}$이므로 분모와 분자의 합은 $35 + 50 = 85$입니다.

STEP 1 경시 기출 유형 문제   38~39쪽

[주제 학습 8] 0

1 5   **2** 6

[확인 문제] [한 번 더 확인]

1-1 5   **1-2** 35개
2-1 15일   **2-2** 24일
3-1 3   **3-2** 4

1 $35×36×37+79875+635$를 $35×36×37$, 79875, 635의 세 부분으로 나누어 봅니다.
- $45=3×3×5$이므로 5가 1번, 3이 2번 곱해져 있는 수이고, $35×36×37=(5×7)×(2×2×3×3)×37$이므로 $35×36×37$은 45의 배수입니다.
- $79875÷45=1775$이므로 79875는 45의 배수입니다.
- $635÷45=14…5$이므로 635를 45로 나누면 5가 남습니다.

따라서 주어진 식을 45로 나누면 나머지는 5입니다.

2 □가 짝수일 경우에 [□]는 항상 0이 되고 □가 홀수일 경우에 [□]는 항상 1이 됩니다.
$[55]+[56]+[57]+……+[64]+[65]$에서 짝수는 5개이고 홀수는 6개이므로
$[55]+[56]+[57]+……+[64]+[65]$
$=0×5+1×6=6$입니다.

[확인 문제] [한 번 더 확인]

1-1 $(㉠×26+38)÷13$에서 $㉠×26$은 13의 배수이므로 나머지가 0입니다. $38÷13$은 몫이 2이고 나머지가 12이므로 $(㉠×26+38)÷13$의 나머지는 12가 됩니다.
몫과 나머지가 같으므로 몫도 12가 됩니다.
따라서 $(㉠×26+38)÷13=12…12$이므로
$㉠×26+38=13×12+12=168$, $㉠×26=130$, $㉠=5$입니다.

1-2 36으로 나누었을 때 나머지가 될 수 있는 수는 0부터 35까지입니다. 그러나 몫과 나머지가 0이라면 어떤 수는 0이므로 자연수가 아닙니다. 따라서 몫과 나머지가 될 수 있는 수는 1부터 35까지 35개이므로 어떤 수도 35개입니다.

2-1 한 명이 하루 동안 하는 일의 양을 1이라 하면 12명이 25일 동안 끝낼 수 있는 일의 양은 $12×25=300$입니다. 따라서 이 일을 20명이 하면
$300÷20=15$(일) 만에 끝낼 수 있습니다.

2-2 한 명이 하루 동안 하는 일의 양을 1이라 하면 30명이 16일 동안 끝낼 수 있는 일의 양은 $30×16=480$입니다. 따라서 이 일을 20명이 하면
$480÷20=24$(일) 만에 끝낼 수 있습니다.

3-1 $5÷6=0.83333……$으로 소수 첫째 자리 숫자가 8이고 소수 둘째 자리부터 3이 반복됩니다.
따라서 몫의 소수 100째 자리 숫자는 3입니다.

3-2 $\dfrac{4}{11}=4÷11=0.363636……$으로 소수 홀수째 자리 숫자는 3이고, 짝수째 자리 숫자는 6입니다.
따라서 소수 499째 자리 숫자는 3이고 소수 500째 자리 숫자는 6이므로 소수 500째 자리에서 반올림하면 소수 499째 자리 숫자는 4입니다.

STEP 1 경시 기출 유형 문제   40~41쪽

[주제 학습 9] 7   **1** 64721

[확인 문제] [한 번 더 확인]

1-1 14   **1-2** 1
2-1 14   **2-2** 17
3-1   **3-2** 18.3

1 만의 자리 계산에서 받아올림한 십만의 자리 숫자는 1이어야 하므로 ㉤=1입니다.
따라서 일의 자리 계산에서 ㉣=㉤+㉤=2이고, 십의 자리 계산에서 ㉡=㉣+㉣=4입니다.
백의 자리 계산에서 ㉢+㉢의 일의 자리 숫자가 4이므로 ㉢=2 또는 ㉢=7입니다.
㉢=2인 경우 ㉣과 중복되므로 ㉢=7입니다.
백의 자리에서 받아올림이 있으므로 천의 자리 계산에서 $1+㉡+㉡=㉥$이고 ㉥=9입니다.
천의 자리 계산에서 받아올림이 없으므로 만의 자리 계산에서 ㉠+㉠=12이고 ㉠=6입니다.
따라서 ㉠=6, ㉡=4, ㉢=7, ㉣=2, ㉤=1, ㉥=9이므로 다섯 자리 수 ㉠㉡㉢㉣㉤은 64721입니다.

[확인 문제] [한 번 더 확인]

1-1 일의 자리 계산에서 D+1=1, D=0입니다.
십의 자리 계산에서 2+C=9, C=9−2=7입니다.
백의 자리 계산에서 B+4=2가 될 수 없으므로 천의
자리로 받아올림이 있습니다. B+4=12, B=12−4=8
천의 자리 계산에서 1+5=A, A=6입니다.
⇨ A+B=6+8=14

1-2 일의 자리 계산에서 7+A=12이므로 A=5입니다.
십의 자리 계산에서 1+B+8=15이므로 B=6입니다.
백의 자리 계산에서 1+5+D=6이므로 D=0입니다.
천의 자리 계산에서 9+C=C0이므로 C=1입니다.
⇨ C+D=1+0=1

2-1 나×8의 일의 자리 숫자가 6이므로 나=2 또는 나=7
입니다.
• 나=2인 경우
2×8=16이므로 일의 자리에 1을 올림해야 합
니다. 1×8+1=9, 다=9인데 가×8=99인 가는
나올 수 없습니다.
• 나=7인 경우
7×8=56이므로 일의 자리에 5를 올림해야 합
니다. 1×8+5=13, 다=3이고, 가×8+1=33에
서 가×8=32, 가=4입니다.
따라서 가=4, 나=7, 다=3이므로
가+나+다=4+7+3=14입니다.

2-2 소수 둘째 자리 숫자 라와 7을 곱하여 일의 자리 숫자
가 4가 되는 경우는 2×7=14뿐이므로 라=2입니다.
소수 첫째 자리에 1을 올림해야 하므로 다×7+1의
일의 자리 숫자가 6이 되는 경우는 5×7+1=36뿐
이어서 다=5입니다.
일의 자리에 3을 올림해야 하므로 나×7+3의 일의
자리 숫자가 2가 되는 경우는 7×7+3=52뿐이므로
나=7입니다.
십의 자리에 5를 올림해야 하므로 가×7+5=26에
서 가×7=21, 가=3입니다.
⇨ 가+나+다+라=3+7+5+2=17

3-1

```
            3 . ㉠
     ┌─────────────
 1 2 )㉡ 7 . ㉢
      ㉣ ㉤
     ─────────
      ㉥ ㉦
     ─────────
      ㉧ ㉨
     ─────────
           0
```

12×3=36이므로 ㉣=3, ㉤=6입니다.
㉡−㉣=0이므로 ㉡−3=0, ㉡=3입니다.
7−㉤=㉥이므로 ㉥=7−6=1입니다.
12×㉠=1㉦이므로 ㉠=1, ㉦=2입니다.
㉢=2이고 12−㉧㉨=0이므로 ㉧=1, ㉨=2입니다.

3-2 2라에 가를 곱하면 26이므로 가=1, 라=6입니다.

```
              1  나 . 다
       ┌──────────────
  2 6 ) 마  바  사 . 나
         2  6
        ────────
         2  1  사
         2  0  나
        ───────────
            바  나
            바  나
        ───────────
               0
```

바−6=1이므로 바=7입니다.

```
              1  나 . 다
       ┌──────────────
  2 6 ) 마  7  사 . 나
         2  6
        ────────
         2  1  사
         2  0  나
        ───────────
            7  나
            7  나
        ───────────
               0
```

마−2=2이므로 마=4입니다.

```
              1  나 . 다
       ┌──────────────
  2 6 ) 4  7  사 . 나
         2  6
        ────────
         2  1  사
         2  0  나
        ───────────
            7  나
            7  나
        ───────────
               0
```

26에 나를 곱하면 20나이므로 나=8입니다.

```
              1  8 . 다
       ┌──────────────
  2 6 ) 4  7  사 . 8
         2  6
        ────────
         2  1  사
         2  0  8
        ───────────
            7  8
            7  8
        ───────────
               0
```

1사−8=7이므로 사=5입니다.

$$26\overline{)475.8} = 18.다$$

```
        1 8 . 다
  2 6 ) 4 7 5 . 8
        2 6
        2 1 5
        2 0 8
            7 8
            7 8
              0
```

26에 다를 곱하면 78이므로 다=3입니다.
따라서 나눗셈의 몫은 18.3입니다.

STEP 2 실전 경시 문제   **42~47쪽**

1 1200   **2** $\dfrac{71}{96}$ **3** 520

4 17   **5** $60\dfrac{1}{4}\left(=\dfrac{241}{4}\right)$

6 (예) $(7\boxed{+}7\boxed{+}7)\div 7\boxed{\times}(7\boxed{-}7)=0$

7 29

8 7   **9** $\dfrac{85}{115}$ **10** $\dfrac{5}{14}$

11 15   **12** $5\dfrac{2}{3}\left(=\dfrac{17}{3}\right)$ **13** 5개

14 34일   **15** 0.28   **16** 15분 후

17 3   **18** 10   **19** 300

20 1260 m   **21** 56   **22** 2.33

23
```
          0 . 6  8
  5 2 ) 3 5 . 3  6
        3 1      2
          4 1  6
          4 1  6
                0
```

24 9.81

1 A◼B=(A+B)×(A−B)

$\Rightarrow 40$◼$20=(40+20)\times(40-20)=60\times 20=1200$

2 $[A]=\dfrac{A}{4\times(A+1)}$

$[1]=\dfrac{1}{4\times 2}=\dfrac{1}{8}$, $[3]=\dfrac{3}{4\times 4}=\dfrac{3}{16}$

$[5]=\dfrac{5}{4\times 6}=\dfrac{5}{24}$, $[7]=\dfrac{7}{4\times 8}=\dfrac{7}{32}$

$\Rightarrow [1]+[3]+[5]+[7]=\dfrac{1}{8}+\dfrac{3}{16}+\dfrac{5}{24}+\dfrac{7}{32}$

$$=\dfrac{12}{96}+\dfrac{18}{96}+\dfrac{20}{96}+\dfrac{21}{96}=\dfrac{71}{96}$$

3 계산한 값이 가장 크려면 가장 큰 수 사이에 ×를 넣고 ÷로 작은 수를 만들어 뺍니다.

가장 큰 값: $32\times 16+8-4\div 2=518$

계산한 값이 가장 작으려면 큰 수들을 나누거나 빼야 합니다.

가장 작은 값: $32\div 16+8-4\times 2=2$,
$32\div 16-8+4\times 2=2$

따라서 계산한 값 중에서 가장 큰 것과 가장 작은 것의 합은 $518+2=520$입니다.

4 $12♣14=\dfrac{12+14}{2}=13$

$13♣15=\dfrac{13+15}{2}=14$

$14♣16=\dfrac{14+16}{2}=15$

$15♣19=\dfrac{15+19}{2}=17$

5 ▶는 어떤 수를 곱하는 기호이므로 38▶19에서 ▶는 $\dfrac{1}{2}$을 곱하는 기호입니다.

▷는 어떤 수를 더하는 기호이므로 19▷51에서 ▷는 32를 더하는 기호입니다.

㉮는 $12\times\dfrac{1}{2}=6$, ㉯는 $51\times\dfrac{1}{2}=\dfrac{51}{2}=25\dfrac{1}{2}$,

㉰는 $57\dfrac{1}{2}\times\dfrac{1}{2}=\dfrac{115}{2}\times\dfrac{1}{2}=\dfrac{115}{4}=28\dfrac{3}{4}$입니다.

$\Rightarrow ㉮+㉯+㉰=6+25\dfrac{1}{2}+28\dfrac{3}{4}=6+25\dfrac{2}{4}+28\dfrac{3}{4}$

$$=60\dfrac{1}{4}$$

6 $(7+7+7)\div 7\times(7-7)=0$, $7-7+7-7+7-7=0$ 등이 가능합니다.

7 $1\dfrac{1}{4}\times\dfrac{1}{2}=\dfrac{5}{4}\times\dfrac{1}{2}=\dfrac{5}{8}$이므로 $\dfrac{5}{8}<\dfrac{11}{\square}<1$입니다.

분자를 5와 11의 최소공배수인 55로 만듭니다.

$\dfrac{5\times 11}{8\times 11}<\dfrac{11\times 5}{\square\times 5}<\dfrac{55}{55}$, $\dfrac{55}{88}<\dfrac{55}{\square\times 5}<\dfrac{55}{55}$이므로 $55<\square\times 5<88$입니다.

따라서 □ 안에 들어갈 수 있는 자연수는 12, 13, 14, 15, 16, 17이므로 가장 큰 수와 가장 작은 수의 합은 17+12=29입니다.

8 □는 분모 9보다 클 수 없으므로 □ 안에 들어갈 수 있는 자연수는 1부터 8까지의 수입니다.

$5\dfrac{\square}{9} \div 4 \times 27 = \dfrac{45+\square}{9} \times \dfrac{1}{4} \times \overset{3}{\underset{1}{27}} = \dfrac{45+\square}{4} \times 3$이므로 45+□는 4의 배수이어야 합니다.

□ 안에 1부터 8까지의 자연수를 넣어 4의 배수가 되는 경우는 45+3=48, 45+7=52입니다.

따라서 계산 결과가 가장 큰 자연수가 될 때 □ 안에 알맞은 수는 7입니다.

9 약분하기 전 분수의 분모와 분자의 최대공약수를 ■라 하면 처음 분수는 $\dfrac{9 \times \blacksquare - 5}{10 \times \blacksquare + 15}$입니다.

처음 분수의 분모와 분자의 차가 30이므로
$10 \times \blacksquare + 15 - (9 \times \blacksquare - 5) = \blacksquare + 20 = 30$, ■=10입니다.

따라서 처음 분수는 $\dfrac{9 \times 10 - 5}{10 \times 10 + 15} = \dfrac{85}{115}$입니다.

10 어떤 분수를 $\dfrac{\blacktriangle}{\blacksquare}$라 하면 $\dfrac{\blacktriangle + 2}{\blacksquare} = \dfrac{1}{2}$, $\dfrac{\blacktriangle - 3}{\blacksquare} = \dfrac{1}{7}$입니다.

(▲+2)×2=■, (▲−3)×7=■이므로
(▲+2)×2=(▲−3)×7입니다.
▲×2+2×2=▲×7−3×7, 25=▲×5, ▲=5이므로
■=(5+2)×2=14입니다.

따라서 어떤 분수는 $\dfrac{5}{14}$입니다.

다른 풀이

약분하기 전의 분수의 분모는 어떤 분수의 분모와 같으므로 $\dfrac{1}{2}$과 $\dfrac{1}{7}$을 통분하면 $\dfrac{7}{14}$, $\dfrac{2}{14}$입니다.

분자에 2를 더한 분수와 분자에서 3을 뺀 분수의 분자의 차는 5입니다.

$\dfrac{7}{14}$과 $\dfrac{2}{14}$의 분자의 차가 5이므로 각각 약분하기 전의 분수가 됩니다.

따라서 어떤 분수는 $\dfrac{7-2}{14} = \dfrac{2+3}{14} = \dfrac{5}{14}$입니다.

11 각각의 분수에 40을 곱해 봅니다.
$\dfrac{\square}{8} \times 40 = \square \times 5$, $\dfrac{3}{\square} \times 40 = \dfrac{120}{\square}$이 모두 자연수가 되려면 □는 120의 약수이어야 합니다.

□는 1, 2, 3, 4, 5, 6, 8, 10, 12, 15, 20, 24, 30, 40, 60, 120이 가능합니다.

그러나 $\dfrac{\square}{8}$와 $\dfrac{3}{\square}$이 모두 진분수이어야 하므로 □는 3보다 크고 8보다 작아야 합니다.

따라서 □ 안에 공통으로 들어갈 수 있는 수는 4, 5, 6이므로 합은 4+5+6=15입니다.

12 A>B이므로 $\dfrac{B}{A}$는 1보다 작고, $3 < \dfrac{B}{A} + \dfrac{A}{B}$를 만족하려면 $\dfrac{A}{B}$는 2보다 커야 합니다.

가능한 $\dfrac{A}{B}$는 $\dfrac{7}{3}$, $\dfrac{8}{3}$, $\dfrac{9}{3}$, $\dfrac{9}{4}$이므로 각각의 경우의 $\dfrac{B}{A} + \dfrac{A}{B}$의 값을 구해 봅니다.

$\dfrac{3}{7} + \dfrac{7}{3} = \dfrac{9}{21} + \dfrac{49}{21} = \dfrac{58}{21} = 2\dfrac{16}{21} < 3\ (\times)$

$\dfrac{3}{8} + \dfrac{8}{3} = \dfrac{9}{24} + \dfrac{64}{24} = \dfrac{73}{24} = 3\dfrac{1}{24} > 3\ (\bigcirc)$

$\dfrac{3}{9} + \dfrac{9}{3} = \dfrac{1}{3} + 3 = 3\dfrac{1}{3} > 3\ (\bigcirc)$

$\dfrac{4}{9} + \dfrac{9}{4} = \dfrac{16}{36} + \dfrac{81}{36} = \dfrac{97}{36} = 2\dfrac{25}{36} < 3\ (\times)$

따라서 조건을 만족하는 $\dfrac{A}{B}$는 $\dfrac{8}{3}$, $\dfrac{9}{3}$이므로 모두 더하면 $\dfrac{8}{3} + \dfrac{9}{3} = \dfrac{17}{3} = 5\dfrac{2}{3}$입니다.

13 $\dfrac{9}{9} \div 1 = \dfrac{9}{9} = 1$, $\dfrac{8}{9} \div 2 = \dfrac{4}{9} = 0.444\cdots$,

$\dfrac{7}{9} \div 3 = \dfrac{7}{27} = 0.259\cdots$, $\dfrac{6}{9} \div 4 = \dfrac{1}{6} = 0.166\cdots$,

$\dfrac{5}{9} \div 5 = \dfrac{1}{9} = 0.111\cdots$, $\dfrac{4}{9} \div 6 = \dfrac{2}{27} = 0.074\cdots$,

$\dfrac{3}{9} \div 7 = \dfrac{1}{21} = 0.047\cdots$, $\dfrac{2}{9} \div 8 = \dfrac{1}{36} = 0.027\cdots$,

$\dfrac{1}{9} \div 9 = \dfrac{1}{81} = 0.012\cdots$

몫이 0.1보다 큰 것은 $\dfrac{9}{9} \div 1$, $\dfrac{8}{9} \div 2$, $\dfrac{7}{9} \div 3$, $\dfrac{6}{9} \div 4$, $\dfrac{5}{9} \div 5$로 모두 5개입니다.

14 기계 한 대로 하루에 만들 수 있는 학용품의 양을 □라 하면 $□×5×10=400$이므로 $□×50=400$, $□=400÷50=8$입니다.

따라서 기계 11대로 학용품을 2992상자 만들려면 $2992÷8÷11=34$(일)이 걸립니다.

15 $\dfrac{5}{18}=5÷18=0.27777……$,

$\dfrac{11}{24}=11÷24=0.45833……$

소수 다섯째 자리 숫자는 각각 7과 3이므로 큰 것은

$\dfrac{5}{18}=0.27777……$이고 반올림하여 소수 둘째 자리까지 나타내면 0.28입니다.

16 달리기 연습을 하는 볼트의 빠르기는 초당 10 m이므로 1분에 $10×60=600$ (m)를 달립니다. 10분이 지났을 때 볼트와 코치 사이의 거리는 $600×10=6000$ (m)만큼 차이가 나고 코치와 볼트는 1분에 $1000-600=400$ (m)씩 가까워집니다.

따라서 $6000÷400=15$이므로 코치가 출발한 지 15분 후에 두 사람이 만나게 됩니다.

참고

'100 m를 9.58초에 달린 세계 신기록을 가지고 있습니다.' 는 불필요한 정보입니다. 문제 해결을 위해 필요한 정보는 달리기 연습을 하는 볼트의 빠르기가 초당 10 m로 일정하다는 것과 코치가 자전거로 1분에 1 km의 일정한 빠르기로 뒤따라가는 것, 볼트가 출발한 지 10분 후에 코치가 출발한다는 것입니다.

17 $\dfrac{⑦}{4}$와 $\dfrac{⑭}{6}$는 분자가 1이 아닌 기약분수이므로 ⑦는 3, ⑭는 5입니다.

$\dfrac{⑭}{6}-\dfrac{⑦}{4}=\dfrac{5}{6}-\dfrac{3}{4}=\dfrac{10}{12}-\dfrac{9}{12}=\dfrac{1}{12}$

$1÷12=0.08333……$으로 소수 셋째 자리부터 3이 반복됩니다.

따라서 소수 10째 자리 숫자는 3입니다.

18 주어진 식을 두 부분으로 나누어 봅니다.
- $10+(10×11)+(10×11×12)$에서 더하기 연산으로 연결된 각각의 식을 13으로 나누었을 때의 나머지는 10, 6, 7이므로 나머지의 합은 $10+6+7=23$ 인데 23에서 13을 1번 뺄 수 있으므로 나머지는 10 입니다.

- $(10×11×12×13)+……+(10×11×12×……×30)$ 에서 더하기 연산으로 연결된 각각의 식이 모두 13의 배수이므로 나머지는 0입니다.

따라서 주어진 식을 13으로 나누면 나머지는 $10+0=10$ 입니다.

19 50부터 150까지의 자연수를 각각 7로 나눈 나머지를 차례로 쓰면 1, 2, 3, 4, 5, 6, 0, 1, 2, 3, ……, 1, 2, 3 입니다. 따라서 나머지의 합은
$(1+2+3+4+5+6)×14+1+2+3=294+6=300$ 입니다.

20

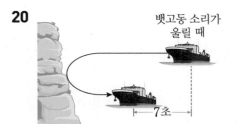

뱃고동 소리가 울릴 때

7초

뱃고동 소리는 1초에 340 m씩 7초를 움직였으므로 소리가 움직인 거리는 $340×7=2380$ (m)입니다.

그런데 이 시간 동안 쾌속선 또한 움직였습니다.

1시간$=3600$초, 72 km$=72000$ m이므로 쾌속선이 7 초 동안 움직인 거리는 $72000÷3600×7=140$ (m)입니다.

따라서 뱃고동을 울렸을 때의 배와 암벽 사이의 거리는 $(2380+140)÷2=1260$ (m)입니다.

21 ⑭$×4$의 일의 자리 숫자가 2이므로 ⑭는 3 또는 8입니다. 곱해지는 수의 십의 자리 숫자 2와 곱하는 수인 4의 곱은 $2×4=$⑮이므로 ⑮$=8$입니다.

일의 자리에서 십의 자리로 올림한 수가 없으므로 ⑦ 는 1 또는 2입니다.

⑭$×4$는 짝수이고 ⑭$×4+3$은 홀수이므로 ⑦는 1입니다. ⑭$×4+3$의 일의 자리 숫자가 1이므로 ⑭는 2 또는 7입니다. ⑭$=2$일 때 식이 성립하지 않고 ⑭$=7$일 때 식이 성립합니다.

따라서 ⑦$=1$, ⑭$=7$, ⑮$=8$이므로 ⑦$×$⑭$×$⑮$=1×7×8=56$입니다.

22 □$×4$의 일의 자리 숫자가 8이므로 □는 2 또는 7입니다.
- □$=2$일 때 $42×24=1008$이므로 식이 성립하지 않습니다.
- □$=7$일 때 $47×74=3478$이므로 △$=3$입니다.
⇨ □$÷△=7÷3=2.333……$이므로 반올림하여 소수 둘째 자리까지 나타내면 2.33입니다.

23

$$\begin{array}{r} \boxed{\text{ㄱ}}.6\,\boxed{\text{ㄴ}} \\ 52\,\overline{)\boxed{\text{ㄷ}}\,\boxed{\text{ㄹ}}.\boxed{\text{ㅁ}}\,6} \\ \boxed{\text{ㅂ}}\,\boxed{\text{ㅅ}}\,2 \\ \hline 4\,\boxed{\text{ㅇ}}\,\boxed{\text{ㅈ}} \\ 4\,\boxed{\text{ㅊ}}\,\boxed{\text{ㅋ}} \\ \hline 0 \end{array}$$

52×6=312이므로 ㅂ=3, ㅅ=1입니다.

$$\begin{array}{r} \boxed{\text{ㄱ}}.6\,\boxed{\text{ㄴ}} \\ 52\,\overline{)\boxed{\text{ㄷ}}\,\boxed{\text{ㄹ}}.\boxed{\text{ㅁ}}\,6} \\ 3\,1\,2 \\ \hline 4\,\boxed{\text{ㅇ}}\,\boxed{\text{ㅈ}} \\ 4\,\boxed{\text{ㅊ}}\,\boxed{\text{ㅋ}} \\ \hline 0 \end{array}$$

ㅈ=6이므로 ㅋ=6입니다.
52×ㄴ=4ㅈ6을 만족하는 ㄴ=8이고 ㅊ=1입니다.
ㅊ=1이므로 ㅇ=1입니다.

$$\begin{array}{r} \boxed{\text{ㄱ}}.6\,8 \\ 52\,\overline{)\boxed{\text{ㄷ}}\,\boxed{\text{ㄹ}}.\boxed{\text{ㅁ}}\,6} \\ 3\,1\,2 \\ \hline 4\,1\,6 \\ 4\,1\,6 \\ \hline 0 \end{array}$$

ㅁ−2=1이므로 ㅁ=3입니다.
ㄹ−1=4이므로 ㄹ=1+4=5입니다.
ㄷ−3=0이므로 ㄷ=3입니다.
나눌 수의 자연수 부분인 35는 52보다 작으므로
ㄱ=0입니다.

24 0.A×0.A=0.BC에서 같은 수를 2번 곱하여 두 자리 수가 되는 수는 4×4=16, 5×5=25, 6×6=36, ……, 9×9=81입니다.
BC÷A=9에서 BC는 A의 9배이므로 A=9, B=8, C=1입니다.
따라서 A.BC는 9.81입니다.

1 $A=\dfrac{3}{4}$, $B=\dfrac{1}{3}$

1회 출력값: $A\blacklozenge B=\left(\dfrac{3}{4}+\dfrac{1}{3}\right)-\dfrac{3}{4}\times\dfrac{1}{3}$

$$=\left(\dfrac{9}{12}+\dfrac{4}{12}\right)-\dfrac{1}{4}$$

$$=\dfrac{13}{12}-\dfrac{3}{12}$$

$$=\dfrac{10}{12}=\dfrac{5}{6}$$

2회 출력값: $A\blacklozenge B=\left(\dfrac{5}{6}+\dfrac{1}{3}\right)-\dfrac{5}{6}\times\dfrac{1}{3}$

$$=\left(\dfrac{5}{6}+\dfrac{2}{6}\right)-\dfrac{5}{18}$$

$$=\dfrac{7}{6}-\dfrac{5}{18}=\dfrac{21}{18}-\dfrac{5}{18}$$

$$=\dfrac{16}{18}=\dfrac{8}{9}$$

2 A=1, B=20
1회 출력값: A★B=1×20÷2=10
2회 출력값: A★B=10×20÷2=100
3회 출력값: A★B=100×20÷2=1000
4회 출력값: A★B=1000×20÷2=10000
5회 출력값: A★B=10000×20÷2=100000

3 27.3/3은 27.3÷3=9.1입니다.
이것을 10번 반복하였으므로 이동 방향으로
9.1×10=91만큼 움직였습니다.

4 □ 안에 들어갈 수 있는 2의 배수는 2, 4, 6, 8, 10입니다.
출력되는 값은 2÷2=1, 4÷2=2, 6÷2=3,
8÷2=4, 10÷2=5입니다.
따라서 출력되는 값의 합은 1+2+3+4+5=15입니다.

STEP **3** 코딩 유형 문제	48~49쪽

1 $\dfrac{8}{9}$　　　**2** 100000

3 91　　　**4** 15

STEP **4** 도전! 최상위 문제	50~53쪽

1 15　　**2** 18　　**3** 4
4 4가지　　**5** 300 m　　**6** 27232
7 16개　　**8** 14

1 3, 7, 9, 6의 최소공배수로 분자를 같게 만듭니다.
3과 7의 최소공배수는 21이고, 9와 6의 최소공배수는 18이므로 21과 18의 최소공배수를 구합니다.

$$3\,\underline{)\;21\;\;18}$$
$$\;\;7\;\;\;6 \quad\text{최소공배수: } 3\times7\times6=126$$

$\dfrac{3}{8}=\dfrac{3\times42}{8\times42}=\dfrac{126}{336}$, $\dfrac{7}{㉠}=\dfrac{7\times18}{㉠\times18}=\dfrac{126}{㉠\times18}$,

$\dfrac{9}{10}=\dfrac{9\times14}{10\times14}=\dfrac{126}{140}$, $\dfrac{6}{㉡}=\dfrac{6\times21}{㉡\times21}=\dfrac{126}{㉡\times21}$,

$\dfrac{7}{3}=\dfrac{7\times18}{3\times18}=\dfrac{126}{54}$

$\dfrac{126}{336}<\dfrac{126}{㉠\times18}<\dfrac{126}{140}$이므로 $140<㉠\times18<336$이고 $㉠=8, 9, \cdots\cdots, 18$입니다.

$\dfrac{126}{140}<\dfrac{126}{㉡\times21}<\dfrac{126}{54}$이므로 $54<㉡\times21<140$이고 $㉡=3, 4, 5, 6$입니다.

따라서 ㉠와 ㉡의 차가 가장 클 때는 $㉠=18$, $㉡=3$일 때이고, 차는 $18-3=15$입니다.

2 $21=3\times7$이므로 3이 1번, 7이 1번 곱해져 있는 수입니다.
- ㉠을 두 부분으로 나누어 봅니다.
  ① $1\times2\times3\times4\times\cdots\cdots\times20$에 3과 7이 곱해져 있으므로 21의 배수이고 나머지는 0입니다.
  ② $56328\div21=2682\cdots6$이므로 56328을 21로 나누면 나머지는 6입니다.
  ➡ ㉠의 나머지는 $0+6=6$입니다.
- ㉡을 두 부분으로 나누어 봅니다.
  ① $1+(1\times2)+(1\times2\times3)+(1\times2\times3\times4)$ $+(1\times2\times3\times4\times5)+(1\times2\times3\times4\times5\times6)$에서 더하기 연산으로 연결된 각각의 식을 21로 나누면 나머지의 합은 $1+2+6+3+15+6=33$이고 33에서 21을 한 번 더 뺄 수 있으므로 나머지는 12입니다.
  ② $(1\times2\times3\times\cdots\cdots\times7)+(1\times2\times3\times\cdots\cdots\times8)+$ $\cdots\cdots+(1\times2\times3\times\cdots\cdots\times100)$에서 더하기 연산으로 연결된 각각의 식에 3과 7이 곱해져 있으므로 모두 21의 배수이고 나머지는 0입니다.
  ➡ ㉡의 나머지는 $12+0=12$입니다.
- $1+2+3+\cdots\cdots+62=63\times31=21\times3\times31$이므로 21의 배수이고 나머지는 0입니다.

따라서 ㉠, ㉡, ㉢의 식을 각각 21로 나누었을 때의 나머지의 합은 $6+12+0=18$입니다.

3 $㉠\times3+㉡+㉢=100$에서 ㉠에 각각의 숫자를 넣어 봅니다.
$㉠=15$일 때 $45+㉡+㉢=100$, $㉡+㉢=55$인데 주어진 수 중 합이 55인 수가 없으므로 ㉠는 15가 아닙니다.
$㉠=16$일 때 $48+㉡+㉢=100$, $㉡+㉢=52$인데 주어진 수 중 합이 52인 수가 없으므로 ㉠는 16이 아닙니다.
$㉠=23$일 때 $69+㉡+㉢=100$, $㉡+㉢=31$이므로 ㉡와 ㉢는 15, 16 중 하나입니다.
- ㉡$=15$일 때 ㉢는 16이고 $㉠+㉡\times2+㉣=80$에서 $23+30+㉣=80$이므로 $㉣=27$입니다.
- ㉡$=16$일 때 ㉢는 15이고 $㉠+㉡\times2+㉣=80$에서 $23+32+㉣=80$이므로 $㉣=25$이므로 조건을 만족하지 않습니다.

$㉠=27$일 때 $81+㉡+㉢=100$, $㉡+㉢=19$인데 주어진 수 중 합이 19인 수가 없으므로 ㉠는 27이 아닙니다.
따라서 $㉠=23$, $㉡=15$, $㉢=16$, $㉣=27$이고
$(㉣-㉠)\times(㉢-㉡)=(27-23)\times(16-15)=4\times1=4$입니다.

4 $AB @ CD=A\times B\times20+C\times D$
각 자리 숫자가 2 또는 3으로 이루어진 두 자리 수는 22, 23, 32, 33으로 4가지입니다.
이 수들 중에서 기호 왼쪽의 수가 오른쪽의 수보다 작은 경우만 구해 봅니다.
$22 @ 23=2\times2\times20+2\times3=86$,
$22 @ 32=2\times2\times20+3\times2=86$,
$22 @ 33=2\times2\times20+3\times3=89$,
$23 @ 32=2\times3\times20+3\times2=126$,
$23 @ 33=2\times3\times20+3\times3=129$,
$32 @ 33=3\times2\times20+3\times3=129$
따라서 나올 수 있는 값은 86, 89, 126, 129로 모두 4가지입니다.

5 1시간$=3600$초이고 $306\text{ km}=306000\text{ m}$이므로 고속 열차는 1초에 $306000\div3600=85\text{ (m)}$를 달립니다.
고속 열차가 터널을 완전히 통과하는 데 20초가 걸렸으므로 $1400+(\text{기차의 길이})=85\times20=1700$입니다.
따라서 고속 열차의 길이는 $1700-1400=300\text{ (m)}$입니다.

6 $ABCD.E\div4=ECEA.D$이므로
$ABCDE\div4=ECEAD$입니다.

나눌 수와 몫의 자릿수가 같으므로 A를 4로 나눈 몫인
E는 1 또는 2가 됩니다.
E=1이면 나눌 수 ABCDE가 4로 나누어떨어지지
않으므로 E=2입니다.
ABCD2÷4=2C2AD를 곱셈식으로 바꾸면 다음과
같습니다.

$$\begin{array}{r} 2\ C\ 2\ A\ D \\ \times \qquad\qquad 4 \\ \hline A\ B\ C\ D\ 2 \end{array}$$

4와 곱하여 일의 자리 숫자가 2인 수는 3과 8이므로
D=3 또는 D=8입니다.
ABCD2의 끝의 두 자리 수인 D2가 4의 배수이어야
하므로 가능한 D2는 12, 32, 52, 72, 92입니다.
그러므로 D=3입니다.
일의 자리에서 십의 자리로 올림한 수가 1이므로
A×4+1의 일의 자리 숫자는 3입니다. A는 3 또는 8
이어야 하는데 D=3이므로 A=8입니다.
십의 자리에서 백의 자리로 올림한 수가 3이므로
2×4+3=11에서 C=1입니다.
백의 자리에서 천의 자리로 올림한 수가 1이므로
B=1×4+1=5입니다.
따라서 A=8, B=5, C=1, D=3, E=2이고
ABC×DE=851×32=27232입니다.

7 143=11×13이고 A는 두 자리 자연수이므로 분모 B
는 143의 약수가 되어야 합니다.

$143 \times \dfrac{1}{11} = 13$, $143 \times \dfrac{2}{11} = 26$,

$143 \times \dfrac{3}{11} = 39$, $143 \times \dfrac{4}{11} = 52$,

$143 \times \dfrac{5}{11} = 65$, $143 \times \dfrac{6}{11} = 78$,

$143 \times \dfrac{7}{11} = 91$, $143 \times \dfrac{1}{13} = 11$,

$143 \times \dfrac{2}{13} = 22$, $143 \times \dfrac{3}{13} = 33$,

$143 \times \dfrac{4}{13} = 44$, $143 \times \dfrac{5}{13} = 55$,

$143 \times \dfrac{6}{13} = 66$, $143 \times \dfrac{7}{13} = 77$,

$143 \times \dfrac{8}{13} = 88$, $143 \times \dfrac{9}{13} = 99$

따라서 A가 될 수 있는 수는 모두 7+9=16(개)입니다.

8 1부터 9까지의 합은 1+2+3+……+9=45입니다.

따라서 가로, 세로, 대각선으로 배열된 세 수의 합은
45÷3=15입니다.
세 수의 합이 15가 되는 경우는 다음과 같습니다.
(1, 5, 9), (1, 6, 8), (2, 4, 9), (2, 5, 8), (2, 6, 7),
(3, 4, 8), (3, 5, 7), (4, 5, 6)
9가 포함된 (1, 5, 9), (2, 4, 9)를 먼저 배열하여 조건
에 맞는 마방진을 만들면 다음과 같습니다.

2	9	4
7	5	3
6	1	8

4	9	2
3	5	7
8	1	6

따라서 ㉠에 들어갈 수 있는 수의 합은 6+8=14입니다.

> **참고**
>
> **3×3 마방진에서 한 가운데 놓이는 수 구하기**
>
> | a | b | c |
> |---|---|---|
> | d | e | f |
> | g | h | i |
>
> 1부터 9까지의 수로 가로, 세로, 대각선의 합
> 이 같은 마방진을 만들 때 가운데에 놓이는
> 수를 e라고 합니다.
>
> a+e+i=b+e+h=c+e+g=d+e+f이고 e는 공통
> 이므로 a+i=b+h=c+g=d+f입니다.
> 1부터 9까지의 수 중에서 합이 같은 두 수를 찾아봅니다.
> ① 1+9=2+8=3+7=4+6
> ② 2+9=3+8=4+7=5+6
> ③ 1+8=2+7=3+6=4+5
> ①, ②, ③의 경우에 사용되지 않은 수는 각각 5, 1, 9이므
> 로 5, 1, 9를 각각 더한 결과는 15, 12, 18입니다.
> 그런데 가로, 세로, 대각선의 합이 같아야 하므로 같은 줄에
> 놓인 세 수의 합은 (1+2+……+9)÷3=45÷3=15입니다.
> 따라서 e에 놓이는 수는 1부터 9까지의 수 중에서 가운데
> 수인 5입니다.

특강 | 영재원 · 창의융합 문제 | **54쪽**

9 예) $1 \times 2 + \dfrac{1}{2} \times 4 + \dfrac{1}{3} \times 6 + \dfrac{1}{4} \times 4$

10 예) $1 \times 2 + \dfrac{1}{2} \times 4 + \dfrac{1}{3} \times 6 + \dfrac{1}{4} \times 8 + \dfrac{1}{5} \times 5$

11 2

11 $1 \times 2 + \dfrac{1}{2} \times 4 + \dfrac{1}{3} \times 6 + \dfrac{1}{4} \times 8 + \dfrac{1}{5} \times 5$

$$- \left(1 \times 2 + \dfrac{1}{2} \times 4 + \dfrac{1}{3} \times 6 + \dfrac{1}{4} \times 4 \right)$$

$$= \dfrac{1}{4} \times 4 + \dfrac{1}{5} \times 5 = 1 + 1 = 2$$

Ⅲ 도형 영역

STEP 1 경시 **기출 유형** 문제   56~57쪽

[주제 학습 10] 16개   **1** 28개

[확인 문제] [한 번 더 확인]

1-1 2가지   **1-2** 4가지

2-1 예   **2-2**   **3-1**   **3-2**

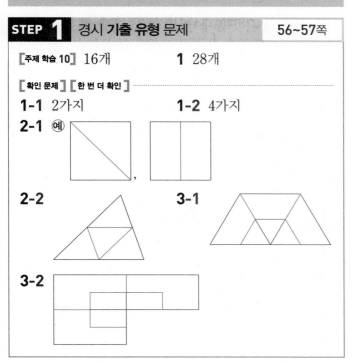

1 직사각형의 크기에 따라 나누어 생각해 봅니다.
직사각형 1개짜리: 7개, 직사각형 2개짜리: 6개,
직사각형 3개짜리: 5개, 직사각형 4개짜리: 4개,
직사각형 5개짜리: 3개, 직사각형 6개짜리: 2개,
직사각형 7개짜리: 1개
따라서 선을 따라 그릴 수 있는 직사각형은 모두
7+6+5+4+3+2+1=28(개)입니다.

[확인 문제] [한 번 더 확인]

1-1 그림을 세로선과 가로선을 따라 합동인 도형 2개로 나눌 수 있다.
따라서 합동인 도형 2개로 나눌 수 있는 방법은 모두 2가지입니다.

1-2 그림을 합동인 도형 2개로 나누어 보면 다음과 같습니다.

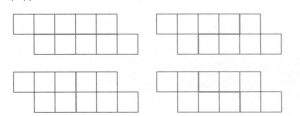

따라서 합동인 도형 2개로 나눌 수 있는 방법은 모두 4가지입니다.

2-1 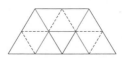 도 정답입니다.

2-2 삼각형의 세 변의 중심을 서로 연결하면 모양과 크기가 같은 삼각형 4개로 나눌 수 있습니다.

3-1 정삼각형 3개를 각각 똑같이 4개의 도형으로 나누면 작은 정삼각형 12개가 됩니다. 이 도형을 합동인 도형 4개로 나누려면 도형 하나는 작은 정삼각형 3개로 이루어져야 합니다.

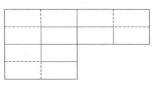

3-2 직사각형 3개를 각각 똑같이 4개의 도형으로 나누면 작은 직사각형 12개가 됩니다. 이 도형을 합동인 도형 4개로 나누려면 도형 하나는 작은 직사각형 3개로 이루어져야 합니다.

STEP 1 경시 **기출 유형** 문제   58~59쪽

[주제 학습 11] 20개   **1** 44개

[확인 문제] [한 번 더 확인]

1-1 8개   **1-2** 18개

2-1   **2-2**

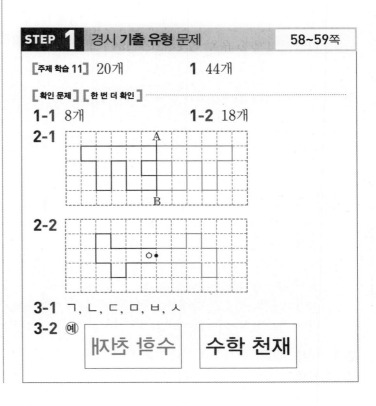

3-1 ㄱ, ㄴ, ㄷ, ㅁ, ㅂ, ㅅ

3-2 예

정답과 풀이

도형 영역

정답과 풀이

1 정사각형과 정사각형이 아닌 직사각형으로 나누어 찾습니다.

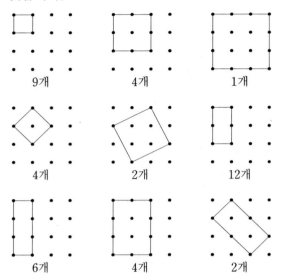

9개 4개 1개

4개 2개 12개

6개 4개 2개

따라서 그릴 수 있는 크고 작은 직사각형은 모두
9+4+1+4+2+12+6+4+2=44(개)입니다.

[확인 문제] [한 번 더 확인]

1-1 각 직선에서 점을 2개씩 골라야 합니다.

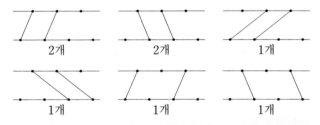

2개 2개 1개

1개 1개 1개

따라서 4개의 점을 꼭짓점으로 하는 평행사변형은
모두 2+2+1+1+1+1=8(개)입니다.

1-2 각 직선에서 점을 2개씩 골라야 합니다.

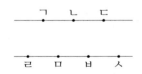

위쪽 직선에서 2개의 점을 선택하는 경우는 ㄱ과 ㄴ,
ㄱ과 ㄷ, ㄴ과 ㄷ으로 3가지입니다.
아래쪽 직선에서 2개의 점을 선택하는 경우는 ㄹ과
ㅁ, ㄹ과 ㅂ, ㄹ과 ㅅ, ㅁ과 ㅂ, ㅁ과 ㅅ, ㅂ과 ㅅ으로
6가지입니다.
따라서 위쪽 직선과 아래쪽 직선에서 동시에 점을 골
라야 하므로 3×6=18(개)입니다.

2-1 선분 AB를 중심으로 대응점을 찾아 표시한 후 점을
차례로 이어 선대칭도형을 완성합니다.

2-2 각 점에서 대칭의 중심 ㅇ을 지나는 직선을 긋고 대
응점을 찾아 표시한 후 점을 차례로 이어 점대칭도형
을 완성합니다.

3-1 한 직선을 따라 접었을 때 완전히 겹쳐지는 도형은
ㄱ, ㄴ, ㄷ, ㅁ, ㅂ, ㅅ입니다.

3-2 오른쪽 글자를 옆으로 뒤집은 모양이나 위 또는 아래
로 뒤집은 모양을 그리면 정답입니다.

STEP **1** 경시 **기출 유형 문제**	60~61쪽

[주제 학습 12] 34개	**1** 28개
[확인 문제] [한 번 더 확인]	
1-1 21개	**1-2** 42개
2-1 17개	**2-2** 17개
3-1 4개	**3-2** 6개

1 앞과 뒤에서 각각 4개씩 보이므로 색칠된 면의 수는
4×2=8(개)입니다.
양옆에서 각각 4개씩 보이므로 색칠된 면의 수는
4×2=8(개)입니다.
위와 바닥에서 각각 6개씩 보이므로 색칠된 면의 수
는 6×2=12(개)입니다.
따라서 색칠된 면은 모두 8+8+12=28(개)입니다.

[확인 문제] [한 번 더 확인]

1-1 색칠된 면의 수를 구하려면 정육면체 6개의 전체
면의 수에서 마주 닿은 면의 수와 바닥에 닿는 면의
수를 뺍니다.
(정육면체 6개의 면의 수)=6×6=36(개)
(마주 닿은 면의 수)=2×5=10(개)
(바닥에 닿는 면의 수)=5개
따라서 색칠된 면은 모두 36-10-5=21(개)입니다.

1-2 색칠된 면의 수를 구하려면 정육면체 5개의 전체 면
에서 마주 닿은 면의 수를 뺍니다.
(A에 색칠된 면의 수)
=6×5-2×4=22(개)
(B에 색칠된 면의 수)
=6×5-2×5=20(개)
따라서 A와 B에 색칠된 면은 모두 22+20=42(개)입
니다.

2-1 세로로 잘라 3조각으로 나누면 다음과 같습니다.

따라서 남은 쌓기나무는 모두 7+4+6=17(개)입니다.

2-2 세로로 잘라 3조각으로 나누면 다음과 같습니다.

따라서 남은 쌓기나무는 모두 9+2+6=17(개)입니다.

3-1 세 면이 색칠된 정육면체는 1층에 2개, 2층에 1개, 3층에 1개이므로 모두 2+1+1=4(개)입니다.

3-2 세 면이 색칠된 정육면체는 1층에 3개, 2층에 3개이므로 모두 3+3=6(개)입니다.

---

2 주사위의 전개도를 접었을 때 ㉠, ㉡, ㉢이 적힌 면과 평행한 면의 눈의 수는 각각 5, 1, 3입니다.
5+㉠=7이므로 ㉠=2, 1+㉡=7이므로 ㉡=6,
3+㉢=7이므로 ㉢=4입니다.

[확인 문제] [한 번 더 확인]

1-1 (정육면체의 한 모서리의 길이)=8÷2=4 (cm)
한 모서리가 4 cm인 정육면체의 전개도를 그립니다.

1-2 면 ㄱㄴㄷㄹ을 기준으로 선이 그려져 있는 면을 찾아 전개도에 선을 알맞게 그립니다.

2-1 ㉠, ㉡, ㉢이 적힌 면과 평행한 면의 눈의 수는 각각 4, 5, 1입니다.
㉠, ㉡, ㉢이 적힌 면에 들어갈 눈의 수는 각각
㉠: 7−4=3, ㉡: 7−5=2, ㉢: 7−1=6입니다.
⇨ 3+6−2=7

2-2 12+13+14+15+16+17=87이고 정육면체에서 마주 보는 두 면은 3쌍이므로 마주 보는 두 면에 적힌 수의 합은 87÷3=29입니다.
㉢이 적힌 면과 마주 보는 면의 눈의 수는 14이므로
㉢+14=29, ㉢=15입니다.
㉠과 ㉡이 적힌 면은 서로 마주 보는 면이므로
㉠=13, ㉡=16 또는 ㉠=16, ㉡=13입니다.
⇨ ㉠×㉡+㉢=13×16+15=223

정답과 풀이 / 도형 영역

STEP 1 경시 기출 유형 문제 · 62~63쪽

[주제 학습 13] 면 ㉤

1 면 ㉮, 면 ㉯, 면 ㉱, 면 ㉲

2 2, 6, 4

[확인 문제] [한 번 더 확인]

1-1 예

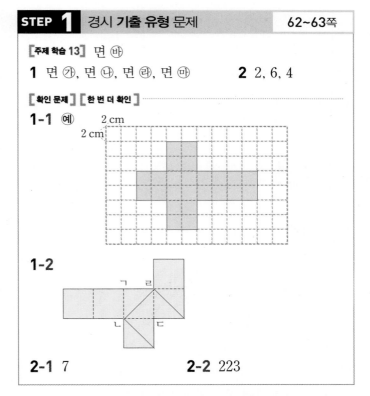

1-2

2-1 7   **2-2** 223

1 정육면체의 전개도를 접었을 때 면 ㉤와 면 ㉳는 서로 평행합니다.
따라서 면 ㉳를 제외한 나머지 4개의 면은 모두 면 ㉤와 수직입니다.

STEP 2 실전 경시 문제 · 64~69쪽

1

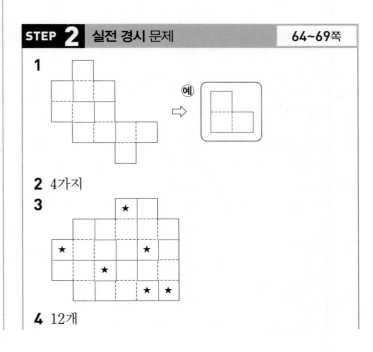

2 4가지

3

4 12개

5 <예>

6 44개　　　**7** 5가지

8

9 3가지	**10** 5가지	**11** 3가지
12 4가지	**13** 30개	**14** 35개
15 12개	**16** 7가지	**17** 54개
18 100개	**19** ▲	**20** 60
21 120	**22** 8	**23** 600
24 2730		

1 도형은 12개의 정사각형으로 이루어져 있으므로 4개의 합동인 도형으로 나누려면 정사각형 12÷4=3(개)로 이루어지도록 나누어야 합니다.

2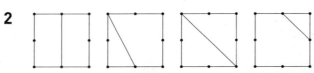

사각형만 나오는 경우: 1가지,
삼각형이 나오는 경우: 3가지
따라서 2조각으로 나누는 서로 다른 방법은 모두 4가지입니다.

3 도형은 24개의 정사각형으로 이루어져 있으므로 6개의 합동인 도형으로 나누려면 정사각형 24÷6=4(개)로 이루어지도록 나누어야 하고 ★ 모양이 한 개씩 포함되도록 나누어야 합니다.

4 사각형 1개짜리: 6개, 사각형 2개짜리: 3개,
사각형 3개짜리: 1개, 사각형 4개짜리: 1개,
사각형 6개짜리: 1개
따라서 선을 따라 그릴 수 있는 직사각형은 모두
6＋3＋1＋1＋1=12(개)입니다.

5 집은 텃밭을 제외한 땅에 지어야 합니다.
텃밭을 제외한 땅은 20개의 정사각형으로 이루어져 있으므로 모양과 크기가 같은 4개의 공간으로 나누려면 정사각형 20÷4=5(개)로 이루어지도록 나누어야 합니다.

6 삼각형의 크기에 따라 나누어 생각해 봅니다.

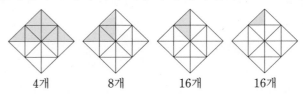

| 4개 | 8개 | 16개 | 16개 |

따라서 크고 작은 삼각형은 모두
4＋8＋16＋16=44(개)입니다.

7 점판의 점을 연결하여 만들 수 있는 삼각형 중에서 선대칭도형은 이등변삼각형이고 모두 5가지입니다.

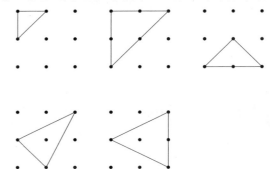

8 자른 색종이를 점선을 대칭축으로 하여 선대칭도형을 완성해 봅니다.

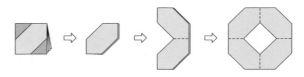

9 주어진 도형의 대칭의 중심을 먼저 찾아 점 ㅇ으로 찍습니다.

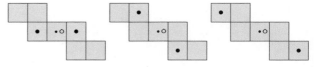

위와 같이 3가지의 점대칭도형을 완성할 수 있습니다.

10 먼저 한 대각선을 그린 후 그 대각선과 수직인 선분을 긋고 선분 위에 점을 연결하여 사각형을 완성합니다.

따라서 두 대각선이 서로 수직으로 만나는 사각형은 모두 5가지입니다.

11 정사각형 5개를 변끼리 이어 붙여 만들 수 있는 모양을 먼저 찾아 봅니다.

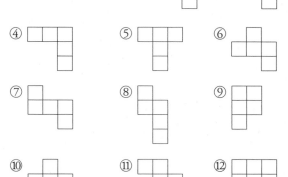

이 중에서 점대칭도형인 것은 ①, ⑦, ⑩으로 모두 3가지입니다.

참고

선대칭도형인 것은 ①, ④, ⑤, ⑩, ⑪, ⑫입니다.

12 정사각형 1개와 직각삼각형 2개로 만들 수 있는 도형은 다음과 같습니다.

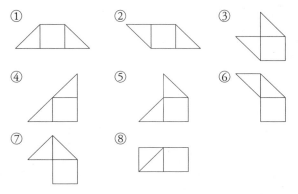

이 중에서 선대칭도형인 것은 ①, ③, ④, ⑧로 모두 4가지입니다.

주의

정사각형을 대각선으로 나눈 삼각형이므로 이어 붙일 때 정사각형의 한 변과 삼각형의 짧은 두 변 중 한 변을 이어 붙여서 모양을 만들어야 합니다. 삼각형의 긴 변과 정사각형의 한 변의 길이는 다르므로 이어 붙일 수 없습니다.

13 정육면체 7개의 전체 면의 수에서 마주 닿은 면의 수를 뺍니다.
(정육면체 7개의 면의 수)$=6 \times 7 = 42$(개)
(마주 닿은 면의 수)$=2 \times 6 = 12$(개)
따라서 색칠된 면은 모두 $42 - 12 = 30$(개)입니다.

14 앞과 뒤에서 보이는 면의 수: $8 \times 2 = 16$(개)
양옆에서 보이는 면의 수: $4 \times 2 = 8$(개)
위에서 보이는 면의 수: 7개
뺀 부분의 양옆 면의 수: 4개
따라서 바닥에 닿는 면을 제외한 바깥쪽 면은 모두
$16 + 8 + 7 + 4 = 35$(개)입니다.

15 1, 2, 3층에 색칠된 면이 5개인 것은 없습니다.
• 1층에서 색칠된 면의 수가 1개인 것은 4개,
  색칠된 면의 수가 3개인 것은 2개입니다.
• 2층에서 색칠된 면의 수가 1개인 것은 2개,
  색칠된 면의 수가 3개인 것은 2개입니다.
• 3층에서 색칠된 면의 수가 3개인 것은 2개입니다.
따라서 색칠된 면의 수가 홀수인 정육면체는 모두
$6 + 4 + 2 = 12$(개)입니다.

16 왼쪽 도형을 1층 모양으로 눕혀 놓고 생각해 보면 만드는 입체도형이 1층인 것과 2층인 것으로 나눌 수 있습니다.
① 1층인 것 (4가지)

② 2층인 것 (3가지)

따라서 서로 다른 모양은 모두 $4 + 3 = 7$(가지)입니다.

17 세로로 잘라 4조각으로 나누면 다음과 같습니다.

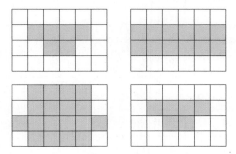

따라서 남은 쌓기나무는 모두
$18 + 12 + 6 + 18 = 54$(개)입니다.

정답과
풀이

측
정

영
역

18 정육면체를 크기에 따라 나누어 개수를 셉니다.

 정육면체 1개짜리: 64개

 정육면체 8개짜리: 27개

 정육면체 27개짜리: 8개

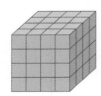 정육면체 64개짜리: 1개

따라서 크고 작은 정육면체는 모두
$64+27+8+1=100$(개)입니다.

19 왼쪽과 오른쪽 주사위의 눈의 모양을 살펴보면 다음과 같은 전개도를 그릴 수 있습니다.

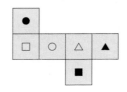

따라서 ○ 그림이 그려진 면과 마주 보는 면에 그려진 그림은 ▲입니다.

20 마주 보는 두 면에 적힌 수의 합은 7로 일정합니다.
위에서 본 수가 각각 2, 5, 1이므로 바닥에 닿는 면의 수는 각각 5, 2, 6입니다.
⇨ $5\times2\times6=60$

21 정육면체의 마주 보는 두 면의 수는 각각 2와 7, 3과 6, 4와 5입니다.

위

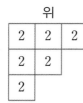

앞

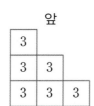

뒤

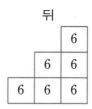

옆

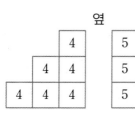

따라서 바닥을 제외한 바깥쪽 면에 적힌 모든 수의 합은
$2\times6+3\times6+6\times6+4\times6+5\times6$
$=12+18+36+24+30=120$입니다.

22 주사위에서 4가 적힌 면과 평행한 면의 눈의 수는 3이므로 두 주사위를 이어 붙인 면의 눈의 수는 3입니다.
나가 적힌 면의 눈의 수는 2 또는 5인데 왼쪽 주사위와 비교해 보면 2입니다.
가가 적힌 면의 눈의 수는 1 또는 6인데 왼쪽 주사위와 비교해 보면 6입니다.
따라서 가와 나의 눈의 수의 합은 $2+6=8$입니다.

23 서로 마주 닿은 면은 모두 4개입니다.
2층의 주사위에서 2가 적힌 면과 마주 보는 면의 수는 5이고 이와 마주 닿은 면의 수는 2 또는 5인데 2층 주사위를 6이 왼쪽, 3이 뒤로 가게 놓아보면 2가 바닥에 놓이므로 윗면의 수는 5입니다.
1층 오른쪽 주사위에서 1이 적힌 면과 마주 보는 면의 수는 6이고 이와 마주 닿은 면의 수는 3 또는 4인데 2층 주사위를 6이 바닥, 2가 뒤로 가게 놓아보면 3이 왼쪽에 놓이므로 오른쪽의 수는 4입니다.
따라서 서로 마주 닿은 모든 면에 적힌 수의 곱은
$5\times5\times4\times6=600$입니다.

24 $10+11+12+13+14+15=75$이고 정육면체의 마주 보는 두 면은 3쌍이므로 마주 보는 두 면에 쓰인 수의 합은 $75\div3=25$입니다.
$(10,15),(11,14),(12,13)$

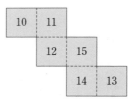

마주보는 면끼리는 만나지 않으므로 마주 보는 두 면에 쓰인 3쌍의 수 중 큰 수끼리의 곱이 가장 큰 값이 됩니다. 따라서 한 꼭짓점에서 만나는 세 면에 쓰인 수의 곱이 가장 큰 값은 $15\times14\times13=2730$입니다.

> **참고**
>
> 10부터 15까지의 자연수를 합이 같은 두 수씩 묶기
>
>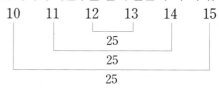
>
> ⇨ $(10,15),(11,14),(12,13)$

STEP **3** 코딩 유형 문제 | 70~71쪽

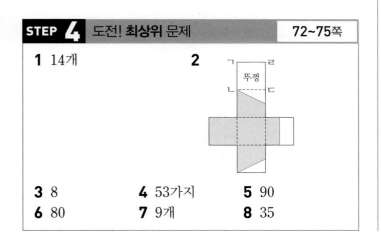

1 ⇨ ★은 오른쪽으로 한 칸 이동한 다음 색칠하는 것을,
⇩ ★은 아래쪽으로 한 칸 이동한 다음 색칠하는 것을
의미합니다.

2 (⇨ ★)×6은 ⇨ ★ ⇨ ★ ⇨ ★ ⇨ ★ ⇨ ★ ⇨ ★과
같습니다.

3 (⇩ ★ ⇨ ★)×3은 ⇩ ★ ⇨ ★ ⇩ ★ ⇨ ★ ⇩ ★ ⇨ ★
과 같습니다.

4 먼저 그림의 내용을 순서대로 표현해 보면
⇨ ★ ⇨ ★ ⇦ ⇩ ★ ⇩ ★ ⇩ ★입니다.
이를 ( )와 ×를 사용하여 다시 표현해 보면
(⇨ ★)×2 ⇦ (⇩ ★)×3입니다.
따라서 A는 ⇨ ★, B는 ⇩ ★입니다.

STEP **4** 도전! 최상위 문제 | 72~75쪽

1 14개

2

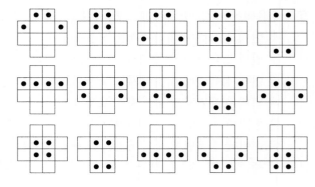

3 8
4 53가지
5 90
6 80
7 9개
8 35

---

1 직사각형이 아닌 평행사변형을 찾으면 다음과 같습
니다.

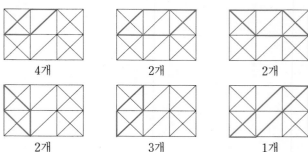

4개   2개   2개

2개   3개   1개

따라서 직사각형이 아닌 평행사변형은 모두
4+2+2+2+3+1=14(개)입니다.

2 정육면체에서 뚜껑은 물이 닿지 않은 면이므로 뚜껑과
평행한 면은 완전히 색칠된 면이어야 합니다.
뚜껑과 평행한 면을 기준으로 전개도의 각각의 면에
물이 닿은 부분을 알맞게 색칠합니다.

3

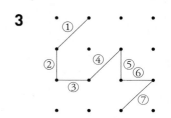

• 평행한 두 선분의 쌍 (4개)
①과 평행한 선분은 ④, ⑦이므로 ①과 ④, ④와 ⑦,
①과 ⑦의 3쌍입니다.
②와 평행한 선분은 ⑤이므로 1쌍입니다.
• 수직인 두 선분의 쌍 (4개)
②와 수직인 선분은 ③, ⑥이므로 ②와 ③, ②와 ⑥
의 2쌍입니다.
⑤와 수직인 선분은 ③, ⑥이므로 ⑤와 ③, ⑤와 ⑥
의 2쌍입니다.
따라서 ㉠=4, ㉡=4이므로 ㉠+㉡=4+4=8입니다.

4 (1) 세로선을 대칭축으로 하여 점을 찍는 경우(15가지)

(2) 가로선을 대칭축으로 하여 점을 찍는 경우 (12가지)

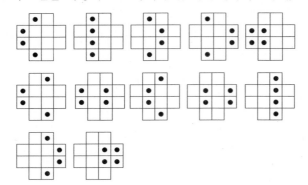

(3) 대각선을 대칭축으로 하여 점을 찍는 경우 (26가지)

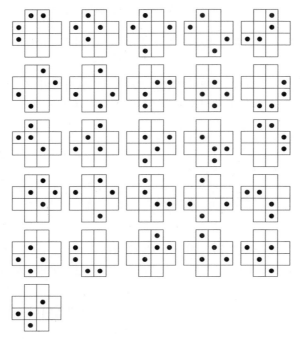

따라서 점을 찍을 수 있는 경우는 모두
15+12+26=53(가지)입니다.

> **참고**
>
> 선대칭도형은 대칭축이 있고, 점대칭도형은 대칭의 중심이 있습니다. 점대칭의 위치에 있는 점은 대칭의 중심에서 같은 거리, 반대 방향에 위치합니다.

5 정육면체의 각 면에 적힌 수를 각각 6으로 나누었을 때
첫 번째 정육면체의 나머지는 모두 1,
두 번째 정육면체의 나머지는 모두 2,
세 번째 정육면체의 나머지는 모두 3,
네 번째 정육면체의 나머지는 모두 4,
다섯 번째 정육면체의 나머지는 모두 5,
여섯 번째 정육면체의 나머지는 모두 6입니다.
이 중 22, 27, 35가 적힌 정육면체를 제외하면 6으로

나눈 나머지가 1, 2, 0인 정육면체가 남습니다.
이 3개의 정육면체를 던졌을 때 나오는 가장 작은 수는 7, 8, 12이고 가장 큰 수는 37, 38, 42입니다.
따라서 합의 최댓값은 37+38+42=117이고 최솟값은 7+8+12=27입니다.
⇨ 117-27=90

> **참고**
>
> 첫 번째 정육면체에 7, 13, 19, 25, 31, 37,
> 두 번째 정육면체에 8, 14, 20, 26, 32, 38,
> 세 번째 정육면체에 9, 15, 21, 27, 33, 39,
> 네 번째 정육면체에 10, 16, 22, 28, 34, 40,
> 다섯 번째 정육면체에 11, 17, 23, 29, 35, 41,
> 여섯 번째 정육면체에 12, 18, 24, 30, 36, 42
> 가 적혀 있습니다.

6 주사위의 마주 보는 두 면의 눈의 수는 각각 1과 6, 2와 5, 3과 4입니다.
마주 닿은 면의 눈의 수가 같으므로 주어진 도형을 큰 정육면체로 보면 마주 보는 두 면의 눈의 수가 같습니다.
따라서 보이는 눈의 수를 2배 하면 됩니다.
{(6+5+1+2)+(3+3+3+3)+(5+6+2+1)}×2
=40×2=80

> **참고**
>
> 정육면체를 1층과 2층으로 나누어 바깥쪽 면에 적힌 눈의 수를 각각 구해 봅니다.
>
> ① 2층
>
>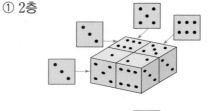
>
> ② 1층
>
>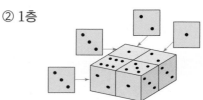

7 두 면이 색칠된 정육면체는 1층에 12개, 2층에 4개, 3층에 4개, 4층에 4개, 5층에 12개이므로 모두
12+4+4+4+12=36(개)입니다.
한 면도 색칠되지 않은 정육면체는 한가운데에 있는 정육면체로 3×3×3=27(개)입니다.
따라서 두 면이 색칠된 정육면체는 한 면도 색칠되지 않은 정육면체보다 36-27=9(개) 더 많습니다.

참고

정육면체를 이어 붙여 만든 입체도형의 바깥쪽 면을 모두 색칠할 때, 한 면도 색칠되지 않은 정육면체는 보이지 않는 정육면체의 수와 같습니다.

8 주사위의 마주 보는 두 면의 눈의 수는 각각 1과 6, 2와 5, 3과 4입니다.

첫 번째 바닥에 맞닿은 눈의 수: 2
두 번째 바닥에 맞닿은 눈의 수: 3
세 번째 바닥에 맞닿은 눈의 수: 6
네 번째 바닥에 맞닿은 눈의 수: 4
다섯 번째 바닥에 맞닿은 눈의 수: 5
여섯 번째 바닥에 맞닿은 눈의 수: 3
일곱 번째 바닥에 맞닿은 눈의 수: 6
여덟 번째 바닥에 맞닿은 눈의 수: 4
아홉 번째 바닥에 맞닿은 눈의 수: 2

따라서 정사각형 바닥에 맞닿은 주사위의 면의 눈의 수의 합은 $2+3+6+4+5+3+6+4+2=35$입니다.

특강 영재원·창의융합 문제   **76쪽**

9   **10** (예)

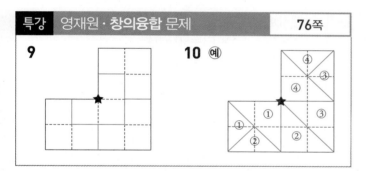

9 도형은 작은 정사각형 12개로 이루어져 있으므로 4개의 합동인 도형으로 나누려면 작은 정사각형 $12÷4=3$(개)로 이루어지도록 나누어야 합니다.

10 4명의 자녀가 집 주위에 자신의 땅을 가지려면 집이 포함되도록 땅을 각각 나눈 다음 나머지 땅을 다시 나누면 됩니다.

자녀 1명이 가질 수 있는 땅의 크기는 작은 정사각형 3개의 크기와 같습니다.

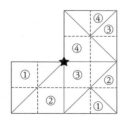

땅을 나눌 수 있는 방법은 여러 가지가 있습니다.

Ⅳ 측정 영역

STEP 1 경시 **기출 유형** 문제   **78~79쪽**

[주제 학습 14] 28 cm

1 161 cm   **2** 6 cm

[확인 문제] [한 번 더 확인]

1-1 64 cm   **1-2** 57.6 cm

2-1 8   **2-2** 13 cm

3-1 20 cm   **3-2** 18 cm

1 이어 붙인 도형의 둘레는 정오각형 한 변의 23배입니다. 따라서 이어 붙인 도형의 둘레는 $7×23=161$ (cm)입니다.

2 (직사각형의 둘레)$=(8+4)×2=24$ (cm)
(정사각형의 둘레)$=□×4=24$
$□=6$이므로 정사각형 한 변의 길이는 6 cm입니다.

[확인 문제] [한 번 더 확인]

1-1

1	3	5	7	9
2	4	6	8	10

도형의 둘레는 정사각형 한 변의 16배입니다.
⇨ (도형의 둘레)$=4×16=64$ (cm)

다른 풀이

도형의 둘레는 정사각형의 한 변
$(4×10)-(2×12)=40-24=16$(개)로 이루어져 있습니다.
⇨ (도형의 둘레)$=4×16=64$ (cm)

1-2 도형의 둘레는 정사각형 한 변의 24배입니다.
⇨ (도형의 둘레)$=2.4×24=57.6$ (cm)

다른 풀이

도형의 둘레는 정사각형 한 변
$(4×9)-(2×6)=36-12=24$(개)로 이루어져 있습니다.
⇨ (도형의 둘레)$=2.4×24=57.6$ (cm)

2-1 보이지 않는 모서리는 길이가 15 cm, ㉠ cm, 7 cm인 모서리가 각각 1개씩입니다.
따라서 $15+㉠+7=30$이므로 $㉠=30-15-7=8$입니다.

정답과 풀이

2-2 정육면체에서 길이가 같은 모서리는 12개이므로 한 모서리의 길이는 156÷12=13 (cm)입니다.

3-1 직육면체의 겨냥도를 그려 보면 다음과 같습니다.

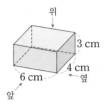

위에서 본 모양은 가로가 6 cm, 세로가 4 cm인 직사각형이므로 위에서 본 모양의 둘레는
(6+4)×2=20 (cm)입니다.

3-2 직육면체의 겨냥도를 그려 보면 다음과 같습니다.

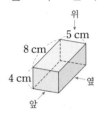

앞에서 본 모양은 가로가 5 cm, 세로가 4 cm인 직사각형이므로 앞에서 본 모양의 둘레는
(5+4)×2=18 (cm)입니다.

STEP 1 경시 **기출 유형 문제** 　　　　**80~81쪽**

[주제 학습 15] 63.82 cm²

1 96 cm²

[확인 문제] [한 번 더 확인]

1-1 75 cm²　　　　　**1-2** 90 cm²
2-1 42 cm²　　　　　**2-2** 15.33 cm²
3-1 1364 cm²　　　　**3-2** 944 cm²

1

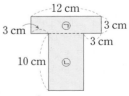

㉠=12×3=36 (cm²)
㉡=(12−3−3)×10=6×10=60 (cm²)
따라서 도형의 넓이는 ㉠+㉡=36+60=96 (cm²)입니다.

[확인 문제] [한 번 더 확인]

1-1

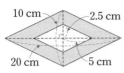

(큰 마름모의 넓이)=20×10÷2
　　　　　　　　=100 (cm²)
(작은 마름모의 넓이)
=(5×2)×(2.5×2)÷2=25 (cm²)
⇨ (색칠한 부분의 넓이)=100−25=75 (cm²)

1-2

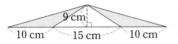

(큰 삼각형의 넓이)=(10+15+10)×9÷2
　　　　　　　　=35×9÷2
　　　　　　　　=157.5 (cm²)
(색칠하지 않은 삼각형의 넓이)
=15×9÷2=67.5 (cm²)
⇨ (색칠한 부분의 넓이)=157.5−67.5
　　　　　　　　　　　=90 (cm²)

2-1 평행사변형의 넓이에서 직사각형의 넓이를 뺍니다.
⇨ 8×12−4.5×12=96−54
　　　　　　　　=42 (cm²)

다른 풀이

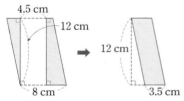

색칠한 도형을 붙이면
밑변이 8−4.5=3.5 (cm)이고 높이가 12 cm인 평행사변형이 되므로 넓이는 3.5×12=42 (cm²)입니다.

2-2

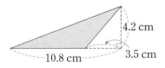

(10.8−3.5)×4.2÷2
=7.3×4.2÷2=15.33 (cm²)

다른 풀이

큰 직각삼각형의 넓이에서 색칠하지 않은 작은 직각삼각형의 넓이를 뺍니다.
10.8×4.2÷2−3.5×4.2÷2=22.68−7.35
　　　　　　　　　　　=15.33 (cm²)

3-1

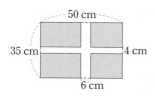

색칠한 부분의 넓이는 가로가 $50-6=44$ (cm), 세로가 $35-4=31$ (cm)인 직사각형의 넓이와 같으므로 $44 \times 31 = 1364$ (cm²)입니다.

3-2

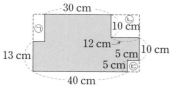

(큰 직사각형의 가로)$=40+5=45$ (cm)
(큰 직사각형의 세로)$=10+10+5=25$ (cm)
(직사각형 ㉠의 가로)$=45-30-12=3$ (cm)
(직사각형 ㉠의 세로)$=25-13=12$ (cm)
(도형의 넓이)
$=$(큰 직사각형의 넓이)$-(㉠+㉡+㉢)$
$=45 \times 25 - (3 \times 12 + 12 \times 10 + 5 \times 5)$
$=45 \times 25 - (36 + 120 + 25)$
$=1125 - 181 = 944$ (cm²)

STEP 1 경시 기출 유형 문제　　82~83쪽

【주제 학습 16】 10.5 cm²

1 4 cm

【확인 문제】【한 번 더 확인】

1-1 15 cm　　　　**1-2** $3\dfrac{1}{3}$

2-1 18　　　　　　**2-2** 128 cm²

3-1 1150 cm²　　　**3-2** 20 cm

1 삼각형 ㄱㄴㅁ의 밑변을 □ cm라 하면
□$\times 4 \div 2 = 2$, □$\times 2 = 2$, □$=1$입니다.
따라서 사다리꼴 ㄱㄴㄷㄹ의 아랫변의 길이는
$3+1=4$ (cm)입니다.

【확인 문제】【한 번 더 확인】

1-1 사다리꼴의 높이를 □ cm라 하면
$(2.3+4.5) \times □ \div 2 = 51$,
$6.8 \times □ \div 2 = 51$,
$□ = 51 \times 2 \div 6.8 = 15$입니다.

1-2 (마름모의 넓이)$=$(한 대각선)$\times$(다른 대각선)$\div 2$
$2\dfrac{1}{3} \times ㉠ \div 2 = 3\dfrac{8}{9}$,

$㉠ = 3\dfrac{8}{9} \times 2 \div 2\dfrac{1}{3} = \dfrac{\overset{5}{\cancel{35}}}{\underset{3}{\cancel{9}}} \times 2 \times \dfrac{\overset{1}{\cancel{3}}}{\underset{1}{\cancel{7}}} = \dfrac{10}{3} = 3\dfrac{1}{3}$

2-1 삼각형의 밑변을 ㉠ cm라 하면 직선 가와 나가 평행하므로 사다리꼴과 삼각형의 높이는 같습니다.
높이를 □ cm라 하면
(사다리꼴의 넓이)$=(6+12) \times □ \div 2 = 9 \times □$
사다리꼴과 삼각형의 넓이가 같으므로
(삼각형의 넓이)$= ㉠ \times □ \div 2 = 9 \times □$에서
$㉠ = 9 \times 2 = 18$입니다.

2-2 정사각형의 대각선을 한 변으로 하는 마름모는 다음 도형에서 색칠한 부분입니다.

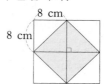

⇨ (마름모의 넓이)$=(8 \times 2) \times (8 \times 2) \div 2$
$= 128$ (cm²)

【다른 풀이】

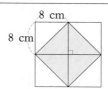

마름모의 넓이는 직각삼각형 4개의 넓이와 같습니다.
⇨ (마름모의 넓이)$=(8 \times 8 \div 2) \times 4 = 128$ (cm²)

3-1 삼각형 ㄹㄴㄷ의 높이를 □ cm라 하면
$90 \times □ \div 2 = 900$, $□ = 20$입니다.
⇨ (사다리꼴 ㄱㄴㄷㄹ의 넓이)
$= (25 + 90) \times 20 \div 2$
$= 1150$ (cm²)

3-2 (삼각형 ㄹㅁㄷ의 넓이)=3×8÷2=12 (cm²)
(사다리꼴 ㄱㄴㄷㄹ의 넓이)=12×11=132 (cm²)
{(변 ㄱㄹ)+13}×8÷2=132이므로
(변 ㄱㄹ)=132×2÷8−13=20 (cm)입니다.

STEP **1** 경시 **기출 유형** 문제	84~85쪽

[주제 학습 17] 40°
1 55° **2** 64 cm

[확인 문제] [한 번 더 확인]
1-1 55° **1-2** 81°
2-1 29 cm **2-2** 25 cm
3-1 76 cm² **3-2** 80 cm

1

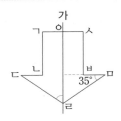

(각 ㅂㅁㄹ)=35°이므로 (각 ㅁㄹㅇ)=90°−35°=55°
입니다.
주어진 도형이 선대칭도형이므로 각 ㅁㄹㅇ과 각 ㄷㄹㅇ
의 크기는 같습니다.
⇨ (각 ㄷㄹㅇ)=55°

2 (선분 ㅁㅂ)=(선분 ㄴㄷ)
=(선분 ㄷㅁ)−(선분 ㄷㅂ)
=40−8×2=24 (cm)
⇨ (선분 ㄴㅁ)=24+8+8+24=64 (cm)

[확인 문제] [한 번 더 확인]

1-1 사각형 ㄴㄷㄹㅁ에서
(각 ㄴㄷㄹ)=360°−(125°+90°+90°)
=360°−305°=55°입니다.
주어진 도형은 선대칭도형이므로 (각 ㄴㄱㅂ)=(각
ㄴㄷㄹ)에서 (각 ㄴㄱㅂ)=55°입니다.

1-2 점대칭도형이므로 각 ㄷㅇㄹ의 크기는 각 ㄱㅇㄴ의
크기와 같습니다.
삼각형 ㄱㄴㅇ의 세 각의 크기의 합이 180°이므로
(각 ㄱㅇㄴ)=180°−(25°+74°)=81°입니다.
따라서 (각 ㄷㅇㄹ)=(각 ㄱㅇㄴ)=81°입니다.

2-1 선대칭도형이므로 대응변의 길이는 같습니다.
(변 ㄹㅁ)=(변 ㄱㅁ)=3 cm,
(변 ㄱㄴ)=(변 ㄹㄷ)=6.5 cm,
(변 ㄴㅂ)=(변 ㄷㅂ)=5 cm
⇨ (도형의 둘레)=(3+6.5+5)×2
=14.5×2=29 (cm)

2-2 점대칭도형에서 대응변의 길이는 같습니다.
(변 ㄹㅁ)=(변 ㄱㄴ)=8 cm,
(변 ㄷㄹ)=(변 ㅂㄱ)=2.5 cm,
(변 ㅁㅂ)=(변 ㄴㄷ)=2 cm
⇨ (도형의 둘레)=(8+2.5+2)×2
=12.5×2=25 (cm)

3-1 오려서 펼친 사각형은 접은 선을 대칭축으로 하는 선
대칭도형입니다. 선대칭도형의 넓이는 대칭축으로
하여 나누어진 한쪽 도형의 넓이의 2배가 되고 한쪽
도형은 사다리꼴입니다.
⇨ (선대칭도형의 넓이)=(사다리꼴의 넓이)×2
=(6+3.5)×8÷2×2
=76 (cm²)

3-2 (선분 ㄷㅁ)=(선분 ㅂㄴ)=18−4−4=10 (cm)
(변 ㄱㄴ)=(변 ㄹㅁ)=18 (cm)
(변 ㅂㄹ)=(변 ㄷㄱ)=12 (cm)
⇨ (둘레)=10×2+18×2+12×2=80 (cm)

STEP **2** 실전 경시 문제	86~91쪽

1 한솔 **2** 896 cm²
3 92 cm² **4** 225 cm²
5 285 cm² **6** 403 cm²
7 38 cm² **8** 12 cm
9 108 cm² **10** 3 cm
11 18 cm **12** 76 cm²
13 124 cm **14** 126°
15 36 cm² **16** 30 cm²
17 161 cm² **18** 200 cm²
19 180 cm² **20** 477 cm²
21 700 cm² **22** 64 cm²
23 $\frac{1}{2}$ **24** 140 cm²

1 (가로)+(세로)=48÷2=24 (cm)

성원: (세로)=24-15=9 (cm)

⇨ (직사각형의 넓이)=15×9

=135 (cm²)

한솔: (세로)=24-12=12 (cm)

⇨ (직사각형의 넓이)=12×12

=144 (cm²)

재성: (세로)=24-6=18 (cm)

⇨ (직사각형의 넓이)=6×18

=108 (cm²)

따라서 144 cm²>135 cm²>108 cm²이므로 가장 넓은 직사각형을 그린 학생은 한솔입니다.

2 도형의 둘레는 정사각형 한 변의 4×14-2×19=18 (배)입니다.

⇨ (정사각형 한 변의 길이)=144÷18

=8 (cm)

따라서 도형의 넓이는 8×8×14=896 (cm²)입니다.

3 선분 2개를 그어 ㉠, ㉡, ㉢의 세 부분으로 나눈 후 넓이를 구합니다.

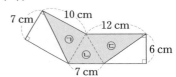

(색칠한 부분의 넓이)

=㉠+㉡+㉢

=(10×7÷2)+(7×6÷2)+(12×6÷2)

=35+21+36

=92 (cm²)

4 도형의 둘레는 정사각형 한 변의

4×21-2×20=44(배)입니다.

⇨ (정사각형 한 변의 길이)=660÷44=15 (cm)

따라서 정사각형 한 개의 넓이는 15×15=225 (cm²)입니다.

5 삼각형 ㄹㅁㅂ의 넓이가 57 cm²이므로 밑변을 6 cm라 하면 (높이)=57×2÷6=19 (cm)입니다.

따라서 평행사변형 ㄱㄴㄷㄹ의 밑변을

6+12=18 (cm)라 하면 높이는 19 cm이므로 넓이는

18×19=342 (cm²)입니다.

따라서 색칠한 부분의 넓이는

342-57=285 (cm²)이다.

6

(직사각형 ㉮의 세로)=368÷23=16 (cm)

도형 전체의 둘레가 134 cm이므로

(15+16+23+㉠)×2=134, 54+㉠=67, ㉠=13입니다.

⇨ (직사각형 ㉯의 넓이)=13×31=403 (cm²)

7 밑변의 길이와 높이가 같은 삼각형 2개의 넓이는 오른쪽 그림의 색칠한 평행사변형의 넓이와 같습니다.

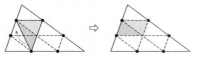

평행사변형의 넓이는 삼각형 ㄱㄴㄷ의 넓이를 똑같이

9로 나눈 것 중의 2이므로 $171 \times \frac{2}{9} = 38$ (cm²)입니다.

8

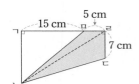

(삼각형 ㄴㄷㄹ의 넓이)=7×20÷2=70 (cm²)

(삼각형 ㄴㄹㅁ의 넓이)=100-70=30 (cm²)

변 ㄱㄴ의 길이는 삼각형 ㄴㄹㅁ의 밑변을 5 cm라 할 때의 높이와 같습니다.

⇨ 5×(변 ㄱㄴ)÷2=30,

(변 ㄱㄴ)=30×2÷5=60÷5=12 (cm)

9

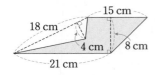

(사다리꼴의 넓이)=(15+21)×8÷2=144 (cm²)

(삼각형의 넓이)=18×4÷2=36 (cm²)

⇨ (색칠한 부분의 넓이)=144-36=108 (cm²)

10 빨간색 부분은 마름모 넓이의 절반이므로 마름모의 넓이는 0.9×2=1.8 (cm²)입니다.

따라서 다른 한 대각선의 길이를 □ cm라 하면

1.2×□÷2=1.8에서 □=1.8×2÷1.2=3입니다.

11

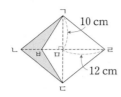

(마름모의 넓이)=20×24÷2=240 (cm²)
(색칠한 부분의 넓이)=240÷4=60 (cm²)이고
(삼각형 ㄱㄴㅂ의 넓이)=60÷2=30 (cm²)이므로
(선분 ㄴㅂ)=30×2÷10=6 (cm)입니다.
따라서 (선분 ㅂㄹ)=12×2−6=18 (cm)입니다.

12

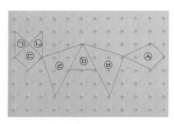

가장 작은 정사각형 몇 칸의 넓이와 같은지 알아보면
㉠ 1칸, ㉡ 1칸, ㉢ 2칸, ㉣ 5칸, ㉤ 2칸, ㉥ 5칸, ㉦ 3칸
과 같습니다.
따라서 고양이 모양의 넓이는 점을 연결한 가장 작은
정사각형 1+1+2+5+2+5+3=19(칸)의 넓이와
같으므로 19×4=76 (cm²)입니다.

> **참고**
>
> ㉣과 ㉥의 넓이 구하는 방법
>
>
>
> 전체 직사각형 모양에서 직각삼각형 ①, ②, ③의 넓이를
> 빼 줍니다.
> ⇨ (직사각형의 넓이)−(직각삼각형 ①+②+③의 넓이)
>   =3×4−{(1×3÷2)+(1×3÷2)+(2×4÷2)}
>   =12−(1.5+1.5+4)
>   =12−7=5(칸)

13 점대칭도형을 완성하면 다음과 같습니다.

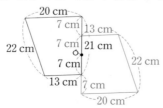

⇨ (둘레)=(7+20+22+13)×2
        =62×2=124 (cm)

14

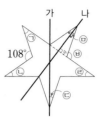

㉥=108°이고, △=180°−108°=72°이므로
●=180°−90°−72°=18°입니다.
따라서 ㉤=18°+18°=36°입니다.
직선 가가 선대칭도형의 대칭축이므로 ㉠=㉤,
㉡=㉣이고, 직선 나가 선대칭도형의 대칭축이므로
㉠=㉣, ㉡=㉢+㉢입니다.
㉤=36°이고 ㉠=㉡=㉣=㉤=㉢+㉢이므로
㉠+㉡+㉢+㉣=36°+36°+18°+36°=126°입니다.

15

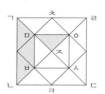

대칭축이 4개이므로 사각형 ㄱㄴㄷㄹ은 정사각형입니다.
(선분 ㄱㅁ)=(선분 ㅁㅈ)=(선분 ㅈㅅ)=(선분 ㅅㄷ)
이므로 정사각형 ㄱㄴㄷㄹ을 그림과 같이 크기가 같은
작은 삼각형으로 나눌 수 있습니다.
사각형 ㄱㄴㄷㄹ의 넓이가 288 cm²이므로 나누어진
작은 삼각형 1개의 넓이는 288÷16=18 (cm²)입니다.
따라서 사각형 ㄱㄴㅂㅁ의 넓이와 삼각형 ㅁㅈㅇ의
넓이의 차는 작은 삼각형 2개의 넓이와 같으므로
18×2=36 (cm²)입니다.

16

정육각형은 정삼각형 6개로 나눌 수 있으므로 선분 ㄱㄹ
은 선분 ㄴㄷ의 2배입니다. 이때, 삼각형 ㄱㅅㄹ과 삼
각형 ㄱㄴㄹ은 밑변을 선분 ㄱㄹ이라 하면 높이가 같
은 삼각형이므로 넓이가 같습니다.
또, 삼각형 ㄴㄷㄹ의 밑변을 선분 ㄴㄷ, 삼각형 ㄱㄴㄹ
의 밑변을 선분 ㄱㄹ이라 하면 삼각형 ㄴㄷㄹ의 밑변
은 삼각형 ㄱㄴㄹ의 반이고 높이는 같으므로 삼각형
ㄴㄷㄹ의 넓이는 삼각형 ㄱㄴㄹ의 넓이의 반입니다.
삼각형 ㄴㄷㄹ의 넓이를 1이라고 하면 삼각형 ㄱㄴㄹ
의 넓이는 2이고, 사각형 ㄱㄴㄷㄹ의 넓이는 3입니다.

따라서 (정육각형 ㄱㄴㄷㄹㅁㅂ의 넓이)=3×2=6,
(사각형 ㄱㅅㄹㅇ의 넓이)
=(삼각형 ㄱㅅㄹ의 넓이)×2
=(삼각형 ㄱㄴㄹ의 넓이)×2
=2×2=4
이므로 정육각형 ㄱㄴㄷㄹㅁㅂ의 넓이는
사각형 ㄱㅅㄹㅇ의 넓이의 $6÷4=1\frac{1}{2}$(배)입니다.

⇨ (정육각형 ㄱㄴㄷㄹㅁㅂ의 넓이)

$=20×1\frac{1}{2}=30$ (cm^2)

17

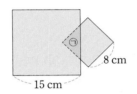

겹치는 부분의 넓이를 ㉠이라 하면
(큰 정사각형에서 겹치지 않은 부분의 넓이)
=(15×15-㉠) cm^2=(225-㉠) cm^2
(작은 정사각형에서 겹치지 않은 부분의 넓이)
=(8×8-㉠) cm^2=(64-㉠) cm^2
⇨ 겹치지 않은 두 부분의 넓이의 차는
(225-㉠)-(64-㉠)=225-64=161 (cm^2)
입니다.

18

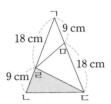

삼각형 ㄱㄹㄷ과 삼각형 ㄹㄴㄷ은 높이가 같고 삼각형 ㄱㄹㄷ의 밑변이 삼각형 ㄹㄴㄷ의 밑변의 2배이므로 넓이도 2배입니다.
⇨ (삼각형 ㄱㄹㄷ의 넓이)=150×2=300 (cm^2)
삼각형 ㄱㄹㄷ의 밑변을 선분 ㄱㄹ, 삼각형 ㄹㄷㅁ의 밑변을 선분 ㅁㄹ이라 하면 삼각형 ㄱㄹㄷ과 삼각형 ㄹㄷㅁ은 높이가 같고 삼각형 ㄹㄷㅁ의 밑변이 삼각형 ㄱㄹㄷ의 밑변의 $\frac{2}{3}$이므로 넓이도 $\frac{2}{3}$입니다.

⇨ (삼각형 ㄹㄷㅁ의 넓이)=$300×\frac{2}{3}=200$ (cm^2)

19

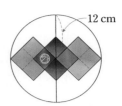

셀로판종이의 넓이는 ㉮의 10배입니다. 또 ㉮는 두 대각선이 각각 6 cm인 마름모로 볼 수 있으므로 셀로판종이 3장의 놓여 있는 모양의 넓이는
(6×6÷2)×10=180 (cm^2)입니다.

20

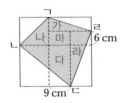

선분을 그어 사각형 ㄱㄴㄷㄹ을 직각삼각형 가, 나, 다, 라와 직사각형 마로 나눕니다.
직사각형 마의 넓이는 9×6=54 (cm^2)입니다. 정사각형에서 직사각형 마를 뺀 나머지 부분의 넓이는
30×30-54=846 (cm^2)이고 직각삼각형 가, 나, 다, 라의 넓이의 합은 846÷2=423 (cm^2)입니다.
따라서 사각형 ㄱㄴㄷㄹ의 넓이는
423+54=477 (cm^2)입니다.

21

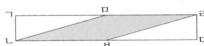

(삼각형 ㄱㄴㅁ의 둘레)
=(선분 ㄱㄴ)+(선분 ㄱㅁ)+(선분 ㄴㅁ)이고
사각형 ㅁㄴㅂㄹ은 마름모이므로
(선분 ㄴㅁ)=(선분 ㅁㄹ)입니다.
따라서 (삼각형 ㄱㄴㅁ의 둘레)=(선분 ㄱㄴ)+(선분 ㄱㄹ)입니다.
선분 ㄱㄴ의 길이를 □ cm라 하면 직사각형 ㄱㄴㄷㄹ의 가로는 세로의 7배이므로 선분 ㄱㄹ의 길이는
(7×□) cm입니다.
(삼각형 ㄱㄴㅁ의 둘레)=□+7×□=80,
8×□=80, □=10
⇨ (직사각형 ㄱㄴㄷㄹ의 넓이)
=10×70=700 (cm^2)

22 점 ㅂ에서 선분 ㄱㄴ에 수직인 선분과 선분 ㄴㄷ에 수직인 선분을 각각 그어 봅니다.

정답과 풀이

측정 영역

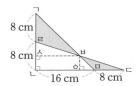

(선분 ㄱㄴ)=(선분 ㄴㅁ)이므로 삼각형 ㄱㄴㅁ은 이등변삼각형입니다. (각 ㄴㄱㅁ)=(각 ㄴㅁㄱ)=45°이므로 (각 ㅇㅂㅁ)=180°−90°−45°=45°입니다.
(선분 ㅂㅇ)=(선분 ㅇㅁ)이고
(선분 ㅅㅂ)=(선분 ㄴㅇ)이므로
(선분 ㅅㅂ)+(선분 ㅂㅇ)=(선분 ㄴㅁ)=16 cm입니다.
(삼각형 ㄱㄹㅂ의 넓이)=8×(선분 ㅅㅂ)÷2
(삼각형 ㅂㅁㄷ의 넓이)=8×(선분 ㅂㅇ)÷2
⇨ (색칠한 부분의 넓이)
　=(삼각형 ㄱㄹㅂ의 넓이)+(삼각형 ㅂㅁㄷ의 넓이)
　=8×(선분 ㅅㅂ)÷2+8×(선분 ㅂㅇ)÷2
　=8×{(선분 ㅅㅂ)+(선분 ㅂㅇ)}÷2
　=8×16÷2=64 (cm²)

23

(삼각형 ㄹㄴㅅ의 넓이)
　=(삼각형 ㄱㄴㅅ의 넓이)×$\frac{1}{2}$

(삼각형 ㄱㅅㅂ의 넓이)
　=(삼각형 ㄱㅅㄷ의 넓이)×$\frac{1}{2}$

(삼각형 ㅅㅁㄷ의 넓이)
　=(삼각형 ㅅㄴㄷ의 넓이)×$\frac{1}{2}$

삼각형 ㄱㄴㄷ의 넓이는 삼각형 ㄱㄴㅅ, 삼각형 ㄱㅅㄷ, 삼각형 ㅅㄴㄷ의 넓이의 합과 같으므로 세 집의 넓이의 합은 삼각형 ㄱㄴㄷ의 넓이의 $\frac{1}{2}$입니다.

24 가로, 세로를 다음과 같이 자르면 직각삼각형의 크기는 모두 같고, 가장 작은 직사각형의 넓이는 직각삼각형의 넓이의 2배입니다.

따라서 ㉯의 넓이는 ㉮의 넓이의 7배이므로
20×7=140 (cm²)입니다.

STEP 3 코딩 유형 문제　　　92~93쪽

1 ① 시계 방향으로 90°만큼 돌리기
　② 시계 방향으로 90°만큼 돌리기
　③ 이동 방향으로 50 cm만큼 움직이기

2 4, 4

3
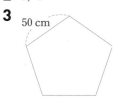

4 10, 10 ; 50, 10, 50, 10, 50

1 정사각형을 그리는 방법을 순차 구조로 나타낸 것입니다.

2 반복 구조를 이용한 코드입니다.
정사각형을 그리기 위한 코드이므로 360°를 4로 나눈 90°만큼 돌리기를 4번 반복해야 합니다.

3 360°를 5로 나눈 만큼 5번 돌면 정오각형이 그려집니다.

　참고

정오각형을 3개의 삼각형으로 나누면 정오각형의 모든 각의 크기의 합은 180°×3=540°입니다.
정오각형은 모든 각의 크기가 같으므로 한 각의 크기는 540°÷5=108°입니다.

따라서 정오각형을 그릴 때 변을 그린 후 시계 방향으로 ㉠만큼 돌려서 변을 그려야 하므로 180°−108°=㉠,
㉠=72°
시계 방향으로 $\frac{360}{5}$°(=72°)만큼씩 돌려야 합니다.

---

4 두 사람이 그리려는 정다각형은 정십각형이므로 민영이의 코드에서 빈칸에 알맞은 수는 10입니다.
민영이와 승주가 같은 크기의 정십각형을 그리므로 승주도 코드에서 50 cm만큼 움직이고 360°÷10만큼 돌려야 합니다.

STEP 4 도전! **최상위** 문제   94~97쪽

1 12	**2** 60°
3 $\dfrac{1}{28}$	**4** 96 m²
5 50.76 cm²	**6** 102°
7 $\dfrac{2}{3}$	**8** $8\dfrac{1}{3}$ cm²

1 12의 약수는 1, 2, 3, 4, 6, 12입니다.
그릴 수 있는 직사각형 각각의 둘레를 구해 보면
가로와 세로가 1, 12일 때 (둘레)=(1+12)×2=26,
가로와 세로가 2, 6일 때 (둘레)=(2+6)×2=16,
가로와 세로가 3, 4일 때 (둘레)=(3+4)×2=14
따라서 그릴 수 있는 직사각형 중 둘레가 가장 긴 것의
둘레는 26, 가장 짧은 것은 14이므로 차는
26−14=12입니다.

2

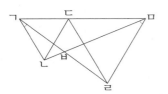

삼각형 ㄱㄴㄷ과 삼각형 ㄷㄹㅁ은 정삼각형이므로
(각 ㄴㄷㄹ)=180°−60°−60°=60°입니다.
(선분 ㄱㄷ)=(선분 ㄷㄴ), (선분 ㄷㄹ)=(선분 ㄷㅁ)
이고 (각 ㄱㄷㄹ)=(각 ㄴㄷㅁ)=180°−60°=120°입
니다.
따라서 삼각형 ㄱㄹㄷ과 삼각형 ㄷㄴㅁ은 두 변과 그
사이의 각의 크기가 같으므로 서로 합동입니다.
(각 ㄷㄱㄹ)=(각 ㄷㄴㅁ)을 A라 하고
(각 ㄱㄹㄷ)=(각 ㄴㅁㄷ)을 B라 하면
(각 ㄱㄷㄹ)=120°이므로
A+B+120°=180°이고, A+B=60°입니다.
(각 ㄴㄱㅂ)=60°−A이고 (각 ㅂㄹㄹ)=60°−B이므로
(각 ㄴㄱㅂ)+(각 ㅂㄹㄹ)=(60°−A)+(60°−B)
$$=120°−(A+B)$$
$$=120°−60°$$
$$=60°$$

3

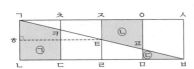

색칠한 부분을 생각하지 않으면 그림은 점 ㅌ을 대칭
의 중심으로 하는 점대칭도형입니다.

정사각형의 한 변의 길이를 □라 하면
(선분 ㅈㅌ)=$\dfrac{1}{2}$×□입니다.
색칠한 부분을 생각하지 않으면 직사각형 ㄱㅎㅌㅈ은
점 ㅋ을 대칭의 중심으로 하는 점대칭도형이므로 선분
ㅊㅋ의 길이는 $\dfrac{1}{2}$×$\dfrac{1}{2}$×□=$\dfrac{1}{4}$×□이고, 선분 ㅊㅋ의
길이는 선분 ㅍㅁ의 길이와 같습니다.
선분 ㅋㄷ의 길이는 선분 ㅇㅍ의 길이와 같으므로
□−$\dfrac{1}{4}$×□=$\dfrac{3}{4}$×□입니다.
ㄱ=(□+$\dfrac{3}{4}$×□)×□×$\dfrac{1}{2}$
　=$\dfrac{7}{4}$×□×□×$\dfrac{1}{2}$=$\dfrac{7}{8}$×□×□
ㄴ=($\dfrac{1}{2}$×□+$\dfrac{3}{4}$×□)×□×$\dfrac{1}{2}$
　=$\dfrac{5}{4}$×□×□×$\dfrac{1}{2}$=$\dfrac{5}{8}$×□×□
ㄷ=□×$\dfrac{1}{4}$×□×$\dfrac{1}{2}$=$\dfrac{1}{8}$×□×□
⇒ $\dfrac{ㄴ+ㄷ}{24×ㄱ}$
　=($\dfrac{5}{8}$×□×□+$\dfrac{1}{8}$×□×□)÷(24×$\dfrac{7}{8}$×□×□)
　=($\dfrac{3}{4}$×□×□)÷(21×□×□)=$\dfrac{3}{4}$÷21
　=$\dfrac{3}{4}$×$\dfrac{1}{21}$=$\dfrac{1}{28}$

4

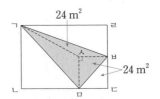

선분 ㅁㄷ과 선분 ㄷㅂ을 두 변으로 하는 직사각형
ㅅㅁㄷㅂ을 그린 후 삼각형 ㄱㅁㅂ을 세 부분으로 나누
어 알아봅니다.
삼각형 ㅂㅅㅁ의 넓이는 삼각형 ㅂㅁㄷ의 넓이와 같
으므로 24 m²입니다.
삼각형 ㄱㅅㅂ과 삼각형 ㅅㅁㅂ의 밑변을 선분
ㅅㅂ이라 하면 밑변의 길이와 높이가 같으므로 넓이도
24 m²로 같습니다.
삼각형 ㄱㅁㅅ과 삼각형 ㅅㅁㅂ의 밑변을 선분
ㅅㅁ이라 하면 삼각형 ㄱㅁㅅ의 높이는 삼각형 ㅅㅁㅂ
의 높이의 2배이므로 넓이도 2배입니다.

(삼각형 ㄱㅁㅅ의 넓이)
=(삼각형 ㅅㅁㅂ의 넓이)×2=48 (m²)
⇨ (삼각형 ㄱㅁㅂ의 넓이)=24+24+48
=96 (m²)

5 (3초 동안 도형이 오른쪽으로 움직인 거리)
=1.8×3=5.4 (cm)
따라서 3초 후 도형의 위치는 다음과 같습니다.

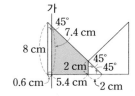

직선 가에 의해 나누어진 두 부분의 넓이의 차는 색칠한 부분의 넓이의 2배와 같습니다.
⇨ {(2+7.4)×5.4÷2}×2
=50.76 (cm²)

6

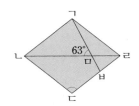

(각 ㄱㄴㄹ)=(각 ㄷㄴㄹ)=(각 ㄱㄹㅁ)=(각 ㄷㄹㅁ)
이고, 선분 ㄱㅂ과 선분 ㄱㄹ은 길이가 같으므로
각 ㄱㅂㄹ의 크기는 각 ㄷㄹㅁ의 2배가 됩니다.
(각 ㄱㅁㄴ)=63°이므로
(각 ㅂㄹㅁ)=(180°−63°)÷3=117°÷3=39°입니다.
⇨ (각 ㄴㄷㄹ)=180°−39°×2=180°−78°=102°

7

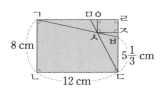

사각형 ㄱㄴㄷㅁ과 사각형 ㄱㄴㄷㅂ은 사다리꼴입니다.
(사다리꼴 ㄱㄴㄷㅂ의 넓이)
$=(8+5\frac{1}{3})×12÷2=13\frac{1}{3}×12÷2=\frac{40}{3}×12×\frac{1}{2}$
=80 (cm²)
사각형 ㄱㄴㄷㅁ의 넓이와 사각형 ㄱㄴㄷㅂ의 넓이가
같으므로 {(선분 ㄱㅁ)+12}×8÷2=80이므로
{(선분 ㄱㅁ)+12}×4=80, (선분 ㄱㅁ)+12=20,
(선분 ㄱㅁ)=8 cm입니다.
또 사각형 ㄱㄴㄷㅁ의 넓이와 사각형 ㄱㄴㄷㅂ의 넓

이가 같으므로 삼각형 ㄱㅅㅁ의 넓이와 삼각형 ㄷㅅㅂ
의 넓이는 같습니다.
따라서 삼각형 ㄱㅅㅁ의 높이를 선분 ㅇㅅ으로, 삼각
형 ㅅㄷㅂ의 높이를 선분 ㅅㅈ으로 하면
$8×(선분 ㅇㅅ)÷2=5\frac{1}{3}×(선분 ㅅㅈ)÷2,$
$4×(선분 ㅇㅅ)=2\frac{2}{3}×(선분 ㅅㅈ),$
$(선분 ㅇㅅ)=\frac{2}{3}×(선분 ㅅㅈ)$입니다.

따라서 선분 ㅇㅅ의 길이는 선분 ㅅㅈ의 길이의 $\frac{2}{3}$입
니다.

8

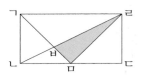

직사각형 ㄱㄴㄷㄹ의 세로를 □ cm라 하면 가로는
(2×□) cm이므로 2×□×□=50에서 □×□=25,
□=5입니다.
삼각형 ㄹㄴㅁ과 삼각형 ㄱㄴㅁ은 밑변의 길이와 높
이가 같으므로
(삼각형 ㄹㄴㅁ의 넓이)=(삼각형 ㄱㄴㅁ의 넓이)
=5×5÷2=12.5 (cm²)
로 같습니다.
삼각형 ㄴㄷㅁ은 삼각형 ㄱㄴㅁ과 삼각형 ㄹㄴㅁ의
공통 부분이므로
(삼각형 ㄱㄴㅂ의 넓이)=(삼각형 ㄹㅁㅂ의 넓이)가
됩니다.
(삼각형 ㄱㄴㄹ의 넓이)
=(삼각형 ㄱㄴㅂ의 넓이)+(삼각형 ㄱㅂㄹ의 넓이)
(삼각형 ㄹㄴㅁ의 넓이)
=(삼각형 ㄴㄷㅁ의 넓이)+(삼각형 ㄹㄷㅁ의 넓이)
(삼각형 ㄱㅂㄹ의 넓이)−(삼각형 ㄴㄷㅁ의 넓이)
=(삼각형 ㄱㄴㄹ의 넓이)−(삼각형 ㄱㄴㅂ의 넓이)
−(삼각형 ㄹㄴㅁ의 넓이)+(삼각형 ㄹㅁㅂ의 넓이)
=(삼각형 ㄱㄴㄹ의 넓이)−(삼각형 ㄹㄴㅁ의 넓이)
=25−12.5=12.5 (cm²)
이때, 삼각형 ㄱㅂㄹ의 높이를 △ cm라 하면 삼각형
ㄴㄷㅁ의 높이는 (5−△) cm이므로
(삼각형 ㄱㅂㄹ의 넓이)−(삼각형 ㄴㄷㅁ의 넓이)
=10×△÷2−5×(5−△)÷2
=5×△−12.5+2.5×△
=7.5×△−12.5=12.5에서 7.5×△=25,

$\triangle=25\div7.5=25\div\dfrac{15}{2}=\dfrac{10}{3}$ 입니다.

(삼각형 ㄱㅂㄹ의 넓이)$=10\times\dfrac{10}{3}\div2$

$\qquad\qquad\qquad\qquad\quad=\dfrac{50}{3}=16\dfrac{2}{3}\ (\text{cm}^2)$

⇨ (삼각형 ㄹㅁㅂ의 넓이)

$\quad$=(삼각형 ㄱㄴㄹ의 넓이)$-$(삼각형 ㄱㅂㄹ의 넓이)

$\quad=25-16\dfrac{2}{3}=8\dfrac{1}{3}\ (\text{cm}^2)$

특강	영재원·**창의융합** 문제	98쪽

9

도형의 종류	〈그림 1〉의 넓이	〈그림 2〉의 넓이
노란색 도형	7	7
초록색 도형	8	8
빨간색 도형	12	12
파란색 도형	5	5

10

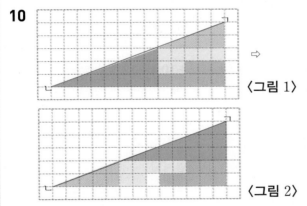

〈그림 1〉

〈그림 2〉

예 〈그림 1〉과 〈그림 2〉의 점 ㄱ과 점 ㄴ을 잇는 선분을 그어 보면 빨간색 삼각형과 파란색 삼각형의 가장 긴 변과 포개어지지 않음을 알 수 있습니다. 즉, 〈그림 1〉과 〈그림 2〉는 직각삼각형처럼 보이지만 직각삼각형이 아닙니다. 선분 ㄱㄴ이 〈그림 1〉과 〈그림 2〉의 각 도형과 포개어지지 않고 넘치거나 모자라기 때문에 그 합만큼 〈그림 2〉에 정사각형 한 개가 부족합니다.

10

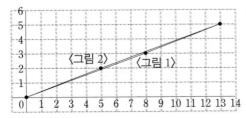

〈그림 2〉 〈그림 1〉

위 그림에서 두 선 사이의 빈 공간의 넓이가 작은 정사각형 한 개의 넓이입니다.

Ⅴ 확률과 통계 영역

STEP 1	경시 **기출 유형** 문제	100~101쪽

[**주제 학습 18**] 12가지

1 9가지 　　　　　　　　**2** 15가지

[**확인 문제**] [**한 번 더 확인**]

1-1 10가지 　　　　　　　**1-2** 11가지

2-1 10가지 　　　　　　　**2-2** 8가지

3-1 5가지 　　　　　　　　**3-2** 19가지

1 두 수의 합이 짝수가 되려면 두 수는 모두 짝수이거나 홀수이어야 합니다.
주어진 수의 범위에서 두 수가 모두 짝수이거나 홀수인 경우를 살펴보면 다음과 같습니다.
짝수인 경우: (2, 4), (2, 6), (4, 6) ⇨ 3가지
홀수인 경우: (1, 3), (1, 5), (1, 7), (3, 5), (3, 7),
　　　　　　　(5, 7) ⇨ 6가지
따라서 합이 짝수가 되는 서로 다른 2개의 수를 뽑는 방법은 $3+6=9$(가지)입니다.

2 만든 두 자리 수가 홀수가 되려면 일의 자리 숫자가 홀수이어야 하므로 일의 자리에 올 수 있는 숫자는 5, 7, 9입니다.
일의 자리 숫자가 5인 경우: 45, 65, 75, 85, 95
　　　　　　　　　　　　⇨ 5가지
일의 자리 숫자가 7, 9일 때에도 각각 5가지이므로 모두 $5\times3=15$ (가지)입니다.

[**확인 문제**] [**한 번 더 확인**]

1-1 나온 눈의 수의 합이 5 이하인 경우는
(1, 1), (1, 2), (1, 3), (1, 4), (2, 1), (2, 2), (2, 3), (3, 1), (3, 2), (4, 1)이므로 $4+3+2+1=10$(가지)입니다.

1-2 6의 약수: 1, 2, 3, 6
3개의 주사위로 6의 약수를 만들 수 있는 경우
1: 없음
2: 없음
3: (1, 1, 1)
6: (1, 1, 4), (1, 4, 1), (4, 1, 1), (1, 2, 3), (1, 3, 2), (2, 1, 3), (2, 3, 1), (3, 1, 2), (3, 2, 1), (2, 2, 2)
　　⇨ 10가지
따라서 모두 $1+10=11$ (가지)입니다.

2-1 1을 색칠한 경우: (1, 3), (1, 4), (1, 5), (1, 6)
⇨ 4가지
2를 색칠한 경우: (2, 4), (2, 5), (2, 6) ⇨ 3가지
3을 색칠한 경우: (3, 5), (3, 6) ⇨ 2가지
4를 색칠한 경우: (4, 6) ⇨ 1가지
⇨ 4+3+2+1=10(가지)

참고

이웃하지 않는 칸은 다음과 같이 한 칸 이상 떨어져 있는 것을 의미합니다.

(예)

1	2	3	4	5	6

1	2	3	4	5	6

2-2

1	2	3
4	5	6

1을 색칠한 경우: (1, 3), (1, 5), (1, 6)
2를 색칠한 경우: (2, 4), (2, 6)
3을 색칠한 경우: (3, 4), (3, 5)
4를 색칠한 경우: (4, 6)
⇨ 3+2+2+1=8(가지)

3-1 만들 수 있는 금액을 표로 나타내면 다음과 같습니다.

10원짜리 동전(개)	1	2	0	1	2
50원짜리 동전(개)	0	0	1	1	1
합계(원)	10	20	50	60	70

따라서 만들 수 있는 금액은 모두 5가지입니다.

3-2 만들 수 있는 금액을 표로 나타내면 다음과 같습니다.

10원짜리 동전(개)	1	2	3	0	1	2	3	0	1	2
50원짜리 동전(개)	0	0	0	1	1	1	1	0	0	0
100원짜리 동전(개)	0	0	0	0	0	0	0	1	1	1
합계(원)	10	20	30	50	60	70	80	100	110	120

10원짜리 동전(개)	3	0	1	2	3	0	1	2	3
50원짜리 동전(개)	0	1	1	1	1	2	2	2	2
100원짜리 동전(개)	1	1	1	1	1	1	1	1	1
합계(원)	130	150	160	170	180	200	210	220	230

따라서 만들 수 있는 금액은 모두 19가지입니다.

STEP 1 경시 기출 유형 문제 102~103쪽

[주제 학습 19] 87권

1 1.6시간 **2** 30번

[확인 문제] [한 번 더 확인]

1-1 39.75번 **1-2** 10.9초
2-1 9살 **2-2** 26명
3-1 397.3 **3-2** 5184

1 겨울 캠프에서 하루 동안 활동한 시간의 합은
$2.5+1+1.4+0.8+2.3=8$(시간)이므로 평균은
$8÷5=1.6$(시간)입니다.

2 (윗몸 일으키기 기록의 합)$=30+37+26+30+25$
$=148$(회)
⇨ (윗몸 일으키기 기록의 평균)$=148÷5=29.6$
⇨ 30회

[확인 문제] [한 번 더 확인]

1-1 (평균)$=\dfrac{27+34+48+50}{4}=39.75$(번)

1-2 (평균)$=\dfrac{9.7+11.2+10.4+12.3}{4}=10.9$(초)

2-1 하윤이의 나이를 □살이라고 할 때
$\dfrac{10+13+□+12}{4}=11$, $\dfrac{35+□}{4}=11$,
$35+□=44$, $□=9$입니다.

2-2 (6학년 학생 수의 평균)$=\dfrac{24+29+25+□}{4}=26$(명)
5학년 3반의 학생 수를 □명이라 하면
$25+27+□+26=26×4$, $78+□=104$, $□=26$입니다.

3-1 가는 398, 나는 399, 다는 395이므로 세 수의 평균을
구하면 $\dfrac{398+399+395}{3}=397.333……$ ⇨ 397.3입니다.

3-2 일의 자리에서 반올림하여 5000이 되는 수의 범위는
4995 이상 5004 이하이므로 가는 5004입니다.
십의 자리에서 반올림하여 5000이 되는 수의 범위는
4950 이상 5049 이하이므로 나는 5049입니다.
백의 자리에서 반올림하여 5000이 되는 수의 범위는
4500 이상 5499 이하이므로 다는 5499입니다.
따라서 세 수의 평균을 구하면
$\dfrac{5004+5049+5499}{3}=5184$입니다.

STEP 1 경시 기출 유형 문제 | 104~105쪽

[주제 학습 20] (가) 확실하다에 ○표
(나) 불가능하다에 ○표
1 (가) 반반이다에 ○표
(나) 불가능하다에 ○표
(다) 반반이다에 ○표

[확인 문제][한 번 더 확인]
1-1 초록색 **1-2** 연두색
2-1 0 **2-2** 1
3-1 $\frac{1}{2}$ **3-2** $\frac{3}{4}$

1 (가) 500원짜리 동전은 그림 면과 숫자 면이 있으므로 그림 면이 위로 올 가능성이 반반입니다.
(나) 주사위의 눈에는 8이 없으므로 불가능합니다.
(다) 상미가 빨간색과 노란색 중 한 가지 색을 좋아한다고 할 때, 상미가 노란색을 좋아할 가능성은 반반입니다.

[확인 문제][한 번 더 확인]
1-1

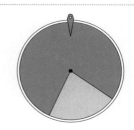

돌림판의 색깔이 노란색보다 초록색이 더 크므로 초록색 부분에 멈출 가능성이 더 높습니다.

1-2 주황색 공 3개, 파랑색 공 3개, 연두색 공 2개가 들어 있으므로 개수가 가장 적은 연두색 공을 꺼낼 가능성이 가장 낮습니다.

2-1 7을 뽑는 것은 불가능하므로 가능성이 0입니다.

2-2 돌림판 전체가 파란색이므로 가능성이 1입니다.

3-1 주황색 공이 2개, 노란색 공이 2개 있으므로 전체 공 4개 중 노란색 공 2개를 꺼낼 가능성은 $\frac{2}{4}=\frac{1}{2}$입니다.

3-2 전체 숫자 카드 4장 중 3의 배수는 3, 6, 9이므로 3의 배수를 뽑을 가능성은 $\frac{3}{4}$입니다.

STEP 1 경시 기출 유형 문제 | 106~107쪽

[주제 학습 21] 54명
1 650개

[확인 문제][한 번 더 확인]
1-1 352 kg **1-2** 0개, 8개
2-1 341 kg **2-2** 2900개

1

종류	색연필	자	연필	지우개	공책	합계
학용품 수	310	20	430		150	1130

(지우개의 수)=1130−(310+20+430+150)
=220(개)
⇨ (연필과 지우개의 수)=430+220
=650(개)

[확인 문제][한 번 더 확인]
1-1 (가, 다, 라, 마 마을의 하루 동안 쓰레기 배출량)
=320+213+302+132
=967 (kg)
⇨ (나 마을의 하루 동안 쓰레기 배출량)
=1319−967=352 (kg)

1-2 서울·경기: 24만 명, 강원: 2만 명, 충청: 4만 명, 경상: 8만 명, 제주: 2만 명
⇨ (전라 지역의 야구 동호회 회원 수)
=48만−(24만+2만+4만+8만+2만)
=8만(명)

2-1 6월의 수확량은 242 kg이므로 7월의 수확량은 242+150=392 (kg)입니다. 9월의 수확량은 583 kg 이므로 10월의 수확량은 583−211=372 (kg)입니다. 따라서 사과 수확량이 가장 많은 달은 9월이고, 가장 적은 달은 6월이므로 차는 583−242=341 (kg)입니다.

6월	7월	8월	9월	10월

●100 kg, ●10 kg, ●1 kg

2-2 3월의 생산량은 1600×2=3200(개), 6월의 생산량은 3500−2300=1200(개)입니다.
따라서 과자 생산량이 가장 많은 달은 5월이고, 가장 적은 달은 6월이므로 차는 4100−1200=2900(개)입니다.

월별 과자 생산량

3월	4월	5월	6월	7월

● 1000개, ● 100개

STEP 2 실전 경시 문제 108~113쪽

1 3가지	**2** 55가지
3 19가지	**4** 24가지
5 16가지	**6** 4개
7 84점, 85점	**8** 2.91 kg
9 46.5 kg	**10** 23
11 33명	**12** 97.25

13

0   $\frac{1}{4}$ $\frac{1}{2}$ $\frac{3}{4}$ 1

14 $\frac{1}{8}$	**15** $\frac{1}{4}$
16 0.35	**17** 노란 색연필
18 ⓒ, ⓒ, ㉠, ㉢	**19** 590명

20

이름	윗몸 일으키기 기록
상민	
준서	
하윤	
민서	

☺ 10번, ☺ 1번

21 90분	**22** 아시아

1 두 수의 합이 9 이상이 되는 경우는 9와 10입니다.
9인 경우: (4, 5), (5, 4)
10인 경우: (5 , 5) ⎫ 3가지

2 십의 자리 숫자가 6일 때, 백의 자리와 일의 자리에 올 수 있는 숫자는 각각 5가지씩이므로 만들 수 있는 세 자리 수는 5×5=25(가지)입니다.

십의 자리 숫자가 5일 때, 백의 자리와 일의 자리에 올 수 있는 숫자는 각각 4가지씩이므로 만들 수 있는 세 자리 수는 4×4=16(가지)입니다.
십의 자리 숫자가 4일 때, 백의 자리와 일의 자리에 올 수 있는 숫자는 각각 3가지씩이므로 만들 수 있는 세 자리 수는 3×3=9(가지), 십의 자리 숫자가 3일 때, 백의 자리와 일의 자리에 올 수 있는 숫자는 각각 2가지씩이므로 만들 수 있는 세 자리 수는 2×2=4(가지)입니다. 십의 자리 숫자가 2일 때, 121의 1가지입니다.
⇨ 25+16+9+4+1=55(가지)

3 작은 금액부터 만들어 봅니다.
동전 1개로 만들 수 있는 금액:
10원, 50원, 100원, 500원
⇨ 4가지
동전 2개로 만들 수 있는 금액:
60원, 110원, 150원, 510원, 550원, 600원
⇨ 6가지
동전 3개로 만들 수 있는 금액:
160원, 200원, 560원, 610원, 650원
⇨ 5가지
동전 4개로 만들 수 있는 금액: 210원, 660원, 700원
⇨ 3가지
동전 5개로 만들 수 있는 금액: 710원 ⇨ 1가지
따라서 만들 수 있는 금액은 모두
4+6+5+3+1=19(가지)입니다.

4

1	2
3	4

1에 빨간색을 칠한다면 2, 3, 4에 색을 칠할 수 있는 방법은 3×2×1=6(가지)입니다. 1에 칠할 수 있는 색은 4가지이므로 모두 4×6=24(가지)입니다.

5

주어진 수를 한 번씩만 사용하여 빈 곳에 세 수의 합이 3의 배수가 되는 경우를 찾아보면 (2, 3, 4), (2, 4, 6), (3, 4, 5), (4, 5, 6)입니다.
가로가 (2, 4, 3)일 때, 세로는 (5, 4, 6), (6, 4, 5)의 2가지가 가능합니다. 가로가 (3, 4, 2)일 때도 마찬가지로 2가지입니다.

가로가 (2, 4, 6)일 때, 세로는 (3, 4, 5), (5, 4, 3)의 2가지가 가능합니다. 가로가 (6, 4, 2)일 때도 마찬가지로 2가지입니다.

가로가 (3, 4, 5)일 때, 세로는 (2, 4, 6), (6, 2, 4)의 2가지가 가능합니다. 가로가 (5, 4, 3)일 때도 마찬가지로 2가지입니다.

가로가 (5, 4, 6)일 때, 세로는 (2, 4, 3), (3, 4, 2)의 2가지가 가능합니다. 가로가 (6, 4, 5)일 때도 마찬가지로 2가지입니다.

따라서 모두 $2 \times 8 = 16$(가지)입니다.

6 동전의 금액의 합이 370원이므로 10원짜리 동전은 2개 또는 7개입니다.

10원짜리 동전이 2개일 때 나머지 동전 10개는 50원짜리와 100원짜리이어야 하는데 이 동전들로 만들 수 있는 최소 금액은 550원이므로 조건을 만족하지 않습니다.

10원짜리 동전이 7개일 때 나머지 동전 5개로 50원짜리와 100원짜리를 나누어 보면 다음 표와 같습니다.

50원짜리 동전(개)	4	3	2	1
100원짜리 동전(개)	1	2	3	4
금액(원)	300	350	400	450

따라서 50원짜리 동전의 개수는 4개입니다.

7 영선이의 전 과목 성적의 합이
$92 + 92 + 92 + 85 + 70 = 431$(점)이므로 길준이의 수학과 음악 점수의 합은
$431 - (88 + 84 + 90) = 169$(점)입니다.
수학 점수는 4의 배수, 음악 점수는 5의 배수이어야 합니다.
음악 점수가 95점이면 수학 점수는 74점입니다.
　　　　　　　　　　　　　　　　　(4의 배수 아님)
음악 점수가 90점이면 수학 점수는 79점입니다.
　　　　　　　　　　　　　　　　　(4의 배수 아님)
음악 점수가 85점이면 수학 점수는 84점입니다.
　　　　　　　　　　　　　　　　　(4의 배수임)

8 ㉮, ㉯ 상자의 무게의 합은 $2.54 \times 2 = 5.08$ (kg)이고,
㉰, ㉱ 상자의 무게의 합은 $3.28 \times 2 = 6.56$ (kg)입니다.
㉮, ㉯, ㉰, ㉱의 무게의 합은 $5.08 + 6.56 = 11.64$ (kg)이므로 평균은 $11.64 \div 4 = 2.91$ (kg)입니다.

9 2반의 학생 수를 □명이라 하면 1반의 학생 수는
$(□ \times 1\frac{2}{5})$명이므로 1반 학생들의 몸무게의 합은
$45 \times □ \times 1\frac{2}{5}$이고, 2반 학생들의 몸무게의 합은
$48.6 \times □$입니다.
또, 1반과 2반의 학생 수는
$□ \times 1\frac{2}{5} + □ = 2\frac{2}{5} \times □$(명)입니다.
(1, 2반 전체 학생들 몸무게의 평균)
$= \{(45 \times □ \times 1\frac{2}{5}) + (48.6 \times □)\} \div (2\frac{2}{5} \times □)$
$= (63 \times □ + 48.6 \times □) \div (2\frac{2}{5} \times □)$
$= (111.6 \times □) \div (2\frac{2}{5} \times □)$
$= 111.6 \div 2\frac{2}{5} = 46.5$ (kg)

10 5개의 수 A, B, C, D, E에서 가장 큰 수를 E라 합니다. A, B, C, D, E의 평균이 32.6이므로
$A + B + C + D + E = 32.6 \times 5 = 163$입니다.
$(A + B + C + D + E \times \frac{1}{2} + 15) \div 5 = 28.5$,
$A + B + C + D + E \times \frac{1}{2} + 15 = 142.5$,
$A + B + C + D + E \times \frac{1}{2} = 127.5$
$2A + 2B + 2C + 2D + E = 127.5 \times 2 = 255$,
$(A + B + C + D + E) + A + B + C + D = 255$,
$163 + A + B + C + D = 255$, $A + B + C + D = 92$
따라서 가장 큰 수를 제외한 나머지 수들의 평균은
$(A + B + C + D) \div 4 = 92 \div 4 = 23$입니다.

11 주희네 반 학생 수를 □명이라 하면 몸무게가 가장 무거운 학생을 뺀 나머지 학생 (□-1)명의 몸무게를 가, 나, 다……라고 하여 각각의 몸무게의 차를 모두 더합니다.
$(60.7 - 가) + (60.7 - 나) + (60.7 - 다) + (60.7 - 라) + $
$…… = 528$
$60.7 \times (□-1) - (가 + 나 + 다 + 라 + ……) = 528$,
$60.7 \times □ - 60.7 - (가 + 나 + 다 + 라 ……) = 528$
가장 무거운 학생을 제외한 나머지 학생들의 몸무게의 합은 가 + 나 + 다 + 라 + …… = $44.7 \times □ - 60.7$이므로
$60.7 \times □ - 60.7 - (가 + 나 + 다 + 라 ……)$
$= 60.7 \times □ - 60.7 - (44.7 \times □ - 60.7) = 528$,
$60.7 \times □ - 60.7 - 44.7 \times □ + 60.7 = 528$,

$16 \times \square = 528$, $\square = 528 \div 16 = 33$
따라서 학생 수는 모두 33명입니다.

12 백의 자리 숫자가 4인 경우:
412, 413, 415, 421, 423, 425, 431, 432, 435, 451, 452, 453 ⇨ 만들 수 있는 세 자리 수는 12개이고 수의 합은 5163입니다.
백의 자리 숫자가 5인 경우:
512, 513, 514, 521, 523, 524, 531, 532, 534, 541, 542, 543 ⇨ 만들 수 있는 세 자리 수는 12개이고 수의 합은 6330입니다.

(백의 자리 숫자가 4인 수의 평균)$=\dfrac{5163}{12}=430.25$

(백의 자리 숫자가 5인 수의 평균)$=\dfrac{6330}{12}=527.5$

⇨ $527.5 - 430.25 = 97.25$

13 검정색 볼펜만 들어 있으므로 파란색 볼펜을 꺼내는 것은 불가능하므로 가능성이 0입니다.

14 각 동전은 그림 면 또는 숫자 면이 나올 수 있습니다.

동전	면							
500원	그림	그림	숫자	그림	그림	숫자	숫자	숫자
500원	그림	그림	그림	숫자	숫자	그림	숫자	숫자
100원	그림	숫자	숫자	그림	숫자	그림	그림	숫자

따라서 나올 수 있는 모든 경우는 8가지이고 모두 숫자 면이 위로 나오는 경우는 1가지이므로 가능성은 $\dfrac{1}{8}$ 입니다.

15

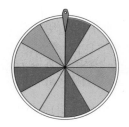

돌림판은 12칸으로 나누어져 있고 그중 빨간색이 3칸, 노란색이 7칸, 연두색이 2칸입니다.
따라서 빨간색 부분에 멈출 가능성을 수로 나타내면 $\dfrac{3}{12}$ 이고 이를 기약분수로 나타내면 $\dfrac{1}{4}$ 입니다.

16 전체 200명의 사람들 중에서 O형인 사람들은
$200 - (50 + 65 + 15) = 70$(명)입니다.

따라서 O형인 사람들을 뽑을 가능성을 수로 나타내면 $\dfrac{70}{200}$ 이고, 이를 소수로 나타내면 0.35입니다.

17 현진이가 색연필을 꺼낸 후 필통 안에는 파란 색연필 2자루, 노란 색연필 3자루가 남았습니다. 민수가 색연필을 한 자루 꺼낼 때 검정 색연필이 나올 가능성은 0, 파란 색연필이 나올 가능성은 $\dfrac{2}{5}$, 노란 색연필이 나올 가능성은 $\dfrac{3}{5}$ 입니다.
따라서 노란 색연필이 나올 가능성이 가장 큽니다.

18 각 사건의 가능성을 수로 나타내면 다음과 같습니다.
㉠ 6의 배수는 6, 12, 18이므로 6의 배수일 가능성은 $\dfrac{3}{20}$ 입니다.
㉡ 1의 배수는 1, 2, 3, ……, 19, 20이므로 1의 배수일 가능성은 1입니다.
㉢ 10의 약수는 1, 2, 5, 10이므로 10의 약수일 가능성은 $\dfrac{4}{20}$ 입니다.
㉣ 30의 배수는 없으므로 가능성이 0입니다.
따라서 사건이 일어날 가능성이 큰 순서대로 기호를 쓰면 ㉡, ㉢, ㉠, ㉣입니다.

19 🧍이 100명, 👤이 10명을 나타내므로 장난감 기차는 530명, 롤러코스터는 420명, 바이킹은 600명, 모노레일은 310명이 이용하였습니다.
(4종류 놀이 기구의 이용 인원의 합)
$=530 + 420 + 600 + 310 = 1860$(명)
5종류 놀이 기구를 하루에 평균 490명이 이용했으므로
(5종류 놀이 기구의 이용 인원의 합)
$=490 \times 5 = 2450$(명)입니다.
따라서 이날 회전목마의 이용 인원은
$2450 - 1860 = 590$(명)입니다.

20 상민: 32번, 하윤: 20번, 민서: 35번
(상민, 하윤, 민서의 윗몸 일으키기 기록의 평균)
$=\dfrac{32 + 20 + 35}{3} = \dfrac{87}{3} = 29$(번)
따라서 준서의 윗몸 일으키기 기록은 $29 - 3 = 26$(번)입니다.

21 줄넘기 연습 시간

이름	민채	재덕	상원	수미
연습 시간				

🎗 1시간, 🎗 10분

민채는 3시간 20분, 재덕이는 2시간 10분, 상원이는 3시간 40분입니다. 수미를 제외한 친구들의 연습 시간의 합은 9시간 10분=550분입니다. 평균 연습 시간이 190분이므로 모둠원들의 전체 연습 시간은
190×4=760(분)입니다.
따라서 수미의 연습 시간은
760−550=210(분) ⇨ 3시간 30분입니다.
연습 시간이 가장 긴 사람은 상원이고, 연습 시간이 가장 짧은 사람은 재덕이입니다.
⇨ (연습 시간이 가장 긴 사람과 가장 짧은 사람의 차)
  =3시간 40분−2시간 10분
  =1시간 30분
  =90분

22 대륙별 인구 수와 면적

👤 대륙별 인구 수
⬭ 대륙별 면적

오세아니아
3900만 명
945만 km²

아시아
438500만 명
3510만 km²

남아메리카
63000만 명
2250만 km²

북아메리카
36100만 명
2400만 km²

유럽
74300만 명
2550만 km²

아프리카
116600만 명
3345만 km²

대륙별 인구 밀도는 (인구 수)÷(대륙의 면적)으로 구합니다.
아시아: 438500만÷3510만=약 125(명/km²),
아프리카: 116600만÷3345만=약 35(명/km²),
유럽: 74300만÷2550만=약 29(명/km²),
북아메리카: 36100만÷2400만=약 15(명/km²),
남아메리카: 63000만÷2250만=약 28(명/km²),
오세아니아: 3900만÷945만=약 4(명/km²)
따라서 인구 밀도가 가장 높은 대륙은 아시아입니다.

STEP 3 코딩 유형 문제　114~115쪽

1 02번에 '2단원'이라고 이름을 붙입니다.
  03 → 3단원
  04 → 4단원
  02W90, 03W85, 04W84, 329, 82.25
2 25
3 ① 던집니다 ② 그림 면 또는 숫자 면
  ④ 반복 ⑤ 가능성

2 20 이상 30 이하의 자연수는 20, 21, 22, 23, ……, 29, 30입니다.
(입력된 모든 수의 평균)
$$=\frac{20+21+22+\cdots\cdots+29+30}{11}$$
$$=\frac{275}{11}=25$$

STEP 4 도전! 최상위 문제　116~119쪽

1 $\frac{4}{15}$	**2** 37회
3 130번	**4** 2명
5 $\frac{2}{3}$	**6** $\frac{1}{8}$
7 121.8대	**8** 약 9845000명

1 일의 자리 숫자가 2인 경우: 132, 142, 152, 162, 312, 342, 352, 362 ⇨ 8개
일의 자리 숫자가 4인 경우:
124, 134, 154, 164
214, 234, 254, 264 ⟩ ⇨ 12개
314, 324, 354, 364
일의 자리 숫자가 6인 경우:
126, 136, 146, 156
216, 236, 246, 256 ⟩ ⇨ 12개
316, 326, 346, 356
따라서 400 이하의 짝수는 8+12+12=32(개)이고 세 자리 수는 120개이므로 가능성은 $\frac{32}{120}=\frac{4}{15}$ 입니다.

2 가 전등은 3초, 나 전등은 2초, 다 전등은 5초마다 파란색으로 돌아옵니다.

즉, 3, 2, 5의 최소공배수인 30초 후에 동시에 세 전등은 같은 파란색으로 바뀝니다. 30초 동안 초록색이 나오는 경우를 살펴보면 다음과 같습니다.

가 전등: $30 \div 3 = 10$(회)

나 전등: $30 \div 2 = 15$(회)

다 전등: $30 \div 5 = 6$, $6 \times 2 = 12$(회)

따라서 모두 $10 + 15 + 12 = 37$(회)입니다.

3 보이는 후프 돌리기 기록을 작은 수부터 차례로 써 보면 120번대 5명, 130번대 5명, 140번대 7명입니다.

130번대인 학생 수는 $21 \times \frac{1}{3} = 7$(명)이므로

보이지 않는 칸 중 2칸은 130번대입니다.

또, 120번대와 140번대 학생 수가 같아야 하므로 보이지 않는 칸 중 2칸은 120번대입니다.

(보이지 않는 130번대 2칸의 합)

$= 134 \times 2$

$= 268$(번)

(보이지 않는 120번대 2칸의 합)

$= (144 - 18) \times 2$

$= 252$(번)

따라서 (보이지 않는 기록의 평균)

$= \dfrac{268 + 252}{4} = 130$(번)입니다.

4 30점과 40점인 학생 수는

$30 - (5 + 7 + 10 + 2) = 6$(명)입니다.

40점을 받은 학생 수를 □명이라 하면

30점인 학생 수는 (6−□)명입니다.

전체 학생의 점수의 합은

$(0 \times 5) + (10 \times 7) + (20 \times 10) + \{30 \times (6 - □)\}$

$+ (40 \times □) + (50 \times 2) + (60 \times 0)$

$= 0 + 70 + 200 + 180 - 30 \times □ + 40 \times □ + 100 + 0$

$= 550 - 30 \times □ + 40 \times □$

$= 550 + 10 \times □$입니다.

전체 학생들의 점수의 평균이 19점이므로

$10 \times □ + 550 = 19 \times 30 = 570$에서 □$= 2$입니다.

따라서 40점을 받은 학생은 2명입니다.

5 정희가 가위를 낼 경우 모든 경우의 수는 다음과 같이 9가지입니다.

정희	가위	가위	가위	가위	가위	가위	가위	가위	가위
소희	가위	가위	가위	바위	바위	바위	보	보	보
민희	가위	바위	보	가위	바위	보	가위	바위	보

이 중 1등을 정할 수 없는 경우는 6가지입니다.

정희가 바위와 보를 낼 경우에도 각각 6가지이므로 모두 $6 \times 3 = 18$(가지)입니다.

따라서 전체 $9 \times 3 = 27$(가지) 중 한 번에 1등 1명을 정할 수 없는 경우는 18가지이므로 가능성은 $\dfrac{18}{27} = \dfrac{2}{3}$입니다.

6 0은 십의 자리에 놓을 수 없으므로 십의 자리 숫자는 1, 2, 3, ……, 8이 가능하고 일의 자리 숫자는 0, 1, 2, ……, 8이 가능합니다. 십의 자리 숫자가 1일 때 일의 자리에 올 수 있는 숫자는 8가지입니다. 십의 자리 숫자가 2, 3, 4, ……, 8일 때도 각각 8가지이므로 만들 수 있는 두 자리 수는 모두 $8 \times 8 = 64$(가지)입니다. 그 중에서 4의 배수이면서 일의 자리 숫자가 십의 자리 숫자보다 큰 경우를 살펴보면 다음과 같습니다.

십의 자리 숫자가 1일 때: 12, 16

십의 자리 숫자가 2일 때: 24, 28

십의 자리 숫자가 3일 때: 36

십의 자리 숫자가 4일 때: 48

십의 자리 숫자가 5일 때: 56

십의 자리 숫자가 6일 때: 68

$2 + 2 + 1 + 1 + 1 + 1 = 8$(가지)입니다.

따라서 만든 두 자리 수가 4의 배수이면서 일의 자리 숫자가 십의 자리 숫자보다 클 가능성은 $\dfrac{8}{64} = \dfrac{1}{8}$입니다.

7 기계 ①, ②, ③이 각각 1시간, 5시간, 일주일 동안 생산하는 자동차 수는 다음과 같습니다.

	1시간	5시간	일주일
①	4.5×6 $= 27$(대)	27×5 $= 135$(대)	135×7 $= 945$(대)
②	6.5×3 $= 19.5$(대)	19.5×5 $= 97.5$(대)	97.5×7 $= 682.5$(대)
③	10.2×2 $= 20.4$(대)	20.4×5 $= 102$(대)	102×7 $= 714$(대)

기계 한 대당 자동차를 일주일 동안 평균 798.5대 만
드므로 일주일 동안 기계 4대가 자동차를
798.5×4=3194 (대) 만듭니다.
기계 ④가 일주일 동안 만드는 자동차는
3194－(945＋682.5＋714)=3194－2341.5
＝852.5 (대)
입니다.
따라서 기계 ④가 하루 동안에 만드는 자동차의 수는
852.5÷7=121.78…… ➪ 121.8(대)입니다.

8

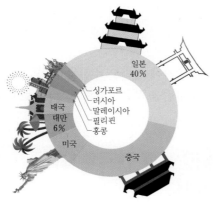

방문자 수 상위 10개 국가

(전체 방문자 수: 약 1100만 명)

(중국인 관광객 수의 비율)＝40×0.8
＝32(%)
(일본과 중국인 관광객 수의 평균)
＝(1100만×0.72)÷2
＝396만(명)
(미국인 관광객 수)＝396만－308만
＝88만(명)
(대만인 관광객 수)＝1100만×0.06
＝66만(명)
(태국인 관광객 수)＝(88만＋66만)÷2×0.5
＝38.5만(명)
➪ (상위 5개 국가의 관광객 수)
＝396만＋396만＋88만＋66만＋38.5만
＝984.5만(명) ➪ 약 9845000명

다른 풀이

(일본인 관광객 수)＝1100만×0.4=440만 (명)
(중국인 관광객 수)＝440만×0.8=352만 (명)
(일본인과 중국인 관광객 수의 평균)
＝(440만＋352만)÷2＝396만 (명)
(대만인 관광객 수)＝1100만×0.06=88만 (명)
(태국인 관광객 수)＝(88만＋66만)÷2×0.5
＝38.5만 (명)
➪ (상위 5개 국가의 관광객 수)
＝440만＋352만＋88만＋66만＋38.5만
＝984.5만 (명) ➪ 9845000명

특강 영재원·**창의융합** 문제	120쪽

9 4가지　　　**10** 6가지
11 $\dfrac{1}{10}$

9 첫 번째 의자에 앉은 사람이 딸기 맛 마카롱을 먹을 경
우를 표로 나타내면 다음과 같습니다.

①	②	③	④	⑤
딸기 맛	딸기 맛	초코 맛	초코 맛	초코 맛
딸기 맛	초코 맛	딸기 맛	초코 맛	초코 맛
딸기 맛	초코 맛	초코 맛	딸기 맛	초코 맛
딸기 맛	초코 맛	초코 맛	초코 맛	딸기 맛

10 첫 번째 의자에 앉은 사람이 초코 맛 마카롱을 먹을 경
우의 수를 표로 나타내면 다음과 같습니다.

①	②	③	④	⑤
초코 맛	딸기 맛	딸기 맛	초코 맛	초코 맛
초코 맛	딸기 맛	초코 맛	딸기 맛	초코 맛
초코 맛	딸기 맛	초코 맛	초코 맛	딸기 맛
초코 맛	초코 맛	딸기 맛	딸기 맛	초코 맛
초코 맛	초코 맛	딸기 맛	초코 맛	딸기 맛
초코 맛	초코 맛	초코 맛	딸기 맛	딸기 맛

11 모든 경우의 수는 4＋6=10(가지)이고, 주어진 조건에
해당하는 경우의 수는 1가지이므로 자신이 주문한대로
마카롱을 먹을 수 있는 확률은 $\dfrac{1}{10}$입니다.

VI 규칙성 영역

STEP 1 경시 **기출 유형** 문제   122~123쪽

[주제 학습 22] $\dfrac{1}{30}$

1 6.1   **2** $\dfrac{1}{5}$

[확인 문제] [한 번 더 확인]

1-1 $1\dfrac{19}{20}$ **1-2** 36

2-1 33   **2-2** 화요일

3-1 4563   **3-2** 6.024

---

1 0.5에서 0.4씩 커지는 규칙이므로 □번째 수는
0.5+{0.4×(□−1)}입니다.
따라서 15번째 수는 0.5+(0.4×14)=0.5+5.6=6.1
입니다.

2 수를 1개, 2개, 3개……씩 묶어 보면 (1), $(1, \dfrac{1}{2})$,
$(1, \dfrac{1}{2}, \dfrac{1}{3})$……입니다.
1+2+3+4+5+6=21이므로 20번째 수는 6번째
묶음의 5번째 수입니다.
따라서 20번째 수는 $(1, \dfrac{1}{2}, \dfrac{1}{3}, \dfrac{1}{4}, \dfrac{1}{5}, \dfrac{1}{6})$에서 $\dfrac{1}{5}$
입니다.

[확인 문제] [한 번 더 확인]

1-1 분모는 1부터 1씩 커지는 규칙이고 분자는 두 번째
수부터 분모보다 1 작은 수입니다. 따라서 30번째 수
는 $\dfrac{29}{30}$이고, 60번째 수는 $\dfrac{59}{60}$입니다.
⇨ $\dfrac{29}{30} + \dfrac{59}{60} = \dfrac{58}{60} + \dfrac{59}{60} = \dfrac{117}{60} = 1\dfrac{57}{60} = 1\dfrac{19}{20}$

다른 풀이

$\dfrac{1}{1}, \dfrac{1}{2}, \dfrac{2}{3}, \dfrac{3}{4}$……이므로 첫 번째 수는 1이고 두 번째 수
수부터 규칙을 찾을 수 있습니다.
□번째 수 ⇨ $\dfrac{\square-1}{\square}$
따라서 30번째 수는 $\dfrac{30-1}{30} = \dfrac{29}{30}$이고 60번째 수는
$\dfrac{60-1}{60} = \dfrac{59}{60}$입니다. ⇨ $\dfrac{29}{30} + \dfrac{59}{60} = \dfrac{117}{60} = 1\dfrac{19}{20}$

1-2 주어진 수 1, 4, 9, 16……은 1×1, 2×2, 3×3,
4×4……의 규칙입니다.
따라서 8번째 수는 8×8=64이고, 10번째 수는
10×10=100이므로 두 수의 차는 100−64=36입
니다.

2-1 4+28=32, A+B=32이므로 대각선 위의 대칭인
두 수의 합이 32인 규칙입니다. C+E=32이므로 D
는 E보다 1 큰 수입니다.
따라서 C+D=C+E+1=32+1=33입니다.

2-2 이 해의 12월 15일은 월요일입니다. 12월 15일부터
다음 해 12월 15일까지는 365일이므로
365÷7=52…1에서 다음 해 12월 15일은 화요일입
니다.

3-1 5634−6345를 보면 가장 앞에 있던 숫자를 가장 뒤
로 보내는 규칙입니다. 따라서 빈칸에 알맞은 수는
3456에서 3을 가장 뒤로 보낸 4563입니다.

3-2 0.246−2.460을 보면 소수점 앞에 있는 숫자를 가장
뒤로 보내고 소수점을 오른쪽으로 한 칸 움직인 규칙
입니다.
따라서 빈칸에 알맞은 수는 4.602의 4를 가장 뒤로 보
내고 소수점을 오른쪽으로 한 칸 옮긴 6.024입니다.

STEP 1 경시 **기출 유형** 문제   124~125쪽

[주제 학습 23] 14

1 $1\dfrac{1}{2}$ **2** 1.1

[확인 문제] [한 번 더 확인]

1-1 2.75   **1-2** 140

2-1 25   **2-2** 1.8

3-1 6   **3-2** 4

---

1 A에 곱하는 수를 □라 하면
$\dfrac{1}{2} × \square = 3$에서 $\square = 3 ÷ \dfrac{1}{2} = 3 × 2 = 6$입니다.
$\dfrac{1}{2} × 6 = 3$, $\dfrac{1}{3} × 6 = 2$이므로 $\dfrac{1}{4} × 6 = \dfrac{3}{2} = 1\dfrac{1}{2}$입니다.

2 A를 나누는 수를 □라 하면 2.5÷□=0.5에서
□=2.5÷0.5=5입니다.
$25÷5=\dfrac{1}{2}$, 4÷5=0.8이므로 5.5÷5=1.1입니다.

[확인 문제] [한 번 더 확인]

1-1 $4 \times 0.25 = 1$, $7 \times 0.25 = 1.75$이므로 $11 \times 0.25 = 2.75$
입니다.

1-2 $35 \div 0.5 = 70$, $50 \div 0.5 = 100$이므로 $70 \div 0.5 = 140$
입니다.

2-1 $24 \times (\frac{1}{2} + \frac{1}{4} + \frac{1}{6} + \frac{1}{8})$
$= 24 \times \frac{1}{2} + 24 \times \frac{1}{4} + 24 \times \frac{1}{6} + 24 \times \frac{1}{8}$
$= 12 + 6 + 4 + 3 = 25$

다른 풀이

$24 \times (\frac{1}{2} + \frac{1}{4} + \frac{1}{6} + \frac{1}{8})$
$= 24 \times (\frac{12}{24} + \frac{6}{24} + \frac{4}{24} + \frac{3}{24})$
$= 24 \times \frac{25}{24} = 25$

2-2 $2.5 - (0.3 + 0.7 + 1.1 - 0.5 - 0.9)$
$= 2.5 - 0.7 = 1.8$

3-1 2, $2 \times 2 = 4$, $2 \times 2 \times 2 = 8$, $2 \times 2 \times 2 \times 2 = 16$,
$2 \times 2 \times 2 \times 2 \times 2 = 32$……이므로 일의 자리 숫자는
2, 4, 8, 6이 되풀이되는 규칙입니다.
따라서 $100 \div 4 = 25$이므로 일의 자리 숫자는 6입니다.

3-2 4, $4 \times 4 = 16$, $4 \times 4 \times 4 = 64$, $4 \times 4 \times 4 \times 4 = 256$……
이므로 마지막 자리 숫자는 홀수 번 곱하면 4, 짝수
번 곱하면 6입니다. 따라서 199는 홀수이므로 소수
점 아래 끝자리 숫자는 4입니다.

STEP 1 경시 **기출 유형** 문제   126~127쪽

[주제 학습 24]

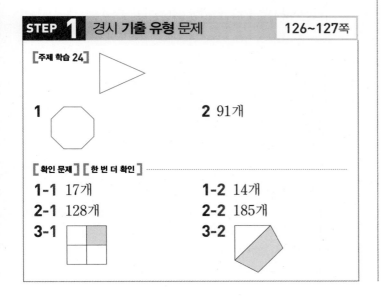

1 (팔각형 도형)

2 91개

[확인 문제] [한 번 더 확인]

1-1 17개   **1-2** 14개

2-1 128개   **2-2** 185개

3-1 (격자 도형)   **3-2** (오각형 도형)

---

1 팔각형, 육각형, 오각형이 반복됩니다.
$435 \div 3 = 145 \cdots 1$이므로 436번째 모양은 처음 도형
과 같게 됩니다.

2 쌓기나무를 쌓아올린 규칙을 찾아 표로 나타내면 다
음과 같습니다.

순서	1	2	3	4	……
개수	1	1+2	1+2+3	1+2+3+4	……

⇨ (13번째 쌓기나무의 개수)
$= 1+2+3+4+5+6+7+8+9+10+11+12+13$
$= 91$(개)

[확인 문제] [한 번 더 확인]

1-1 □각형의 한 꼭짓점에서 그을 수 있는 대각선의 수는
(□-3)개이므로 이십각형의 한 꼭짓점에서 그을 수
있는 대각선의 수는 $20-3 = 17$(개)입니다.

1-2 □각형의 모든 꼭짓점에서 그을 수 있는 대각선의 수
는 $\dfrac{□ \times (□-3)}{2}$이므로

(칠각형의 대각선의 수)$= \dfrac{7 \times 4}{2} = 14$(개)입니다.

2-1 순서와 가장 작은 정사각형의 수를 표로 나타내면 다
음과 같습니다.

순서	1	2	3	4
개수	2	4	8	16

□번째 도형의 가장 작은 정사각형의 수는 2를 □번
곱한 수입니다. 따라서 7번째 도형의 가장 작은 정사
각형의 개수는
$\underbrace{2 \times 2 \times 2 \times 2 \times 2 \times 2 \times 2}_{7\text{번}} = 128$(개)입니다.

2-2 순서와 쌓기나무의 수를 표로 나타내면 다음과 같습
니다.

순서	1	2	3	4	5
개수	2	3	5	8	12

쌓기나무가 1, 2, 3……개씩 늘어나는 규칙입니다.
⇨ (첫 번째 모양부터 열 번째 모양까지 사용한 쌓기
나무 수의 합)
$= 2+3+5+8+12+17+23+30+38+47$
$= 185$(개)

3-1 색칠한 칸이 시계 반대 방향으로 한 칸씩 움직이고
있습니다. 따라서 20번째 모양은 4번째 모양과 같습
니다.

3-2 시계 방향으로 90°씩 움직이는 규칙입니다. 따라서 186번째 모양은 186÷4=46…2이므로 2번째 모양과 같습니다.

[주제 학습 25] 2번

1 2번

[확인 문제] [한 번 더 확인]

1-1 225 g   **1-2** 150 g
2-1 4가지   **2-2** 5가지
3-1 4가지   **3-2** 4가지

---

1 9개의 구슬에 각각 1부터 9까지의 번호를 붙인 후 1부터 3까지, 4부터 6까지, 7부터 9까지 세 묶음으로 나눕니다.
1부터 3까지와 4부터 6까지를 양쪽 접시에 올린 경우
① 수평인 경우: 7부터 9까지에 가벼운 구슬이 있으므로 7, 8을 비교하여 수평이면 9가 가벼운 구슬이고 수평이 아니면 7, 8 중 올라간 구슬이 가벼운 구슬입니다. ⇨ 2번
② 수평이 아닌 경우: 올라간 쪽이 1부터 3까지이면 1, 2를 비교하여 수평이면 3이 가벼운 구슬이고 수평이 아니면 1, 2 중 올라간 구슬이 가벼운 구슬입니다. ⇨ 2번
올라간 쪽이 4부터 6까지이어도 같은 방법으로 찾을 수 있습니다. ⇨ 2번
따라서 윗접시저울을 적어도 2번 사용해야 가벼운 구슬을 찾을 수 있습니다.

[확인 문제] [한 번 더 확인]

1-1

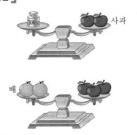

첫 번째 저울에서 사과 1개의 무게는
300÷2=150 (g)입니다.
배 2개의 무게는 사과 3개의 무게와 같으므로
150×3=450 (g)입니다.
따라서 배 1개의 무게는 450÷2=225 (g)입니다.

1-2

두 번째 저울에서 양쪽에서 자몽 1개씩을 내려놓으면 자몽 2개의 무게는 400 g이므로 자몽 1개의 무게는 400÷2=200 (g)입니다.
복숭아 4개의 무게는 자몽 3개의 무게와 같으므로
200×3=600 (g)입니다.
따라서 복숭아 1개의 무게는 600÷4=150 (g)입니다.

2-1 50 g짜리 추 6개와 100 g짜리 추 3개들로 300 g을 만드는 방법은 다음과 같습니다.

50 g짜리 추의 수(개)	6	4	2	0
100 g짜리 추의 수(개)	0	1	2	3

⇨ 4가지

2-2 50 g짜리 추 8개와 100 g짜리 추 8개로 500 g을 만드는 방법은 다음과 같습니다.

50 g짜리 추의 수(개)	0	2	4	6	8
100 g짜리 추의 수(개)	5	4	3	2	1

⇨ 5가지

3-1 합이 10 이하인 수를 만드는 방법을 생각해 봅니다.
1, 2, 3(=1+2), 4, 5(=1+4), 6(=2+4), 7(=1+2+4), 8, 9(=1+8), 10(=2+8)입니다.
따라서 사용하는 추의 무게는 1 g, 2 g, 4 g, 8 g으로 4가지입니다.

다른 풀이

1, 2, 3(=1+2), 4, 5(=1+4), 6, 7(=1+2+4), 8(=2+6), 9(=1+2+6), 10(=4+6)입니다.
따라서 사용해야 하는 추의 무게는 1 g, 2 g, 4 g, 6 g으로 4가지입니다.

3-2 합이 15 이하인 수를 만드는 방법을 생각해 봅니다.
1, 2, $3(=1+2)$, 4, $5(=1+4)$, $6(=2+4)$, $7(=1+2+4)$, 8, $9(=1+8)$, $10(=2+8)$, $11(=1+2+8)$, $12(=4+8)$, $13(=1+4+8)$, $14(=2+4+8)$, $15(=1+2+4+8)$입니다.
따라서 사용하는 추의 무게는 $1\,g$, $2\,g$, $4\,g$, $8\,g$으로 4가지입니다.

STEP 1 경시 **기출 유형 문제**　　130~131쪽

[주제 학습 26] 검은색

1 검은색　　　　　　　　　**2** 59개

[확인 문제] [한 번 더 확인]

1-1 40개　　　　　　　　　**1-2** 13개
2-1 42　　　　　　　　　　**2-2** 138
3-1 15　　　　　　　　　　**3-2** 58

1 주어진 그림은 흰색 바둑돌 1개, 검은색 바둑돌 1개, 흰색 바둑돌 1개, 검은색 바둑돌 2개, 흰색 바둑돌 1개, 검은색 바둑돌 3개……이므로 바둑돌이 놓인 규칙은 흰색 바둑돌은 1개씩이고, 검은색 바둑돌은 1개, 2개, 3개……로 늘어납니다.
바둑돌을 2개, 3개, 4개……씩 묶어 보면
$2+3+4+5+6=20$입니다.
따라서 25번째 바둑돌은 바둑돌 7개를 묶은 묶음의 5번째이므로 검은색입니다.

2 바둑돌의 수는 1, 3, 5……으로 2개씩 늘어나는 규칙이므로 □번째는 (□×2−1)개로 나타낼 수 있습니다.
따라서 30번째 바둑돌의 개수는 $30×2-1=59$(개)입니다.

[확인 문제] [한 번 더 확인]

1-1 홀수 번째 줄 바둑돌은 2개, 짝수 번째 줄 바둑돌은 4, 5, 6……으로 늘어나는 규칙입니다. 따라서 10번째까지 바둑돌의 개수는
$2+4+2+5+2+6+2+7+2+8=40$(개)입니다.

1-2 홀수 번째 바둑돌은 1개, 짝수 번째 바둑돌은 3, 5, 7……로 2개씩 늘어나고 있습니다. 따라서 12번째는 짝수이므로 $3+2+2+2+2+2=13$(개)입니다.

2-1

행 \ 열	1	2	3	……
1	1	2	3	……
2	2	3	4	……
3	3	4	5	……
⋮	⋮	⋮	⋮	⋮

규칙을 찾아보면 각 행의 1열의 수는 행의 수와 같고 □행 △열의 수는 (□+△−1)입니다.
따라서 15행 28열에 들어갈 수는 $15+28-1=42$입니다.

참고
행은 가로 부분을, 열은 세로 부분을 말합니다.

2-2

행 \ 열	1	2	3	4	……
1	1	2	5	10	……
2	4	3	6	11	……
3	9	8	7	12	……
4	16	15	14	13	……
⋮	⋮	⋮	⋮	⋮	⋮

˩ 모양으로 2, 3, 4……를 순서대로 쓰는 규칙입니다.
따라서 12행 1열은 $12×12=144$이므로 12행 7열은 $144-6=138$입니다.

3-1
```
          1
       2   3
     3   4   5
   4   5   6   7
 5   6   7   8   9
          ⋮
```
규칙을 찾으면 □번째 줄의 왼쪽에서 첫 번째 수는 □이고 오른쪽으로 갈수록 1씩 커집니다. 따라서 13번째 줄의 3번째 수는 $13+2=15$입니다.

3-2 각 줄의 합을 구해 보면 다음과 같습니다.
```
            1          첫 번째 … 1  ⎫ +1
          1   1        두 번째 … 2  ⎬ +2
        1   2   1      세 번째 … 4  ⎬ +4
      1   3   3   1    네 번째 … 8  ⎬ +6
    1   4   4   4   1            … 14 ⎭
```

따라서 9번째 줄의 수의 합은
1+1+2+4+6+8+10+12+14=58입니다.

---

1 49.5	**2** 674번째
3 $5\frac{1}{9}$	**4** 10.499
5 3	**6** $\frac{20}{201}$
7 1338.2	**8** 19.3
9 1	**10** 7
11 9	**12** 273
13 160	**14**

15 10개	**16** 264개
17 110개	**18** 41개
19 276 cm	**20** 3번
21 5번	**22** ①, ⑤
23 13가지	**24** ②
25 4개	**26** 1
27 62	**28** 104
29 55	**30** 32
31 289개, 2312개	**32** 정유년

1 생략된 수를 모두 나타내면
1.1, 9.9, 2.2, 8.8, 3.3, 7.7, 4.4, 6.6, 5.5입니다.
이 수를 2개씩 묶어 더하면
11×4+5.5=44+5.5=49.5입니다.

2 1부터 1010까지의 자연수 중에서
4의 배수: 1010÷4=252…2이므로 252개,
6의 배수: 1010÷6=168…2이므로 168개,
4와 6의 공배수: 1010÷12=84…2이므로 84개입니다.
그러므로 4의 배수이거나 6의 배수인 수는
252+168−84=336(개)입니다.
따라서 1010은 1010−336=674(번째) 수입니다.

3 5번째 줄에 있는 분수: $\frac{11}{9}$, $\frac{12}{9}$, $\frac{13}{9}$, $\frac{14}{9}$, $\frac{15}{9}$

6번째 줄에 있는 분수: $\frac{16}{9}$, $\frac{17}{9}$, $\frac{18}{9}$, $\frac{19}{9}$, $\frac{20}{9}$, $\frac{21}{9}$

$$\Rightarrow \left(\frac{16}{9}+\frac{17}{9}+\frac{18}{9}+\frac{19}{9}+\frac{20}{9}+\frac{21}{9}\right)$$
$$-\left(\frac{11}{9}+\frac{12}{9}+\frac{13}{9}+\frac{14}{9}+\frac{15}{9}\right)$$
$$=\left(\frac{16}{9}-\frac{11}{9}\right)+\left(\frac{17}{9}-\frac{12}{9}\right)+\left(\frac{18}{9}-\frac{13}{9}\right)$$
$$+\left(\frac{19}{9}-\frac{14}{9}\right)+\left(\frac{20}{9}-\frac{15}{9}\right)+\frac{21}{9}$$
$$=\left(\frac{5}{9}\times5\right)+\frac{21}{9}=\frac{46}{9}=5\frac{1}{9}$$

4 $5.6\underline{32}−5.6\underline{23}$
⇨ 소수점 아래 둘째 자리와 셋째 자리 교환
$5.6\underline{23}−5.\underline{3}26$
⇨ 소수점 아래 첫째 자리와 셋째 자리 교환
$5.3\underline{2}6−5.3\underline{6}2$
⇨ 소수점 아래 둘째 자리와 셋째 자리 교환
따라서 A=5.263, B=5.236이므로
A+B=5.263+5.236=10.499입니다.

5 7÷11=0.636363……으로 소수 첫째 자리부터 6, 3
이 반복됩니다. 따라서 소수 20번째 자리 숫자는 3이
고, 소수 1215번째 자리 숫자는 6이므로 차는
6−3=3입니다.

6 늘어놓은 분수들을 단위분수의 합으로 나타내면
$\frac{21}{110}=\frac{1}{10}+\frac{1}{11}$, $\frac{23}{132}=\frac{1}{11}+\frac{1}{12}$, $\frac{25}{156}=\frac{1}{12}+\frac{1}{13}$,
$\frac{27}{182}=\frac{1}{13}+\frac{1}{14}$, $\frac{29}{210}=\frac{1}{14}+\frac{1}{15}$……이므로
1999번째는 $\frac{1}{2008}+\frac{1}{2009}$,
2000번째는 $\frac{1}{2009}+\frac{1}{2010}$로 나타낼 수 있습니다.
(홀수 번째 수들의 합)
$$=\frac{21}{110}+\frac{25}{156}+\frac{29}{210}+……$$
$$=\left(\frac{1}{10}+\frac{1}{11}\right)+\left(\frac{1}{12}+\frac{1}{13}\right)+\left(\frac{1}{14}+\frac{1}{15}\right)$$
$$+……+\left(\frac{1}{2008}+\frac{1}{2009}\right)$$
(짝수 번째 수들의 합)
$$=\frac{23}{132}+\frac{27}{182}+……$$
$$=\left(\frac{1}{11}+\frac{1}{12}\right)+\left(\frac{1}{13}+\frac{1}{14}\right)+……+\left(\frac{1}{2009}+\frac{1}{2010}\right)$$
따라서 (홀수 번째 수들의 합)−(짝수 번째 수들의 합)은

$$\left\{\left(\frac{1}{10}+\frac{1}{11}\right)+\left(\frac{1}{12}+\frac{1}{13}\right)+\left(\frac{1}{14}+\frac{1}{15}\right)\right.$$
$$\left.+\cdots\cdots+\left(\frac{1}{2008}+\frac{1}{2009}\right)\right\}$$
$$-\left\{\left(\frac{1}{11}+\frac{1}{12}\right)+\left(\frac{1}{13}+\frac{1}{14}\right)+\cdots\cdots+\left(\frac{1}{2009}+\frac{1}{2010}\right)\right\}$$
$$=\frac{1}{10}-\frac{1}{2010}=\frac{201}{2010}-\frac{1}{2010}$$
$$=\frac{200}{2010}=\frac{20}{201}$$

7 A×□=B라 하면
68×□=54.4이므로 □=54.4÷68=0.8입니다.
따라서 ㉮=154×0.8=123.2, ㉯×0.8=972,
㉯=972÷0.8=1215입니다.
⇨ ㉮+㉯=123.2+1215=1338.2

8 (6.2+1.8)×□=20에서
8×□=20, □=2.5입니다.
㉠◉7.5=(㉠+7.5)×2.5=32에서
㉠=32÷2.5−7.5=5.3입니다.
6◉㉡=(6+㉡)×2.5=50에서
㉡=50÷2.5−6=14입니다.
⇨ ㉠+㉡=5.3+14=19.3

9 7, 7×7=49, 7×7×7=343, 7×7×7×7=2401,
7×7×7×7×7=16807이므로 끝자리 숫자는 7, 9,
3, 1이 반복됩니다.
따라서 1004÷4=251이므로 계산 결과의 소수점 아
래 끝자리 숫자는 1입니다.

10 3, 3×3=9, 3×3×3=27, 3×3×3×3=81,
3×3×3×3×3=243이므로 끝자리 숫자는 3, 9, 7,
1이 반복됩니다.
따라서 303÷4=75…3이므로 계산 결과의 소수점 아
래 끝자리 숫자는 7입니다.

11 5, 5×5=25, 5×5×5=125, 5×5×5×5=625······
이므로 일의 자리 숫자는 항상 5입니다.
2, 2×2=4, 2×2×2=8, 2×2×2×2=16,
2×2×2×2×2=32······이므로 일의 자리 숫자는 2,
4, 8, 6이 반복됩니다.
즉, 222÷4=55…2이므로 일의 자리 숫자는 4입니다.
따라서 555를 555번 곱한 수와 222를 222번 곱한 수
의 합의 일의 자리 숫자는 5+4=9입니다.

12

첫 번째: 4×1−1=3, 4−1+3=6
두 번째: 7×3−1=20, 7−3+20=24
세 번째: 11×6−1=65, 11−6+65=70
네 번째: 16×9−1=143, 16−9+143=150
⇨ ㉰=㉮×㉯−1, ㉱=㉮−㉯+㉰
㉰=㉮×㉯−1이고, ㉱=㉮−㉯+㉰입니다. 또 ㉮는
4, 7, 11, 16······로 3, 4, 5······씩 커지고 있으므로
㉮=16+6=22입니다.
㉯=12이므로 ㉰=22×12−1=263,
㉱=22−12+263=273입니다.

13 1에서 50까지의 수를 나열하면 2, 4, 6, 8는 일의 자리
에 각각 5번씩 사용되고 2, 4는 십의 자리에 각각 10
번씩 사용됩니다.
⇨ (2+4+6+8)×5+(2+4)×10=100+60=160

14 다음과 같은 모양이 반복됩니다.

123÷6=20…3이므로 123번째 모양은 3번째와 같은
모양으로 색칠합니다.

15 홀수 번째 도형은 4, 6, 8······로 변의 개수가 2개씩 늘
어나고, 짝수 번째 도형은 8, 7, 6······으로 변의 개수
가 1개씩 줄어드는 규칙입니다.
따라서 7번째 도형은 5번째 도형보다 변의 개수가 2개
늘어난 십각형이므로 꼭짓점의 개수는 10개입니다.

16

1번째	2번째	3번째	4번째	5번째	6번째	7번째	···
4	12	24	40	60	84	112	···

+8 +12 +16 +20 +24 +28

따라서 11번째 모양을 만들 때 필요한 성냥개비의 수
는 4+8+12+16+20+24+28+32+36+40+44=
264(개)입니다.

17 연결 큐브의 개수가 2개, 4개, 6개······로 2개씩 늘어
나고 있습니다.
⇨ 2+4+6+8+10+12+14+16+18+20=110(개)

18 5번째 모양은 다음과 같습니다.

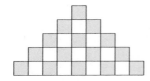

가장 작은 정사각형: 25개
4칸짜리 정사각형: 12개
9칸짜리 정사각형: 4개
⇨ 25+12+4=41(개)

19 각 모양의 변의 개수와 둘레를 표로 나타내면 다음과 같습니다.

	변의 개수	둘레
1	10	10×6=60(cm)
2	10+4×1=14	14×6=84(cm)
3	10+4×2=18	18×6=108(cm)
⋮	⋮	⋮
10	10+4×9=46	46×6=276(cm)

20 27개의 금괴에 1부터 27까지 번호를 붙인 후 1부터 9, 10~18까지, 19부터 27까지 각각 ㉮, ㉯, ㉰라고 하여 3묶음으로 나눕니다.
① ㉮=㉯일 때 (저울 1번 사용)
  ㉰를 다시 3개씩 3묶음으로 나누어 2묶음을 저울에 올립니다.(저울 2번 사용)
  가벼운 묶음에 있는 구슬 3개 중 2개를 저울에 올려 비교합니다. (저울 3번 사용)
② ㉮<㉯일 때 (저울 1번 사용)
  ①의 ㉰와 같은 방법으로 비교합니다. (저울 3번 사용)
③ ㉮>㉯일 때 (저울 1번 사용)
  ①의 ㉰와 같은 방법으로 비교합니다. (저울 3번 사용)
따라서 저울은 최소한 3번 사용합니다.

21 • 3개 중 1개를 찾을 때 ⇨ 저울 1번 사용
• 9개일 때: 3개씩 3묶음으로 나누어 모두 2번 사용
• 27개 때: 9개씩 3묶음으로 나누어 비교한 후 9개일 때와 같이 비교합니다. ⇨ 모두 3번 사용
• 81개일 때: 위와 같은 방법으로 모두 4번 사용
• 243개일 때: 위와 같은 방법으로 모두 5번 사용
따라서 100은 81보다 크고 243보다 작으므로 적어도 5번 사용해야 무게가 다른 쇠구슬을 찾아낼 수 있습니다.

22

두 번째 그림과 세 번째 그림에서 위로 올라간 쪽에 모두 포함된 것은 ①, ⑤ 구슬입니다.
따라서 가벼운 구슬은 ①, ⑤번입니다.

23 추 1개만 사용할 때: 1 g, 3 g, 10 g ⇨ 3가지
추 2개 사용할 때: 2 g(3-1), 4 g(1+3), 7 g(10-3), 9 g(10-1), 11 g(1+10), 13 g(10+3) ⇨ 6가지
추 3개 사용할 때: 6 g(10-1-3), 8 g(1+10-3), 12 g(10+3-1), 14 g(1+3+10) ⇨ 4가지
따라서 잴 수 있는 무게는 모두 3+6+4=13(가지)입니다.

24 ①=⑤이고 ③=④이므로
첫 번째에서 ⑤<④입니다.
두 번째에서 ②<③+④=③+③이므로 ③<②입니다.
세 번째에서 ①+⑤=①+①=②이므로 ①<②입니다.
네 번째에서 ③<①+⑤=①+①=②입니다.
따라서 ①=⑤<③=④<②이므로 가장 무거운 공깃돌은 ②입니다.

25 ㉮ 저울의 양쪽 접시에 △를 한 개씩 올려 놓으면 ㉮ 저울의 오른쪽 접시는 ㉯ 저울의 왼쪽 접시와 같아지므로 ■×1+△×4=■×3에서 ■=2×△임을 알 수 있습니다.
㉮ 저울의 오른쪽 접시의 ■를 △×2로 바꾸면
●×5=△×5이므로 ●=△입니다.
따라서 ㉯ 저울에서 △×2+■×1=△×4이므로 왼쪽 접시에 ●를 4개 놓으면 수평이 됩니다.

26

순서	1번째	2번째	3번째	4번째
★	1	1	1	1
☆	1	2	3	4

3번째 ★는 왼쪽에서 3번째, 4번째 ★는 왼쪽에서 4번째
→ □번째 별의 개수 (□+1)개, □번째 ★의 위치는 왼쪽에서 □번째입니다. A=50+1=51, B=50
⇨ A-B=51-50=1

27 4행은 1열부터 6, 8, 10……이고, 5행은 1열부터 차례로 8, 10, 12……입니다.

따라서 4행 6열은 $6+2+2+2+2+2=16$이고 15열 10행은 $28+2+2+2+2+2+……+2=28+2×9=46$이므로 $(4, 6)+(15, 10)=16+46=62$입니다.

28 첫 번째 가로 줄의 규칙을 보면 홀수 번째와 짝수 번째 줄이 각각 5, 9, 13……으로 4씩 커집니다.

짝수 번째 수는 대각선 아래로 갈수록 1씩 커지고 홀수 번째 수는 대각선 아래로 갈수록 1씩 작아지고 있습니다.

따라서 (2, 9)는 (1, 10)의 대각선 아래 수이므로 (1, 10)보다 1 큰 수입니다.

$(1, 10)=2+(5+9+13+17)=46$이므로 $(2, 9)=46+1=47$입니다.

가장 왼쪽 세로 줄의 규칙을 보면 홀수 번째는 3, 7, 11, 15……씩 커지고, 짝수 번째 줄은 7, 11, 15……씩 커집니다.

짝수 번째 수는 대각선 위로 갈수록 1씩 작아지고 홀수 번째 수는 대각선 위로 갈수록 1씩 커집니다.

따라서 (10, 2)는 (11, 1)의 대각선 위의 수이므로 (11, 1)보다 1 큰 수입니다.

$(11, 1)=1+(3+7+11+15+19)=56$이므로 $(10, 2)=56+1=57$입니다.

⇨ $(2, 9)+(10, 2)=47+57=104$

29 A행 □열의 규칙: $2×(□-1)$
B행 □열의 규칙: $2×(□-1)+1$
따라서 A행 15열의 수가 $2×14=28$이므로 B행 28열의 수는 $2×27+1=55$입니다.

30 같은 홀수를 2번 곱한 수는 첫 번째 줄의 홀수 번째에 나타나고, 짝수를 2번 곱한 수는 왼쪽에서 첫 번째 줄의 짝수 번째에 나타납니다.

537에 가장 가까운 같은 수의 곱을 찾으면 $23×23=529$입니다.

529는 왼쪽에서 23번째 줄에 나타납니다. 530은 24번째 줄에 나타나고, 530부터는 아래로 1줄씩 내려오게 됩니다.

$537-530=7$이므로 537은 왼쪽에서 24번째 줄, 위에서부터는 $7+1=8$(번째) 줄에 있습니다.

따라서 □=24, △=8이므로 □+△=32입니다.

31 바둑돌의 수를 표로 나타내면 다음과 같습니다.

	첫 번째	두 번째	세 번째	네 번째	□번째
검은색	1	4	9	16	□×□
흰색	8	32	72	128	8×□×□
차	7	28	63	112	7×□×□

두 바둑돌의 개수의 차가 2023개일 때를 □번째라 할 때 $7×□×□=2023$입니다.

$□×□=289$이므로 $17×17=289$에서 □=17입니다.

따라서 17번째에 검은색은 $17×17=289$(개), 흰색은 $8×17×17=2312$(개)를 놓게 됩니다.

32 갑신정변 1884년을 기준으로 $2017-1884=133$, $133÷10=13…3$에서 십간은 정, $133÷12=11…1$에서 십이지는 유이므로 2017년은 정유년입니다.

STEP 3 코딩 유형 문제 140~141쪽

1 예 • 가장 큰 수 찾기: 2회
$28-9$, $28-13$ ⇨ 가장 큰 수: 28
• 두 번째로 큰 수 찾기: 1회
$9-13$ ⇨ 두 번째로 큰 수: 13

9	13	28

2 10 ; 예 6부터 12씩 커지는 규칙입니다.

3 60 / 20, 30, 60 / 6회   **4** E, A, B, D, C

2 • 가장 큰 수 찾기: 4회
$42-30$, $42-6$, $42-18$, $42-54$ ⇨ 가장 큰 수: 54
• 두 번째로 큰 수 찾기: 3회
$42-30$ / $42-6$ / $42-18$
⇨ 두 번째로 큰 수: 42
• 세 번째로 큰 수 찾기: 2회
$30-6$ / $30-18$
⇨ 세 번째로 큰 수: 30
• 네 번째로 큰 수 찾기: 1회
$6-18$ ⇨ 네 번째로 큰 수: 18

6	18	30	42	54

3 기준을 30으로 하였을 때, 30보다 작은 수인 10과 20은 왼쪽에, 60과 70은 오른쪽에 정렬되는 방법입니다. 그 후 두 수를 서로 비교하여 정렬된 결과는 10, 20, 30, 60, 70이 됩니다.

20−30 / 10−30 / 30−70 / 30−60 ⇨ 4회
10−20 / 70−60 ⇨ 2회

4 A−B / C−B / D−B / E−B ⇨ 4회

⇨
A	E	B	C	D

A−E / C−D ⇨ 2회

⇨
E	A	B	D	C

STEP 4 도전! **최상위** 문제   **142~145쪽**

1 2003	**2** 19.625
3 $\dfrac{1}{2}$	**4** 833
5 70	**6** 120
7 11가지	**8** 15

1 분수를 $\dfrac{1}{A}+\dfrac{1}{B}$ 로 나타내면

$\dfrac{5}{6}=\dfrac{1}{2}+\dfrac{1}{3}$, $\dfrac{7}{12}=\dfrac{1}{3}+\dfrac{1}{4}$, $\dfrac{9}{20}=\dfrac{1}{4}+\dfrac{1}{5}$……입니다.

⇨ □번째 수 : $\dfrac{1}{□+1}+\dfrac{1}{□+2}$

따라서 1000번째 수를 나타내면

$\dfrac{1}{1001}+\dfrac{1}{1002}$이므로 A=1001, B=1002입니다.

⇨ A+B=1001+1002=2003입니다.

2 주어진 대분수를 가분수로 고쳐 보면

$\dfrac{5}{2}$, $\dfrac{23}{8}$, $\dfrac{13}{4}$, $\dfrac{29}{8}$……이고

24로 통분하여 나타내면 $\dfrac{60}{24}$, $\dfrac{69}{24}$, $\dfrac{78}{24}$, $\dfrac{87}{24}$……이므로

$\dfrac{9}{24}$씩 커지는 규칙입니다.

즉, □번째 수는 $\dfrac{60}{24}+\dfrac{9}{24}×(□-1)$입니다.

따라서 20번째 수는

$\dfrac{60}{24}+\dfrac{9}{24}×(20-1)=\dfrac{60}{24}+\dfrac{171}{24}=\dfrac{231}{24}$,

21번째 수는 $\dfrac{60}{24}+\dfrac{9}{24}×(21-1)=\dfrac{240}{24}$이므로

두 수의 합은 $\dfrac{231}{24}+\dfrac{240}{24}=\dfrac{471}{24}=19.625$입니다.

3 각 식의 나눗셈을 곱셈으로 고쳐서 나타내면

A: $\dfrac{1}{20}÷2=\dfrac{1}{20}×\dfrac{1}{2}$, $\dfrac{2}{20}÷3=\dfrac{2}{20}×\dfrac{1}{3}=\dfrac{1}{20}×\dfrac{2}{3}$,

$\dfrac{3}{20}÷4=\dfrac{3}{20}×\dfrac{1}{4}=\dfrac{1}{20}×\dfrac{3}{4}$, ……,

$\dfrac{19}{20}÷20=\dfrac{19}{20}×\dfrac{1}{20}=\dfrac{1}{20}×\dfrac{19}{20}$

B: $\dfrac{1}{40}÷2=\dfrac{1}{40}×\dfrac{1}{2}$, $\dfrac{2}{40}÷3=\dfrac{2}{40}×\dfrac{1}{3}=\dfrac{1}{40}×\dfrac{2}{3}$,

$\dfrac{3}{40}÷4=\dfrac{1}{40}×\dfrac{3}{4}$, ……, $\dfrac{39}{40}÷40=\dfrac{1}{40}×\dfrac{39}{40}$

A의 수는 모두 $\dfrac{1}{20}×$(분수)로 나타낼 수 있으므로 몫이

0.026보다 작으려면 $\dfrac{1}{20}×$(분수)= 0.026에서

(분수)=0.52이므로 분수는 0.52보다 작아야 합니다.

따라서 조건을 만족하는 분수는 $\dfrac{1}{2}$로 한 개입니다.

⇨ ㉠=1

B의 수는 모두 $\dfrac{1}{40}×$(분수)로 나타낼 수 있으므로 몫

이 0.017보다 작으려면 $\dfrac{1}{40}×$(분수)=0.017에서

(분수)=0.68이므로 분수는 0.68보다 작아야 합니다.

따라서 조건을 만족하는 분수는 $\dfrac{1}{2}$과 $\dfrac{2}{3}$로 2개입니다.

⇨ ㉡=2

따라서 $\dfrac{㉠}{㉡}=\dfrac{1}{2}$입니다.

4

㉢=㉠+㉡, ㉣=㉡+86, ㉤=86+㉢, ㉥=㉢+㉣
㉦=㉢+㉣=㉠+㉡+㉡+86=㉠+㉡×2+86,
423=㉣+㉤=㉡+86+86+㉢=㉡+㉢+172,
㉡+㉢=251
㉦=㉤+㉥=86+㉢+㉢+㉣=86+2×㉢+㉣
㉧=㉦+423=㉠+㉡×2+86+423
　　=㉠+㉡×2+509
㉨=423+㉦=㉡+㉢+172+86+㉢×2+㉣
　　=㉡+㉢×3+㉣+258
2016=㉧+㉨
　　　=㉠+㉡×2+509+㉡+㉢×3+㉣+258

$$=㉠+㉡\times3+㉢\times3+㉣+767$$
$$=㉠+㉣+(㉡+㉢)\times3+767$$
$$=㉠+㉣+251\times3+767=㉠+㉣+1520$$
㉠+㉣=2016−1520=496
따라서 ㉠+㉡+86+㉢+㉣=㉠+㉣+㉡+㉢+86
=496+251+86=833입니다.

5　$3.0\times3.1=9.30$,
　　$3.2\times3.3=10.56$,
　　$3.4\times3.5=11.90$,
　　$3.6\times3.7=13.32$,
　　$3.8\times3.9=14.82$,
　　$4.0\times4.1=16.40$
　　$\vdots$
　　$9.4\times9.5=89.30$,
　　$9.6\times9.7=93.12$,
　　$9.8\times9.9=97.02$
이므로 소수 둘째 자리 숫자는 0, 6, 0, 2, 2가 반복되어 나타납니다.
따라서 0, 6, 0, 2, 2가 7번 반복되므로 곱의 소수 둘째 자리 숫자를 모두 더하면 $10\times7=70$입니다.

6

일	월	화	수	목	금	토
1	2	3	4	5	6	7
8	9	10	11	12	13	14
15	16	17	18	19	20	21
22	23	24	25	26	27	28
29	30					

셀로판종이 아래에 보이는 수 중 왼쪽 위의 수를 □라 할 때 네 수는 □, □+1, □+2, □+7입니다.
□+□+1+□+2+□+7=□×4+10이 6의 배수이어야 하므로 가장 작은 수는
□=2일 때 2×4+10=18이고,
가장 큰 수는 □=23일 때 23×4+10=102입니다.
➡ 18+102=120

7　25 g, 50 g, 200 g짜리 추를 각각 8개까지 사용하여 500 g이 되도록 하는 방법은 다음과 같습니다.

200 g짜리 수(개)	2	2	2	1	1	1	1	1	0	0	0
50 g짜리 수(개)	2	1	0	6	5	4	3	2	8	7	6
25 g짜리 수(개)	0	2	4	0	2	4	6	8	4	6	8

➡11가지

8

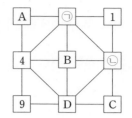

1부터 9까지의 합이 45이므로 가운데 B를 제외한 정사각형의 꼭짓점에 있는 네 수의 합이 각각 같아야 하므로 B의 값은 홀수인 3, 5, 7 중 하나입니다.
B=3이면 네 수의 합은 (45−3)÷2=21,
B=5이면 네 수의 합은 (45−5)÷2=20,
B=7이면 네 수의 합은 (45−7)÷2=19입니다.
B=3이면 4+9+D+3=21에서
D=5, A+9+C+1=21에서 A+C=11인데 남은 숫자 2, 6, 7, 8에서 합이 11인 수는 없습니다.
B=5이면 4+9+D+5=20에서
D=2, A+9+C+1=20에서 A+C=10이므로
A=3, C=7입니다. ㉠에 8, ㉡에 6을 넣으면 됩니다.
따라서 A=3, B=5, C=7이므로 A+B+C=15입니다.

특강　영재원·창의융합 문제　146쪽

1　1층에서 9층을 가려면 위로 올라가는 버튼을 누르고 문이 열리면 9층 버튼과 닫힘 버튼을 누릅니다.

2　9층에서 3층을 가려면 아래로 내려가는 버튼을 누르고 문이 열리면 3층 버튼과 닫힘 버튼을 누릅니다.

규칙성 영역

Ⅶ 논리추론 문제해결 영역

STEP 1 경시 **기출 유형** 문제 148~149쪽

[주제 학습 27] 나는 수학 천재

1 넌 최고야 넌 멋져

[확인 문제][한 번 더 확인]

1-1 돌다리도 두들겨 보고 건너라

1-2 친구와 함께 행복한 우리

2-1 $131\frac{1}{8}$ **2-2** 3

3-1 수학은 정말 재미있어

3-2 나는 소중한 사람

1 암호 해독표를 보고 암호문을 풀어 보는 문제입니다. ②C② ⑩Q①E⑧B ②C② ⑤C⑦⑨D를 암호 해독표에서 찾아보면 넌 최고야 넌 멋져입니다.

[확인 문제][한 번 더 확인]

1-1

리	돌	겨	다	보	건
※	☆	○	◇	◎	□
들	라	도	고	두	너
△	♤	♡	♣	▽	☎

암호 해독표를 보고 암호문을 풀어 보는 문제입니다. ☆◇※♡ ▽△○ ◎♣ □☎♤를 풀어 보면 돌다리도 두들겨 보고 건너라입니다.

1-2 암호 해독표를 보고 암호문을 풀어 보는 문제입니다. !× $ *@ %를 풀어 보면 친구와 함께 행복한 우리입니다.

2-1 $(6\frac{1}{2}\times20)+(\frac{1}{2}\times2\frac{1}{4})=(\frac{13}{2}\times20)+(\frac{1}{2}\times\frac{9}{4})$
$$=130+1\frac{1}{8}=131\frac{1}{8}$$

2-2 C~%◆D=78.5÷5-12.7=3입니다.

3-1 격자 암호의 색칠된 부분을 해독판과 비교하여 암호를 풀 수 있습니다. 격자 암호의 색칠된 부분을 해독판과 비교하여 위에서부터 오른쪽 방향으로 읽어 보면 수학은 정말 재미있어입니다.

3-2 격자 암호의 색칠된 부분을 해독판과 비교하여 위에서부터 오른쪽 방향으로 읽어 보면 나는 소중한 사람입니다.

STEP 1 경시 **기출 유형** 문제 150~151쪽

[주제 학습 28]

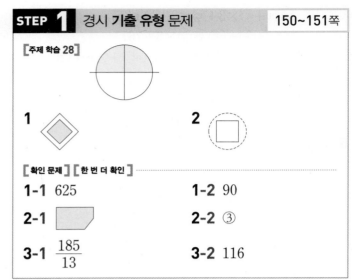

[확인 문제][한 번 더 확인]

1-1 625   **1-2** 90

2-1   **2-2** ③

3-1 $\frac{185}{13}$ **3-2** 116

1 ●보기●에서 왼쪽의 도형은 원 모양에 색칠이 되어 있고, 오른쪽 도형은 큰 원 안에 작은 원이 그려져 있고 안쪽의 원에 색칠이 되어 있습니다. 같은 방법으로 빈 곳에 알맞은 그림을 그리면 ◈ 가 됩니다.

2 ●보기●에서 왼쪽의 두 그림은 선의 모양이 서로 바뀌었습니다. 따라서 같은 방법으로 오른쪽 그림을 변형시키면 ☐ 가 됩니다.

[확인 문제][한 번 더 확인]

1-1 두 수 사이에는 왼쪽의 수를 4번 곱하면 오른쪽의 수가 나오는 관계가 있습니다.
$3\times3\times3\times3=81$이고 $4\times4\times4\times4=256$입니다. 따라서 빈칸에 알맞은 수는 $5\times5\times5\times5=625$입니다.

1-2 두 수 사이에는 왼쪽의 수에 10을 곱하면 오른쪽의 수가 나오는 관계가 있습니다.
$4.5\times10=45$이고, $\frac{19}{2}\times10=95$입니다.
같은 방법으로 $9\times10=90$입니다.

2-1 ⬠ : ⬡ 는 왼쪽 도형을 시계 방향으로 90°만큼 회전한 것이므로, ⬢ 를 시계 방향으로 90°만큼 회전하면 ⬣ 가 됩니다.

2-2 첫 번째 줄의 왼쪽에 있는 도형의 규칙은 두 도형이 겹쳐 있을 때, 왼쪽 부분만 색칠되어 있습니다.

두 번째 줄의 왼쪽에 있는 도형의 규칙도 두 도형이 겹쳐 있을 때, 왼쪽 부분만 색칠되어 있습니다.
따라서 빈 곳에 들어갈 도형은 두 도형이 겹쳐 있을 때 왼쪽 부분만 색칠되어야 합니다.

3-1 분자의 수가 3씩 커지는 규칙이므로 5번째 줄에 있는 분수는 왼쪽부터 $\frac{31}{13}$, $\frac{34}{13}$, $\frac{37}{13}$, $\frac{40}{13}$, $\frac{43}{13}$입니다.
따라서 $\frac{31}{13}+\frac{34}{13}+\frac{37}{13}+\frac{40}{13}+\frac{43}{13}=\frac{185}{13}$입니다.

3-2 수가 5씩 커지는 규칙이므로 5번째 줄의 수는 51, 56, 61, 66, 71이고 6번째 줄의 수는 76, 81, 86, 91, 96, 101입니다. 따라서 7번째 줄의 수는 106, 111, 116, 121, 126, 131, 136이므로 왼쪽에서 3번째 수는 116입니다.

STEP 1 경시 기출 유형 문제 152~153쪽

[주제 학습 29] $\frac{5}{48}$	1 $\frac{9}{55}$
[확인 문제] [한 번 더 확인]	
1-1 $\frac{5}{18}$	**1-2** $\frac{3}{22}$
2-1 3500원	**2-2** 64개
3-1 23쪽	**3-2** 120명

1 • 해진이가 지난주까지 풀고 남은 부분은 전체의 $1-\frac{2}{5}=\frac{3}{5}$입니다.

• 해진이가 어제 푼 부분은 남은 부분의 $\frac{5}{11}$이므로 $\frac{3}{5}\times\frac{5}{11}=\frac{3}{11}$입니다.

• 어제 풀고 남은 부분은 $\frac{3}{5}\times\frac{6}{11}=\frac{18}{55}$이고 그중 $\frac{1}{3}$을 풀었으므로 오늘은 $\frac{18}{55}\times\frac{1}{3}=\frac{6}{55}$을 풀었습니다.
따라서 수학 문제집을 어제는 오늘보다 $\frac{3}{11}-\frac{6}{55}=\frac{15}{55}-\frac{6}{55}=\frac{9}{55}$만큼 더 많이 풀었습니다.

[확인 문제] [한 번 더 확인]

1-1 지용이네 반의 $\frac{4}{9}$가 남학생이므로 $1-\frac{4}{9}=\frac{5}{9}$가 여학생입니다. 따라서 체육을 좋아하는 여학생은 $\frac{5}{9}\times\frac{1}{2}=\frac{5}{18}$입니다.

1-2 $\frac{5}{11}$가 안경을 쓰고 있으므로, $1-\frac{5}{11}=\frac{6}{11}$은 안경을 쓰지 않은 학생입니다. 따라서 안경을 쓰지 않고 세 번째 줄 앞쪽에 앉아 있는 학생은 전체의 $\frac{6}{11}\times\frac{1}{4}=\frac{3}{22}$입니다.

2-1 거꾸로 문제를 해결할 수 있습니다.
학용품을 사고 남은 돈의 $\frac{3}{4}$이 1500원이므로 학용품을 사고 남은 돈은 2000원입니다.
즉, 용돈의 $\frac{4}{7}$가 2000원이므로 처음 가지고 있던 용돈은 $2000\div\frac{4}{7}=2000\times\frac{7}{4}=3500$(원)입니다.

> **참고**
> • 현지가 용돈의 $\frac{3}{7}$으로 학용품을 사고 남은 용돈은 전체의 $1-\frac{3}{7}=\frac{4}{7}$입니다.
> • 나머지의 $\frac{1}{4}$로 간식을 샀으므로 남은 용돈은 전체의 $\frac{4}{7}\times(1-\frac{1}{4})=\frac{4}{7}\times\frac{3}{4}=\frac{3}{7}$입니다.
> • 현지가 처음에 가지고 있던 용돈을 □라고 하면, $□\times\frac{3}{7}=1500$(원)입니다.
> 따라서 $□=1500\div\frac{3}{7}=1500\times\frac{7}{3}=3500$(원)입니다.

2-2 거꾸로 문제를 해결할 수 있습니다.
동생에게 주고 남은 나머지의 $\frac{1}{4}$이 2개이므로 나머지는 8개입니다. 즉, 장난감의 $\frac{1}{8}$이 8개이므로 처음 가지고 있던 장난감은 $8\times8=64$(개)입니다.

> **참고**
> • 미정이가 집에 있는 장난감의 $\frac{7}{8}$을 동생에게 주고 남은 장난감은 전체의 $1-\frac{7}{8}=\frac{1}{8}$입니다.
> • 나머지의 $\frac{3}{4}$을 필요한 곳에 기증하였으므로 남은 장난감은 전체의 $\frac{1}{8}\times(1-\frac{3}{4})=\frac{1}{8}\times\frac{1}{4}=\frac{1}{32}$입니다.
> • 미정이가 처음에 가지고 있던 장난감을 □라고 하면, $□\times\frac{1}{32}=2$(개)입니다.
> 따라서 $□=2\div\frac{1}{32}=2\times32=64$(개)입니다.

정답과 풀이

논리추론 문제해결 영역

3-1 (어제 읽은 책)$=230\times\dfrac{4}{10}=92$(쪽)

(오늘 읽은 책)$=230\times\dfrac{6}{10}\times\dfrac{5}{6}=115$(쪽)

어제와 오늘 읽은 책은 모두 $92+115=207$(쪽)이므로 남은 역사책은 $230-207=23$(쪽)입니다.

3-2 (농촌 일손돕기를 한 사람)$=246\times\dfrac{11}{41}=66$(명)

(연탄 나르기 봉사를 한 사람)$=246\times\dfrac{30}{41}\times\dfrac{1}{3}=60$(명)

남은 사람은 $246-(66+60)=120$(명)이므로 도시락 나눔 봉사를 할 수 있는 회원은 120명입니다.

STEP 1 경시 **기출 유형** 문제　　　154~155쪽

[주제 학습 30] $25\dfrac{1}{5}$ km

1 $32\dfrac{6}{7}$ km　　　　　**2** 2시간

[확인 문제] [한 번 더 확인]

1-1 $7\dfrac{7}{15}$ km　　　　**1-2** $2\dfrac{1}{2}$ 시간

2-1 $20\dfrac{5}{6}$ m　　　　　**2-2** $5\dfrac{2}{5}$ m

3-1 $4\dfrac{5}{6}$ L　　　　　**3-2** $19\dfrac{5}{6}$ L

---

1 1시간은 60분이므로 40분은 $\dfrac{40}{60}=\dfrac{2}{3}$(시간)입니다.

따라서 같은 빠르기로 40분 동안 달린 거리는

$4\dfrac{13}{14}\times\dfrac{2}{3}=\dfrac{69}{14}\times\dfrac{2}{3}=\dfrac{23}{7}=3\dfrac{2}{7}$ (km)입니다.

➡ (현민이가 10일 동안 달린 거리)

$=3\dfrac{2}{7}\times10=\dfrac{23}{7}\times10=\dfrac{230}{7}=32\dfrac{6}{7}$ (km)

2 전체를 1이라고 하면, 빈 수조에 물을 가득 채우는 데 걸리는 시간이 3시간이므로 1시간에 $\dfrac{1}{3}$만큼 물을 채웁니다. 수조에 가득 찬 물을 완전히 빼내는 데 걸리는 시간은 1시간 30분$=1\dfrac{1}{2}$시간이므로 1시간에 $1\div1\dfrac{1}{2}=\dfrac{2}{3}$만큼 물을 뺍니다. 물을 가득 채우는 데 걸리는 시간이 물을 완전히 빼내는 데 걸리는 시간의 2배이므로 물을 빼내는 양은 물을 채우는 양보다 2배 더 많습니다.

따라서 가득 찬 수조에 수도꼭지를 열고 동시에 물을 빼내면 3시간이 걸립니다. 수조에 물이 $\dfrac{2}{3}$만큼 들어 있으므로 물이 완전히 빠지는 데까지 걸리는 시간은 $3\times\dfrac{2}{3}=2$(시간)입니다.

[확인 문제] [한 번 더 확인]

1-1 10분에 $\dfrac{14}{15}$ km를 가는 빠르기이므로

1시간 20분($=80$분) 동안 갈 수 있는 거리는

$\dfrac{14}{15}\times8=\dfrac{112}{15}=7\dfrac{7}{15}$ (km)입니다.

참고

• 10분을 시간으로 나타내면 $\dfrac{10}{60}$시간입니다. 10분에 $\dfrac{14}{15}$ km를 가는 자동차가 1시간 동안 가는 거리는

$\dfrac{14}{15}\times\dfrac{60}{10}=\dfrac{14}{15}\times6=\dfrac{28}{5}=5\dfrac{3}{5}$ (km)입니다.

• 1시간 20분을 시간으로 나타내면 $1\dfrac{20}{60}$시간입니다. 따라서 1시간 20분 동안 자동차가 갈 수 있는 거리는

$5\dfrac{3}{5}\times1\dfrac{20}{60}=\dfrac{28}{5}\times\dfrac{80}{60}=\dfrac{112}{15}=7\dfrac{7}{15}$ (km)입니다.

1-2 1시간에 $4\dfrac{1}{5}$ km 걷는다면

($\square$시간 동안 걷는 거리)$=4\dfrac{1}{5}\times\square=10\dfrac{1}{2}$ (km)

(걸리는 시간)$=10\dfrac{1}{2}\div4\dfrac{1}{5}=\dfrac{21}{2}\times\dfrac{5}{21}=\dfrac{5}{2}=2\dfrac{1}{2}$(시간)

2-1 공은 떨어진 높이의 $\dfrac{5}{6}$만큼 다시 튀어 오르므로 첫 번째로 튀어 오르는 공의 높이는 $\left(30\times\dfrac{5}{6}\right)$ m이고, 두 번째로 튀어 오르는 공의 높이는

$30\times\dfrac{5}{6}\times\dfrac{5}{6}=\dfrac{125}{6}=20\dfrac{5}{6}$ (m)입니다.

2-2 공은 떨어진 높이의 $\dfrac{3}{5}$만큼 다시 튀어 오르므로 첫 번째 튀어 오르는 공의 높이는 $\left(25\times\dfrac{3}{5}\right)$ m이고, 두 번째 튀어 오르는 공의 높이는 $\left(25\times\dfrac{3}{5}\times\dfrac{3}{5}\right)$ m입니다.

따라서 세 번째 튀어 오르는 공의 높이는

$25\times\dfrac{3}{5}\times\dfrac{3}{5}\times\dfrac{3}{5}=25\times\dfrac{27}{125}=\dfrac{27}{5}=5\dfrac{2}{5}$ (m)입니다.

3-1 3분 동안 나오는 물의 양은

$1\frac{5}{6}\times3=\frac{11}{6}\times3=\frac{11}{2}=5\frac{1}{2}$ (L)이고, 새는 물의 양은

$\frac{2}{9}\times3=\frac{2}{3}$ (L)입니다. 따라서 받은 물의 양은

$5\frac{1}{2}-\frac{2}{3}=5\frac{3}{6}-\frac{4}{6}=4\frac{5}{6}$ (L)입니다.

3-2 5분 40초 동안 나오는 물의 양은 $(3\frac{2}{3}\times5\frac{2}{3})$ L이고,

새는 물의 양은 $(\frac{1}{6}\times5\frac{2}{3})$ L입니다.

따라서 욕조에 받은 물의 양은

$3\frac{2}{3}\times5\frac{2}{3}-\frac{1}{6}\times5\frac{2}{3}=\frac{11}{3}\times\frac{17}{3}-\frac{1}{6}\times\frac{17}{3}$

$=\frac{187}{9}-\frac{17}{18}=\frac{119}{6}=19\frac{5}{6}$ (L)

입니다.

STEP 2 실전 경시 문제   156~161쪽

1 한글은 가장 아름다운 문자

2 $\frac{10}{17}$ **3** 336

4 27.04   **5** <도형>

6 <도형>   **7** 77개

8 180명   **9** 348쪽

10 6장   **11** 44개

12 35분   **13** 37분

14 22.76 km   **15** 2061.6 m

16 210개

17 교사 ; 가수 ; 요리사

18 82   **19** 66.2 °F

20 6.405   **21** 56

22 84살

---

1 일정한 간격이 있는 스키테일 암호의 특징을 이용하여 한 글자씩 띄어서 읽어 보면 '한글은 가장 아름다운 문자'입니다.

2 ⅩⅦ=10+7=17이고,
ⅩⅩⅩⅣ=10+10+10+4=34입니다.

$\frac{Ⅵ}{ⅩⅦ}+\frac{Ⅷ}{ⅩⅩⅩⅣ}=\frac{6}{17}+\frac{8}{34}=\frac{20}{34}=\frac{10}{17}$ 입니다.

3 로마 숫자는 3, 6, 12, 24……를 나타내므로 앞의 수에 2배하는 규칙입니다.
즉, A=48, B=96, C=192이고
A+B+C=48+96+192=336입니다.

4 왼쪽과 오른쪽에 있는 두 수 사이의 관계를 살펴보면
$\frac{6}{5}\times\frac{6}{5}=\frac{36}{25}=1\frac{11}{25}$이고 $\frac{7}{10}\times\frac{7}{10}=\frac{49}{100}=0.49$입니다.
따라서 5.2×5.2=27.04입니다.

5 첫 번째 그림을 중심으로 오각형 안의 작은 도형이 시계 방향으로 움직이고 색칠되지 않은 것과 색칠된 것이 반복됩니다.
다섯 번째 그림은 <도형>이므로 여섯 번째 그림은 오각형 안의 작은 도형이 시계 방향으로 한 칸 더 움직이고 색칠되어야 합니다.
따라서 여섯 번째 그림은 <도형>입니다.

6 ∷을 기준으로 왼쪽의 두 그림에서 오른쪽의 그림은 왼쪽의 그림을 180°만큼 돌린 그림입니다. 따라서 주어진 그림을 180°만큼 돌리면 <도형>가 됩니다.

7 사각형의 한 꼭짓점에서 그을 수 있는 대각선은 4−3=1(개)이고, 사각형의 꼭짓점은 4개입니다. 각 꼭짓점에서 대각선을 모두 그으면 똑같은 대각선이 2개씩 있으므로 개수를 반으로 나눕니다.
⇨ (사각형의 대각선의 개수)=1×4÷2=2(개)
오각형의 한 꼭짓점에서 그을 수 있는 대각선은 5−3=2(개)이고, 오각형의 꼭짓점은 5개입니다. 각 꼭짓점에서 대각선을 모두 그으면 똑같은 대각선이 2개씩 있으므로 개수를 반으로 나눕니다.
⇨ (오각형의 대각선의 개수)=2×5÷2=5(개)
따라서 □각형의 대각선은 {(□−3)×□÷2}개이고, 14각형의 대각선은 (14−3)×14÷2=77(개)입니다.

8 남학생의 $\frac{5}{12}$가 불합격하였으므로 $1-\frac{5}{12}=\frac{7}{12}$이 합격하였고, 여학생의 $\frac{5}{8}$가 불합격하였으므로 $1-\frac{5}{8}=\frac{3}{8}$이 합격하였습니다. 여학생의 수를 □라 한다면 남학생의 수는 (□−100)이 됩니다.
$(□-100)\times\frac{7}{12}=□\times\frac{3}{8}$, (□−100)×14=□×9,
□×14−1400=□×9, □×5=1400, □=280(명)입니다.

따라서 수학 경시대회에 응시한 남학생은
$280-100=180$(명)입니다.

9 작은 쪽의 수를 □쪽이라고 하면 큰 쪽의 수는 $(□+1)$ 쪽입니다. 즉, $□+□+1=233$이므로 $□=116$(쪽)입니다. 116쪽까지가 이 책의 $\frac{1}{3}$이므로 전체 쪽수는 $116\times3=348$(쪽)입니다.

10 수현이가 처음에 가지고 있던 붙임 딱지를 □장이라고 하면
$□\times\frac{3}{4}\times\frac{3}{4}=9$, $□\times\frac{9}{16}=9$, $□=16$(장)입니다.
남은 붙임 딱지가 9장이므로 수현이가 진규에게 준 붙임 딱지는 $16-9=7$(장)입니다. 따라서 진규가 처음에 가지고 있던 붙임 딱지는 $13-7=6$(장)입니다.

11 상미가 처음에 가지고 있던 딱지를 □개라고 하면
$(□+6)\times\frac{3}{10}=15$(개)입니다.
즉, $(□+6)\times\frac{3}{10}=15$, $□+6=50$, $□=50-6=44$(개) 이므로 상미가 처음에 가지고 있던 딱지는 44개입니다.

12 $150\ \mathrm{m}^2$를 색칠하는 데 2시간 30분($=150$분)이 걸리 므로 $1\ \mathrm{m}^2$를 색칠하는 데 $150\div150=1$(분)이 걸립니 다. 따라서 $35\ \mathrm{m}^2$를 색칠하는 데에는 35분이 걸립니다.

> **참고**
>
> • $150\ \mathrm{m}^2$의 벽을 색칠하는 데 2시간 30분$=2\frac{30}{60}$시간$=$
> 2.5시간이 걸리므로 1시간에 색칠하는 벽의 넓이는
> $150\div2.5=150\times\frac{2}{5}=60\ (\mathrm{m}^2)$입니다.
>
> • $35\ \mathrm{m}^2$의 벽을 색칠하는 데 걸리는 시간은 $35\div60=\frac{35}{60}$
> 시간입니다. 따라서 35분이 걸립니다.

13 (거리)$=$(속력)$\times$(시간)이므로,
(시간)$=$(거리)$\div$(속력)입니다.
A 자동차가 달린 시간은
$125\frac{3}{4}\div15=\frac{503}{4}\times\frac{1}{15}=8\frac{23}{60}$(시간)이고,
B 자동차가 달린 시간은 $108\div12=9$(시간)입니다. 따 라서 A 자동차와 B 자동차의 달린 시간의 차는
9시간$-$8시간 23분$=$37분입니다.

14 200 m를 35초로 달린다면 1초에 달리는 거리는
$200\div35=\frac{200}{35}=\frac{40}{7}=5\frac{5}{7}\ (\mathrm{m})$입니다.

1시간은 60분이고, 1분은 60초이므로 1시간 6분 23초 는 $60\times60+6\times60+23=3983$(초)입니다.
$\Rightarrow$ (달린 거리)$=5\frac{5}{7}\times3983=22760\ (\mathrm{m})=22.76\ \mathrm{km}$

15 $15\,℃$일 때의 소리의 빠르기와 $20\,℃$일 때의 소리의 빠르기를 비교하면, 기온이 $5\,℃$ 높아질 때 소리의 빠르기는 1초에 $343-340=3\ (\mathrm{m})$를 더 갑니다. 따라서 기온이 $1\,℃$ 오를 때 소리는 1초에 $3\div5=0.6\ (\mathrm{m})$씩 멀리 가므로 기온이 $21\,℃$일 때 소리는 1초에 $340+0.6\times6=343.6\ (\mathrm{m})$를 갑니다. 따라서 번개가 친 지점에 서 $343.6\times6=2061.6\ (\mathrm{m})$ 떨어져 있습니다.

16 2번째 검사까지 통과한 필통이 129개이므로 2번째 검 사 기계에 들어간 필통은 $(129+3)\times5\div4=165$(개) 입니다.
첫 번째 검사에 통과한 필통이 165개이므로 첫 번째 검사 기계에 들어간 필통은 $(165+3)\times5\div4=210$(개) 입니다.
따라서 처음에 검사 기계에 넣은 필통은 210개입니다.

17 표를 만들어 ○표, ×표를 하면 혜수는 교사, 진희는 가 수, 미선이는 요리사입니다.

	혜수	진희	미선
요리사	×	×	○
교사	○	×	×
가수	×	○	×

18 처음 수는 십의 자리와 일의 자리를 바꾼 수보다 크므 로 십의 자리 숫자가 일의 자리 숫자보다 큽니다. 각 자리 숫자의 합이 10인 두 자리 수를 표로 그리면 다음 과 같습니다.

처음 수	64	73	82	91
바꾼 수	46	37	28	19
(처음 수)$-$(바꾼 수)	18	36	54	72

따라서 처음 수는 82입니다.

> **참고**
>
> 두 자리 수를 AB라 하면 $A+B=10$이고,
> $10\times A+B=10\times B+A+54$입니다.
> $9A=9B+54$이고 $A=B+6$이므로 $A=8$, $B=2$입니다.
> 따라서 처음의 수는 82입니다.

19 $19\,℃$는 섭씨온도이므로 섭씨온도를 화씨온도로 바꾸 는 식을 이용합니다.

(화씨온도)=(섭씨온도)$\times\dfrac{9}{5}$+32이므로

19 ℃를 $19\times\dfrac{9}{5}+32=\dfrac{171}{5}+32=34.2+32=66.2$ (℉)로 나타낼 수 있습니다.

20 어떤 수를 □라 하면 $(□-\dfrac{7}{12})\times2.25=3.78$,

$□-\dfrac{7}{12}=3.78\div2.25$,

$□=1.68+\dfrac{7}{12}=\dfrac{679}{300}$ 입니다.

바르게 계산하면 $(\dfrac{679}{300}+\dfrac{7}{12})\times2.25=6.405$입니다.

21 도형이 움직이는 규칙을 찾아보면 밖의 사각형에 있는 도형은 안의 사각형으로 옮겨지고, 안의 사각형에 있는 도형은 반시계 방향으로 한 칸씩 돌면서 밖의 사각형으로 옮겨지는 규칙입니다. 따라서 주어진 도형을 규칙에 따라 7번 움겼을 때 색칠한 부분에 적힌 네 수는 7, 21, 26, 2입니다.

따라서 네 수의 합은 7+21+26+2=56입니다.

22 (소년이었던 기간)=$□\times\dfrac{1}{6}$,

(청년이었던 기간)=$□\times\dfrac{1}{12}$,

(결혼 전까지의 기간)=$□\times\dfrac{1}{7}$,

결혼 5년 후 아들을 얻음,

(아들이 살았던 기간)=$□\times\dfrac{1}{2}$, 4년 후 죽음

⇨ $□=□\times\dfrac{1}{6}+□\times\dfrac{1}{12}+□\times\dfrac{1}{7}+5+□\times\dfrac{1}{2}+4$,

$□=□\times\dfrac{25}{28}+9$, $□\times\dfrac{3}{28}=9$, $□=9\div\dfrac{3}{28}=84$

따라서 디오판토스는 84살에 인생을 마쳤습니다.

STEP **3** 코딩 유형 문제 162~163쪽

1 10011

2 10101 ; 21

3

0	1	2	1	0
1	0	1	2	1
1	2	0	0	1
0	1	0	1	0
2	0	1	0	2

; 10

4 2번

5 ㉡

---

1 카드를 보고 0과 1로 나타내어 봅니다.

2 카드를 1과 0으로 표현하면 10101입니다. 카드에 쓰여 있는 수를 모두 더하면 16+4+1=21입니다.

4 ① 가장 작은 데이터인 2를 가장 앞에 위치한 3과 교환합니다. (2, 7, 5, 3)
② 첫 번째 데이터인 2를 제외한 나머지 데이터에서 가장 작은 데이터인 3을 7과 교환합니다. (2, 3, 5, 7)
⇨ 2번 만에 정렬되지 않은 데이터 3, 7, 5, 2가 선택 정렬에 의해 정렬되었습니다.

5 ㉮ 2, 4, 6, 1
1회(1, 4, 6, 2), 2회(1, 2, 6, 4), 3회(1, 2, 4, 6)
따라서 3번 만에 데이터가 정렬됩니다.
㉯ 5, 4, 8, 7
1회(4, 5, 8, 7), 2회(4, 5, 7, 8)
따라서 2번 만에 데이터가 정렬됩니다.
㉰ 4, 6, 8, 1
1회(1, 6, 8, 4), 2회(1, 4, 8, 6), 3회(1, 4, 6, 8)
따라서 3번 만에 데이터가 정렬됩니다.

STEP **4** 도전! 최상위 문제 164~167쪽

1 850원		**2** 70마리	
3 84		**4** 375명	
5 33600원		**6** 3시간 36분	
7 334개		**8** 69	

1 2250원이 남았으므로 학생 수는 22명보다 많습니다.
(나누어 가진 100원짜리 동전 수)
=(26250-2250)÷100=240(개)이고,
(나누어 가진 50원짜리 동전 수)
=(2250-750)÷50=30(개)입니다.
따라서 성현이네 반 학생 수는 240과 30의 최대공약수인 30의 약수 중 22보다 큰 수이므로 30명입니다.
⇨ (성현이가 받은 돈)=(26250-750)÷30=850(원)

2 민철이에게 주고 남은 종이학 24마리는 7묶음 중 3묶음이므로 한 묶음은 24÷3=8(마리)입니다. 따라서 수진이에게 주고 남은 종이학은 8×7=56(마리)입니다. 처음에 접은 종이학을 수진이에게 주고 남은 종이학이 8묶음이므로 한 묶음은 56÷8=7(마리)입니다. 따라서 지수가 처음에 접은 종이학은 7×10=70(마리)입니다.

3 ▲에는 2, 4, 6, 8……을, ■에는 1, 3, 5, 7……을 차례로 넣으므로 ▲=■+1입니다. ▲×2+■=■×2+2+■=■×3+2, ■×3+2>250, ■>$82\frac{2}{3}$이므로 가장 작은 ■의 값은 ■=83이고 가장 작은 ▲의 값은 ▲=84입니다.

4 수학이나 영어를 좋아하는 학생은 전체의
$1-\frac{7}{12}=\frac{5}{12}$입니다.
수학만 좋아하는 학생은 전체의 $\frac{1}{4}-\frac{1}{6}=\frac{1}{12}$이고, 영어만 좋아하는 학생은 전체의 $\frac{5}{12}-\frac{1}{4}=\frac{2}{12}$입니다.
수학만 좋아하는 학생은 영어만 좋아하는 학생보다 전체의 $\frac{2}{12}-\frac{1}{12}=\frac{1}{12}$만큼 적으므로 전체 학생의 $\frac{1}{12}$이 125명입니다.
(수학이나 영어 중 한 과목만 좋아하는 학생)
=(수학만 좋아하는 학생)+(영어만 좋아하는 학생)
이므로 전체의 $\frac{1}{12}+\frac{2}{12}=\frac{3}{12}$입니다.
전체의 $\frac{1}{12}$이 125명이므로 전체의 $\frac{3}{12}$은
125×3=375(명)입니다.

5 준수가 가지고 있던 돈은 지우개 한 개와 자 한 개의 가격인 300+400=700(원)의 배수입니다. 미진이는 지우개와 자를 각각 같은 금액만큼 샀으므로 지우개와 자를 300과 400의 최소공배수인 1200원의 배수만큼씩 샀습니다. 따라서 미진이가 가지고 있던 돈은 1200+1200=2400(원)의 배수입니다.
준수가 가지고 있던 돈은 40000원보다 적고 미진이가 가지고 있던 돈의 2배이므로 700과 2400×2=4800의 최소공배수인 33600원입니다.

6 가 도시에서 나 도시까지 갈 때 □시간이 걸리고 나 도시에서 다 도시를 갈 때 △시간이 걸렸다고 하면, 가 도시에서 다 도시 사이의 거리가 452.4 km이므로 68.5×□+80×△=452.4입니다.
나 도시에서 다 도시를 간 시간은 가 도시에서 나 도시를 간 시간의 150 %이므로 △=□×1.5입니다. 따라서 68.5×□+80×□×1.5=452.4,
68.5×□+120×□=452.4, 188.5×□=452.4,
□=2.4입니다. △=□×1.5이므로 △=3.6입니다.
따라서 나 도시에서 다 도시를 갈 때 걸린 시간은 3.6시간=3시간 36분입니다.

7 희진이가 처음에 가지고 있던 구슬의 개수는 68의 배수입니다. 350과 450 사이의 수 중에서 68의 배수는 68×6=408뿐이므로 희진이가 처음에 가지고 있었던 구슬은 408개입니다.
희진이가 민서에게 준 구슬은 408÷68×7=42(개)이고 남은 구슬은 408−42=366(개)입니다.
따라서 민서는 구슬 366+10=376(개)를 가지게 되었고 처음에 가지고 있던 구슬은 376−42=334(개)입니다.

8 $\frac{65}{9}=7\frac{2}{9}$이므로 $[\frac{65}{9}]=7$이고,
$\frac{91}{56÷7−3}=\frac{91}{5}=18\frac{1}{5}$이므로 $[\frac{91}{56÷7−3}]=18$입니다.
$[\frac{□×4}{11}]−[\frac{65}{9}]=[\frac{91}{56÷7−3}]$에서
$[\frac{□×4}{11}]−7=18$, $[\frac{□×4}{11}]=25$이므로
$\frac{□×4}{11}=25$ 또는 $25<\frac{□×4}{11}<26$입니다.
① $\frac{□×4}{11}=25$인 경우: $\frac{□×4}{11}=\frac{275}{11}$, □×4=275에서 □ 안에 들어갈 수 있는 자연수는 없습니다.
② $25<\frac{□×4}{11}<26$인 경우: $\frac{275}{11}<\frac{□×4}{11}<\frac{286}{11}$,
275<□×4<286에서 □ 안에 들어갈 수 있는 자연수는 69, 70, 71입니다.
따라서 □ 안에 들어갈 수 있는 가장 작은 자연수는 69입니다.

특강 영재원·**창의융합** 문제		**168쪽**
9 28	**10** 99	**11** 3

9 마지막 자리의 숫자를 제외한 홀수 번째 자리에 있는 숫자는 8, 0, 2, 4, 6, 8입니다. 따라서 마지막 자리의 숫자를 제외한 홀수 번째 자리 숫자의 합은
8+0+2+4+6+8=28입니다.

10 짝수 번째 자리에 있는 숫자는 8, 1, 3, 5, 7, 9입니다. 따라서 짝수 번째 자리 숫자의 합을 구하여 3배하면
(8+1+3+5+7+9)×3=33×3=99입니다.

11 (홀수 번째 자리 숫자의 합)+(짝수 번째 자리 숫자의 합을 3배한 수)=(10의 배수)이므로
28+□+99=127+□=(10의 배수)입니다.
따라서 □가 될 수 있는 한 자리 수는 3입니다.

배움으로 행복한 내일을 꿈꾸는
천재교육 커뮤니티 안내

교재 안내부터 구매까지 한 번에!
천재교육 홈페이지

자사가 발행하는 참고서, 교과서에 대한 소개는 물론
도서 구매도 할 수 있습니다. 회원에게 지급되는 별을 모아
다양한 상품 응모에도 도전해 보세요!

다양한 교육 꿀팁에 깜짝 이벤트는 덤!
천재교육 인스타그램

천재교육의 새롭고 중요한 소식을 가장 먼저 접하고 싶다면?
천재교육 인스타그램 팔로우가 필수!
깜짝 이벤트도 수시로 진행되니 놓치지 마세요!

수업이 편리해지는
천재교육 ACA 사이트

오직 선생님만을 위한, 천재교육 모든 교재에 대한 정보가 담긴
아카 사이트에서는 다양한 수업자료 및 부가 자료는 물론
시험 출제에 필요한 문제도 다운로드하실 수 있습니다.

https://aca.chunjae.co.kr

천재교육을 사랑하는 샘들의 모임
천사샘

학원 강사, 공부방 선생님이시라면 누구나 가입할 수 있는 천사샘!
교재 개발 및 평가를 통해 교재 검토진으로 참여할 수 있는 기회는 물론
다양한 교사용 교재 증정 이벤트가 선생님을 기다립니다.

아이와 함께 성장하는 학부모들의 모임공간
튠맘 학습연구소

튠맘 학습연구소는 초·중등 학부모를 대상으로 다양한 이벤트와 함께
교재 리뷰 및 학습 정보를 제공하는 네이버 카페입니다.
초등학생, 중학생 자녀를 둔 학부모님이라면 튠맘 학습연구소로 오세요!

정답은
이안에
있어!